Jan Zimmerschied

Über eine Faktorisierungsmethode für stochastische Evolutionsgleichungen in Banachräumen

Über eine Faktorisierungsmethode für stochastische Evolutionsgleichungen in Banachräumen

von
Jan Zimmerschied

universitätsverlag karlsruhe

Dissertation, Universität Karlsruhe (TH)
Fakultät für Mathematik, 2006

Impressum

Universitätsverlag Karlsruhe
c/o Universitätsbibliothek
Straße am Forum 2
D-76131 Karlsruhe
www.uvka.de

Universitätsverlag Karlsruhe 2006
Print on Demand

ISBN-13: 978-3-86644-073-9
ISBN-10: 3-86644-073-1

Über eine Faktorisierungsmethode für stochastische Evolutionsgleichungen in Banachräumen

Zur Erlangung des akademischen Grades eines

DOKTORS DER NATURWISSENSCHAFTEN

von der Fakultät für Mathematik der Universität Karlsruhe
genehmigte

DISSERTATION

von

Dipl.-Math. oec. Jan Zimmerschied

aus Erbach im Odenwald

Tag der mündlichen Prüfung:	26. Juli 2006
Referent:	Prof. Dr. Lutz W. Weis
Korreferent:	HDoz. Dr. Peer Christian Kunstmann

Vorwort und Danksagung

Die vorliegende Arbeit entstand während meiner Tätigkeit als wissenschaftlicher Angestellter am Institut für Analysis der Universität Karlsruhe (TH), dessen Mitarbeitern ich für die angenehme Arbeitsatmosphäre danke. Diese Tätigkeit erfuhr dankenswerterweise eine Förderung seitens der Deutschen Forschungsgemeinschaft (DFG) im Rahmen des Projekts „H^∞-Funktionalkalkül und seine Anwendungen auf partielle Differentialgleichungen“ (We 2847/1-1 und We 2847/1-2).

Herrn Prof. Dr. Lutz Weis danke ich für die wissenschaftliche Betreuung der Arbeit und die Hinführung zum Thema, Herrn HDoz. Dr. Peer Christian Kunstmann danke ich herzlich für die Übernahme des Korreferats, die fortwährende Bereitschaft zu Diskussionen vielerlei Art und die darüber hinausgehende Unterstützung bei der Anfertigung dieser Arbeit.

Herrn Prof. Dr. Jan M.A.M. van Neerven danke ich für seine Einladungen an die Universität Delft und die freundliche Aufnahme dort im Mai/Juni 2004 und im April 2006.

Im Laufe der Tätigkeit am Lehrstuhl sind insbesondere im Rahmen des Marie-Curie-Trainingsite-Programms bereichernde Freundschaften mit anderen Doktoranden entstanden, unter denen ich besonders die Herren Dr. Juan Benigno Seoane Sepúlveda, Mark C. Veraar, Jesús Suárez de la Fuente und Dr. Pierre Portal hervorheben möchte. Herrn Mark C. Veraar schulde ich zudem großen Dank für die Zusammenarbeit zu dem Thema „Pfadregularität von stochastischen nichtautonomen Problemen“; sie war ein großes Vergnügen.

Herrn Dr. Bernhard Hermann Haak gilt der Dank für unzählige Diskussionen, deren Wert kaum einzuschätzen ist und die auf vielfältige Art und Weise Eingang in diese Dissertation gefunden haben.

Herrn Prof. (i.R.) Dr. Peter Volkmann danke ich für seine Hilfe bezüglich der korrekten Schreibweise slawischer Namen und Herrn Prof. Dr. Roland Lemmert für viele erhellende und oft unterhaltsame Unterhaltungen, die ich nicht missen möchte.

Herrn Dipl.-Ing. Ralf Zimmerschied danke ich für die freundliche Unterstützung bei der Literaturrecherche. Herrn Dipl.-Ing. Dietrich Brunn bin ich vor allem zu Dank verpflichtet für die geduldige Beantwortung zahlloser Fragen zu Linux, LaTeX und emacs.

Den namentlich unerwähnten Freunden aus Karlsruhe, Wiesbaden und Karlsruher Studententagen gebührt ihr Anteil dieser Danksagung für die Unterstützung, die sie mir in den letzten Jahren zukommen ließen.

Das Wichtigste ist jedoch der Dank an meine Eltern, Dr. Thomas Zimmerschied und

Ellen Schulze-Zimmerschied, ohne deren unbedingte Unterstützung auf meinem bisherigen Lebensweg nicht zuletzt diese Arbeit undenkbar wäre. Ich vermag nicht in Worte zu fassen, was ich ihnen im Einzelnen verdanke.

Karlsruhe im September 2006

Jan Zimmerschied

Meinen Großmüttern,

aus tiefster Dankbarkeit

Inhaltsverzeichnis

Einleitung

Im Mittelpunkt der Arbeit stehen Spezialfälle stochastischer Gleichungen der Form

$$
\begin{aligned}
du(t) &= A(t, u(t))\, dt + B(t, u(t))\, dW_H(t) \\
u(0) &= u_0
\end{aligned}
\tag{1}
$$

in separablen Banachräumen, wobei A und B unbeschränkte, nichtlineare Abbildungen sind.
In konkreten Fällen kann $(A(t, u(t)))_t$ eine Familie elliptischer Differentialoperatoren auf einem Funktionenraum sein; W_H ist ein verallgemeinerter Wienerprozess und B ein Nemyckij-Operator auf diesem Funktionenraum. Dies stellt dann einen funktionalanalytischen Zugang zu stochastischen partiellen Differentialgleichungen dar.
Im **Kapitel 3** betrachten wir zunächst in beliebigen separablen Banachräumen stochastische Evolutionsgleichungen der Art

$$
\begin{aligned}
du(t) &= A(t)u(t)\, dt + B\, dW_H(t) \\
u(0) &= u_0,
\end{aligned}
\tag{2}
$$

wobei der Familie linearer Operatoren $(A(t), D(A(t)))_{t\in[0,T]}$ auf eindeutige Weise eine stark stetige Evolutionsfamilie $(P(t,s))_{(t,s)\in\Delta_T}$ zugeordnet ist. Nach einem eingehenden Studium der relevanten Lösungsbegriffe für die formale Gleichung (2), wobei eine neue Definition für im Sinn der Analysis schwache Lösungen gegeben wird, geben wir für beliebige stark stetige Evolutionsfamilien $(P(t,s))_{0\leq s\leq t\leq T}$ hinreichende Bedingungen für die eindeutige Existenz einer schwachen bzw. milden Lösung von (2) an, welche zugleich eine Modifikation mit stetigen Pfaden besitzt. Diese Aussagen zur Zeit-Regularität sind Gegenstand des **Satzes 3.4.2**. Daran schließt eine Betrachtung des Falls analytischer Evolutionsfamilien $(P(t,s))_{0\leq s\leq t\leq T}$ an. Für sie werden wir hinreichende Bedingungen für die eindeutige Existenz einer schwachen bzw. milden Lösung von (2) angeben, die zugleich eine Modifikation mit hölderstetigen Pfaden mit Werten in Zwischenräumen besitzt. Diese Raum-Zeit-Regularität ist die Aussage des **Satzes 3.4.9**. Anschließend werden im **Unterabschnitt 3.4.3** die bisher erhaltenen Ergebnisse anhand von drei Beispielen aus dem Gebiet der stochastischen partiellen Differentialgleichungen veranschaulicht.
Den bisherigen Fällen ist zu eigen, dass die erreichbare Raumregularität von milden Lösungen strikt kleiner als die Ordnung $\frac{1}{2}$ist, welche für pfadstetige Lösungen im Allgemeinen auch nicht erreicht werden kann. Hier kommt nun der H^∞-Funktionalkalkül zum Einsatz; mit seiner Hilfe gelingt es, unter Aufgabe von Pfadstetigkeit die maximale Raumregularität der Ordnung $\frac{1}{2}$ von Lösungen der Gleichung (2) zu beweisen.

Für den hier betrachteten nichtautonomen Fall erweisen sich die autonomen Resultate ($A(t) \equiv A$) von JOHANNA DETTWEILER, JAN M.A.M. VAN NEERVEN und LUTZ W. WEIS aus [41] als hilfreich. Mit dieser maximalen Raumregularität für Lösungen von (2) beschäftigt sich der **Satz 3.4.20**.
In einem nächsten Schritt wenden wir uns nichtlinearen Verallgemeinerungen von (2) zu, d.h.

$$
\begin{aligned}
du(t) &= (A(t)u(t) + F(t, u(t)))\, dt + B\, dW_H(t) \\
u(0) &= u_0.
\end{aligned}
\tag{3}
$$

Hierbei betrachten wir wiederum zuerst den Fall einer beliebigen, stark stetigen Evolutionsfamilien $(P(t,s))_{0\leq s\leq t\leq T}$ und zeigen im **Satz 3.5.5** für eine global lipschitzstetige Funktion F mit linearer Wachstumsschranke und einen geeignet integrierbaren Anfangswert u_0 die Existenz und Eindeutigkeit einer Lösung von (3), welche eine Modifikation mit stetigen Pfaden besitzt. Anschließend werden sukzessive die Forderungen an die Funktion F und den Anfangswert u_0 abgeschwächt und wir erhalten mit dem **Satz 3.5.15** unser allgemeines Existenz-, Eindeutigkeits- und Regularitätsresultat für lokal lipschitzstetige Funktionen F und messbare Anfangswerte u_0. Da wir dort insbesondere auf eine Wachstumsbedingung an die Funktion F verzichten, haben wir es im Allgemeinen mit explodierenden Lösungen zu tun.
Ist die der Familie von Operatoren $(A(t), D(A(t))_{t\in[0,T]}$ eindeutig zugeordnete Evolutionsfamilie $(P(t,s))_{0\leq s\leq t\leq T}$ sogar analytisch, so erhalten wir im Vergleich zum allgemeinen Fall bessere Regularitätsaussagen. Zum einen existieren dann Modifikationen mit hölderstetigen Pfaden und zum anderen verlaufen die Pfade solcher Lösungen in Zwischenräumen, weisen also mehr Zeit- und Raum-Regularität auf. Im allgemeinen Fall nichtkonstanter Definitionsbereiche wählen wir Definitionsbereiche gebrochener Potenzen als Zwischenräume und erhalten mit dem **Satz 3.5.19** ein erstes Existenz-, Eindeutigkeits- und Regularitätsresultat für Lösungen von (3) mit global lipschitzstetiger Funktion F mit linearer Wachstumsschranke und geeignet integrierbarem Anfangswert u_0. Die entsprechende Abschwächung der Voraussetzungen an die Funktion F und den Anfangswert u_0 wie im allgemeinen Fall kulminiert im **Satz 3.5.27**, in welchem die Existenz, Eindeutigkeit und Regularität von im Allgemeinen explodierenden Lösungen nachgewiesen wird.
Eine andere Wahl von Zwischenräumen, nämlich Interpolationsräume, können wir für den Fall konstanter Definitionsbereiche heranziehen und erhalten entsprechende Aussagen wie im vorhergehenden Fall, siehe dazu den **Satz 3.5.34**.
Daran schließt sich eine Betrachtung nichtlinearer Erweiterungen der bereits vorgestellten Beispiele an.
Die Ergebnisse zur maximalen Raumregularität für Lösungen von (2) erhalten mit dem **Satz 3.5.37** ihr nichtlineares Komplement.
Für Funktionen F, welche anderen als Lipschitzbedingungen genügen, werden mit den **Sätzen 3.6.1**, **3.6.2** und **3.6.4** die entsprechenden Existenz-, Eindeutigkeits- und Regularitätsresultate präsentiert.
Zusammenfassend kann man sagen, dass die bisher in der Literatur betrachteten Fälle in diesem Kapitel auf zweierlei Art und Weise verallgemeinert werden: im Gegensatz zu den

bisher bekannten Resultaten können wir in beliebigen separablen Banachräumen arbeiten und sind somit wesentlich flexibler bei der mathematischen Modellierung konkreter Probleme. Zudem werden die bisherigen Restriktionen in Bezug auf die Variabilität von $D(A(t))$ signifikant aufgeweicht, beispielweise wird keinerlei Konstanz von Definitionsbereichen gebrochener Potenzen von $(w - A(t))$ gefordert.
Im **Kapitel 4** schränken wir uns zwar auf separable Banachräume mit der UMD$^-$-Eigenschaft und autonome Probleme ein, betrachten dafür aber nichtlineare stochastische Evolutionsgleichungen der Art

$$
(4) \qquad \begin{aligned} du(t) &= (Au(t) + F(t, u(t)))\, dt + B(t, u(t))\, dW_H(t) \\ u(0) &= u_0. \end{aligned}
$$

Da wir uns zudem mit Stetigkeitsannahmen an die Abbildungen F und B begnügen wollen, fordern wir zusätzlich Kompaktheitseigenschaften des Operators $(A, D(A))$ und beschäftigen uns mit Martingallösungen, also solchen Lösungen von (4), bei denen die Wahl des zugrundeliegenden Wahrscheinlichkeitsraums und des darauf definierten Rauschterms W_H mit zur Bestimmung einer Lösung gehört. Für stark stetige Halbgruppen $(S(t))_{t\geq 0}$ werden im **Satz 4.3.7** hinreichende Bedingungen an den Operator $(A, D(A))$, die Abbildung B und die Funktion F für die Existenz einer Lösung von (4) mit stetigen Pfaden angegeben, wenn die Funktion F beschränkt ist. Für Funktionen F, deren Wachstum linear beschränkt ist, erhalten wir im **Satz 4.3.8** analoge Aussagen.
In einem zweiten Schritt verschärfen wir die Forderungen an den abgeschlossenen Operator $(A, D(A))$ und betrachten von da an beschränkte analytische, stark stetige Halbgruppen $(S(t))_{t\geq 0}$. Für solche zeigen wir unter geeigneten Stetigkeits- und Beschränktheitsbedingungen an die Abbildungen F und B sowie Kompaktheitsbedingungen an $(A, D(A))$ im **Satz 4.4.3** die Existenz einer Lösung von (4) mit hölderstetigen Pfaden in Zwischenräumen, dabei werden als Zwischenräume sowohl Definitionsbereiche gebrochener Potenzen von $-A$ als auch Interpolationsräume betrachtet. Schwächt man die Beschränktheitsbedingung an die Funktion F zu einer linearen Wachstumsbedingung ab, erhalten wir im **Satz 4.4.4** analoge Aussagen.
Nach einer Betrachtung gewisser Spezialfälle wenden wir uns im **Abschnitt 4.6** Beispielen zu, welche die erhaltenen Resultate anhand stochastischer partieller Differentialgleichungen veranschaulichen.
Auch in diesem Kapitel haben wir es mit einer zweifachen Verallgemeinerung bekannter Resultate zu tun: zum einen betrachten wir allgemeinere Banachräume, nämlich Banachräume mit UMD$^-$-Eigenschaft statt solcher vom Martingaltyp 2 mit UMD-Eigenschaft, die erste Eigenschaft besitzt L_p für $p \in [1, \infty)$, wohingegen die zweite Eigenschaft nur solchen mit $p \in [2, \infty)$ eigen ist. Zum anderen können wir im analytischen Fall auf die Existenz beschränkter imaginärer Potenzen verzichten. Existenz-, Eindeutigkeits- und Regularitätsaussagen für Gleichungen vom Typ (4) für geeignet lipschitzstetige Abbildungen F und B werden von JAN M.A.M. VAN NEERVEN, MARK C. VERAAR und LUTZ W. WEIS in [96] bewiesen und dort mit weiteren Beispielen veranschaulicht.
Die in den **Kapiteln 3** und **4** vorgestellten Resultate bedürfen dort wesentlich der im Titel erwähnten Faktorisierungsmethode, welcher das **Kapitel 2** gewidmet ist. Die ihr

zugrundeliegende Idee besteht darin, Aussagen über Raum-Zeit-Regularität von Pfaden des Prozesses $(\int_0^t P(t,s)\Phi(s)\,dW_H(s))_{t\in[0,T]}$ vermittels der *Faktorisierungsgleichung*

$$\int_0^t P(t,s)\Phi(s)\,dW_H(s) =_P \frac{\sin(\pi\alpha)}{\pi}(R_\alpha\Phi_\alpha)(t)$$

auf die Abbildungseigenschaften des *Faktorisierungsoperators* R_α, für stetige Funktionen $f : [0,T] \to E$ gegeben durch

$$(R_\alpha f)(t) := \int_0^t (t-s)^{\alpha-1}P(t,s)f(s)\,ds,$$

und die Existenz von

$$\Phi_\alpha(t) := \int_0^t (t-s)^{-\alpha}P(t,s)\Phi(s)\,dW_H(s)$$

zurückzuführen.
Die Abbildungseigenschaften des Faktorisierungsoperators R_α für beliebige stark stetige Evolutionsfamilien werden im **Lemma 2.2.1** angegeben. Den in Kapitel 4 verwendeten Kompaktheitsresultaten im allgemeinen autonomen Fall ist die **Proposition 2.2.2** gewidmet.
Im analytischen Fall werden die verbesserten Abbildungseigenschaften in den **Lemmata 2.2.4**, **2.2.5** und **2.2.6** bewiesen. Die erweiterten Kompaktheitsresultate für den autonomen Fall behandeln die **Lemmata 2.2.12** und **2.2.13**.
In diesem Kapitel ist das **Lemma 2.2.4** eine wesentliche Verallgemeinerung bekannter Resultate für den nichtautonomen analytischen Fall. Zudem sind die Voraussetzungen der zitierten Lemmata zur Kompaktheit bedeutsam abgeschwächt gegenüber bisherigen Ergebnissen in der Literatur, wir benötigen außer der Separabilität keinerlei weitere Struktureigenschaft des zugrundeliegenden Banachraums, die UMD-Eigenschaft ist somit entbehrlich. Außerdem können wir auf die Existenz beschränkter imaginärer Potenzen von $-A$ verzichten.
Um diese Arbeit ausreichend selbsterklärend zu gestalten, werden im **Kapitel 1** diejenigen Techniken und Begriffe vorgestellt, derer wir uns in den nachfolgenden Kapiteln bedienen werden. Zum Einstieg werden wir uns dabei speziellen Struktureigenschaften von Banachräumen zuwenden.

1 Grundbegriffe

1.1 Bezeichnungen

Sind E und F zwei normierte Vektorräume, so bezeichnen wir mit $\mathcal{L}(E,F)$ den Vektorraum der linearen Operatoren von E nach F. Den Definitionsbereich eines linearen Operators $A \in \mathcal{L}(E,F)$ schreiben wir als $D(A)$, seinen Bildraum als $Bild(A)$. Die abgeschlossenen linearen Operatoren aus $\mathcal{L}(E,F)$ werden wir mit $\mathcal{A}(E,F)$ bezeichnen. Haben wir es mit einem beschränkten linearen Operator A von E nach F zu tun, so werden wir die Bezeichnung $A \in \mathcal{B}(E,F)$ verwenden und seine Norm in $\mathcal{B}(E,F)$ gemäß

$$\|A\|_{E\to F} := \|A\|_{\mathcal{B}(E,F)} := \sup\{\|Ax\|_F \mid \|x\|_E \leq 1\}$$

definieren.

Die Menge der kompakten linearen Operatoren A aus $\mathcal{B}(E,F)$ wird durch $\mathcal{K}(E,F)$ bezeichnet.

Den Dualraum von E werden wird als E' schreiben und versehen E und E' als duales Paar mit der Dualität $\langle x',x\rangle := \langle x',x\rangle_{E'\times E} := x'(x)$ für $x' \in E'$ und $x \in E$.

Für einen abgeschlossenen linearen Operator $A \in \mathcal{A}(E,F)$ mit dichtem Definitionsbereich bezeichnen wir mir $A' \in \mathcal{L}(F',E')$ seinen adjungierten Operator mit Definitionsbereich

$$D(A') := \{y' \in F' \mid \forall x \in E\, \exists\, z' \in E' \langle y', Ax\rangle = \langle z', x\rangle\}.$$

Mit der Bezeichnung $E \simeq F$ meinen wir, dass es eine lineare Bijektion $\imath$ zwischen E und F und eine Konstante $C \geq 1$ so gibt, dass für beliebige $x \in E$ gilt

$$C^{-1}\|\imath(x)\|_F \leq \|x\|_E \leq C\|\imath(x)\|_F.$$

Ist $(\Omega, \mathcal{F}, P)$ ein Wahrscheinlichkeitsraum, so sprechen wir von messbaren Abbildungen $\zeta : \Omega \to E$ als Zufallselementen, für $E = \mathbb{R}^n$ auch von Zufallsvektoren und im Fall $E = \mathbb{R}$ von Zufallsvariablen, dabei ist auf E stets die Borel'sche σ-Algebra $\mathfrak{Bo}(E)$ zu wählen. Die Menge der Äquivalenzklassen solcher messbaren Abbildungen bezeichnen wir mit $L_0(\Omega; E)$; dies ist ein quasilinearer Vektorraum, welcher vollständig ist für vollständiges E.

Ist (S, Σ, μ) ein Maßraum, so heißt eine Abbildung $f : S \to E$ *stark messbar*, falls es eine Folge $(f_n)_{n\geq 1}$ von E-wertigen Treppenfunktionen so gibt, dass $f = \lim_{n\to\infty} f_n$ punktweise in E. Dies hat zur Folge, dass der Wertebereich einer stark messbaren Funktion separabel ist. Der Messbarkeitssatz von Pettis, siehe [109, Theorem 1.1] für seine ursprüngliche Version bzw. [132, Proposition 1.10] für die hier verwendete Version, liefert nun die Aussage, dass eine Abbildung $f : S \to E$ mit separablem Bild genau dann stark messbar ist, falls für jedes $x' \in E'$ die Abbildung $\langle x', f\rangle$ messbar ist, also f *schwach messbar*

ist. Somit ist es keine wesentliche Einschränkung der Allgemeinheit, im Zusammenhang mit stark messbaren Funktionen von vornherein mit einem separablen Banachraum zu arbeiten.
Sind M_1 und M_2 Mengen und $f : M_1 \to M_2$ eine Abbildung, so wird f manchmal auch in der Form $[m \to f(m)]$ bzw. $f(\cdot)$ dargestellt.

1.2 Spezielle Klassen von Banachräumen

In allgemeinen Banachräumen gibt es keine vernünftige Theorie stochastischer Integrale: man ist vielmehr je nach gewähltem Ansatz auf gewisse Struktureigenschaften angewiesen, die in allgemeinen Banachräumen nicht erfüllt sind. Nachfolgend werden die wesentlichen Struktureigenschaften für die bisher existenten Theorien stochastischer Integrale in Banachräumen vorgestellt.
Die klassische Referenz für Banachräume vom Rademachertyp bzw. -kotyp sind die Bücher von JORAM LINDENSTRAUSS und LIOR TZAFRIRI, siehe [82]. Eine aktuellere Abhandlung zur Theorie der Banachräume sind die von WILLIAM B. JOHNSON und JORAM LINDENSTRAUSS herausgegebenen Bücher, siehe [60, 61]. Auch das kürzlich erschienene Buch [5] von FERNANDO ALBIAC und NIGEL J. KALTON soll hierbei nicht unerwähnt bleiben.

1.2.1 Banachräume vom Rademachertyp bzw. -kotyp

Es sei $(r_k)_{k\in\mathbb{N}}$ eine unabhängige Folge identisch verteilter Zufallsvariablen auf einem Wahrscheinlichkeitsraum $(\Omega, \mathcal{F}, \mathbb{P})$ mit der Verteilung

$$\mathbb{P}(r_k = 1) = \mathbb{P}(r_k = -1) = \frac{1}{2}.$$

Eine solche Folge bzw. ihre Glieder werden in der (Funktional-)Analysis auch als *Rademacherfolge* bzw. *Rademacherfunktionen* bezeichnet.
Mit ihrer Hilfe gelangt man zu folgender Definition.

Definition 1.2.1. *Es seien $(r_k)_{k\in\mathbb{N}}$ eine Rademacherfolge, E ein Banachraum und $p \in [1, \infty]$. Dann sagt man, dass E vom*

1. Rademachertyp p *ist, falls es eine Konstante $C_{RT(p)} > 0$ so gibt, dass für jedes $n \in \mathbb{N}$ und $(x_k)_{k=1}^n \subset E$ gilt*

$$\mathbb{E}(\|\sum_{k=1}^n r_k x_k\|) \leq C_{RT(p)} \left(\sum_{k=1}^n \|x_k\|^p \right)^{\frac{1}{p}}.$$

2. Rademacherkotyp p *ist, falls es eine Konstante $C_{RK(p)} > 0$ so gibt, dass für jedes $n \in \mathbb{N}$ und $(x_k)_{k=1}^n \subset E$ gilt*

$$\mathbb{E}(\|\sum_{k=1}^n r_k x_k\|) \geq C_{RK(p)} \left(\sum_{k=1}^n \|x_k\|^p \right)^{\frac{1}{p}}.$$

Die Diskussion auf den Seiten 73/74 in Teil II in [82] zeigt, dass Banachräume nur für $p \in [1,2]$ bzw. $q \in [2,\infty]$ vom Rademachertyp p bzw. Rademacherkotyp q sein können. Ferner ist jeder Banachraum vom Rademachertyp 1 und Rademacherkotyp ∞. Außerdem kann die auf der linken Seite der definierenden Ungleichungen auftretende L_1-Norm dank der Kahane[1]-Ungleichung durch eine beliebige L_r-Norm mit $r \in (1,\infty)$ ersetzt werden, die Konstanten existieren stets, wenn auch mit veränderten Werten.

1.2.2 Banachräume vom Martingaltyp

Es sei $(I,\leq)$ eine geordnete Indexmenge, $(\mathcal{F}_i)_{i\in I}$ eine Filtration auf $(\Omega,\mathcal{F},P)$ und E ein Banachraum. Dann heißt eine Familie $(M_i)_{i\in I} \subset L_0(\Omega,\mathcal{F},\mathbb{P};E)$ Martingal bezüglich $(\mathcal{F}_i)_{i\in I}$ oder auch $(\mathcal{F}_i)_{i\in I}$-Martingal, falls für jedes i aus der Indexmenge I gilt $M_i \in L_1(\Omega,\mathcal{F}_i,\mathbb{P};E)$ und $\mathbb{P}$-fast sicher

$$\mathbb{E}(M_i \,|\, \mathcal{F}_j) = M_j \qquad \text{für jedes } j \leq i.$$

Ist die Filtration nicht explizit angegeben, so soll stets die kanonische Filtration $\mathcal{F}_i := \sigma(M_j \,|\, j \leq i)$ gemeint sein.
Für weitergehende Informationen zu banachraumwertigen Martingalen sei auf das Buch [43] von Joseph Diestel und John Jerry Uhl verwiesen.
Mit Hilfe dieses Begriffes formuliert man

Definition 1.2.2. *Ein Banachraum E ist vom Martingaltyp p für $p \in [1,\infty)$, falls es eine Konstante $C_{MT(p)} > 0$ so gibt, dass für jedes E-wertige Martingal $(M_n)_{n\in\mathbb{N}}$ gilt*

$$\sup_{n\in\mathbb{N}} \mathbb{E}(\|M_n\|^p) \leq C_{MT(p)} \sum_{n\in\mathbb{N}} \mathbb{E}(\|M_n - M_{n-1}\|^p),$$

wobei $M_0 := 0$ gelte.

Wie in [110] von Gilles Pisier gezeigt wurde, ist jeder Banachraum vom Martingaltyp p auch ein Banachraum vom Rademachertyp p. Dies hat zur Folge, dass es nur Banachräume vom Martingaltyp p für $p \in [1,2]$ gibt.

1.2.3 Banachräume mit UMD-Eigenschaft

Es sei $(\mathcal{F}_n)_{n\in\mathbb{N}}$ eine Filtration auf $(\Omega,\mathcal{F},\mathbb{P})$ und E ein Banachraum. Dann nennt man eine Familie $(m_n)_{n\in\mathbb{N}}$ E-wertiger Zufallselemente *Martingaldifferenzenfolge bezüglich* $(\mathcal{F}_n)_{n\in\mathbb{N}}$ oder $(\mathcal{F}_n)_{n\in\mathbb{N}}$-*Martingaldifferenzenfolge*, falls die durch $M_n := \sum_{k=1}^n m_k$ definierte Familie $(M_n)_{n\in\mathbb{N}}$ ein $(\mathcal{F}_n)_{n\in\mathbb{N}}$-Martingal ist.
Dann definiert man

[1] benannt nach Jean-Pierre Kahane

Definition 1.2.3. *Ein Banachraum E besitzt die UMD-Eigenschaft, falls es für ein $p \in (1, \infty)$ eine Konstante $C_{U(p)} > 0$ so gibt, dass für jede E-wertige Martingaldifferenzenfolge $(m_n)_{n\in\mathbb{N}}$, jede Folge $(e_n)_{n\in\mathbb{N}} \subset \{-1, 1\}$ und beliebiges $n \in \mathbb{N}$ gilt*

$$\mathbb{E}(\|\sum_{k=1}^{n} e_k m_k\|^p) \leq C_{U(p)}\mathbb{E}(\|\sum_{k=1}^{n} m_k\|^p).$$

Bemerkung 1.2.4. *Die vermeintliche p-Abhängigkeit der Definition ist keine, wie man unter anderem bei* Donald L. Burkholder *in [22] bzw. beim Autor in [147] nachlesen kann.*

Die UMD-Eigenschaft zieht eine Reihe bemerkenswerter Eigenschaften nach sich.

Proposition 1.2.5 ([6, Proposition 2]). *Ein Banachraum mit UMD-Eigenschaft ist superreflexiv, also insbesondere reflexiv.*

In der Arbeit [110] kann man außerdem das folgende Resultat finden.

Proposition 1.2.6. *Es sei E ein Banachraum mit UMD-Eigenschaft. Dann ist E genau dann vom Martingaltyp 2, wenn E vom Rademachertyp 2 ist.*

Zur Abgrenzung der Begriffe „Martingaltyp 2“ und „UMD-Eigenschaft“ eine abschließende Bemerkung.

Bemerkung 1.2.7. *Für $p \in (1, 2)$ besitzt $L_p(\mathbb{R})$ die UMD-Eigenschaft ohne vom Martingaltyp 2 zu sein. Resultate von* Jean Bourgain *aus [17] zeigen, dass es auch Banachräume vom Martingaltyp 2 gibt, welche nicht die UMD-Eigenschaft besitzen.*

1.2.4 Banachräume mit UMD$^{\pm}$-Eigenschaft

Die Klasse der Banachräume mit UMD-Eigenschaft lässt sich noch weiter unterteilen: im Hinblick auf stochastische Integrale erweist sich die auf Ideen von D.J.H. Garling aus [47] zurückgehende Unterteilung in Banachräume mit UMD$^+$- bzw. UMD$^-$-Eigenschaft als nützlich, wie Mark C. Veraar in seiner Arbeit [133] detailliert herausarbeitete. Im Einzelnen handelt es sich dabei um

Definition 1.2.8. *Es seien E ein Banachraum und $(r_n)_{n\in\mathbb{N}}$ eine Rademacherfolge auf dem Wahrscheinlichkeitsraum $(\Omega, \mathcal{F}, \mathbb{P})$.*

1. *Der Raum E hat die UMD$^+$-Eigenschaft, wenn es für ein $p \in (1, \infty)$ eine Konstante $C_{U^+(p)} > 0$ so gibt, dass für jede E-wertige Martingaldifferenzenfolge $(m_n)_{n\in\mathbb{N}}$ auf $(\tilde{\Omega}, \tilde{\mathcal{F}}, \tilde{P})$ und beliebiges $n \in \mathbb{N}$ gilt*

$$\mathbb{E}(\tilde{\mathbb{E}}(\|\sum_{k=1}^{n} r_k m_k\|^p)) \geq C_{U^+(p)}\mathbb{E}(\tilde{\mathbb{E}}(\|\sum_{k=1}^{n} m_k\|^p)).$$

2. *Der Raum E hat die UMD$^-$-Eigenschaft, wenn es für ein $p \in (1, \infty)$ eine Konstante $C_{U^-(p)} > 0$ so gibt, dass für jede E-wertige Martingaldifferenzenfolge $(m_n)_{n \in \mathbb{N}}$ auf $(\tilde{\Omega}, \tilde{\mathcal{F}}, \tilde{P})$ und beliebiges $n \in \mathbb{N}$ gilt*

$$\mathbb{E}(\tilde{\mathbb{E}}(\| \sum_{k=1}^{n} m_k \|^p)) \leq C_{U^-(p)} \mathbb{E}(\tilde{\mathbb{E}}(\| \sum_{k=1}^{n} r_k m_k \|^p)).$$

Bemerkung 1.2.9. *Ebenso wie im Fall von Banachräumen mit UMD-Eigenschaft ist die p-Abhängigkeit der Definition nur eine vermeintliche, wie man ebenfalls in [47] nachlesen kann.*

Auch diese neuen Eigenschaften ziehen weitere Eigenschaften nach sich (siehe [47]).

Proposition 1.2.10. 1. *Ist E ein Banachraum mit UMD$^+$-Eigenschaft, so ist E' ein Banachraum mit UMD$^-$-Eigenschaft.*

2. *Ist E' ein Banachraum mit UMD$^-$-Eigenschaft, so ist E ein Banachraum mit UMD$^+$-Eigenschaft.*

3. *Jeder Banachraum mit UMD$^-$-Eigenschaft ist von endlichem Rademacherkotyp.*

4. *Jeder Banachraum mit UMD$^+$-Eigenschaft ist superreflexiv.*

5. *Ein Banachraum E hat genau dann die UMD-Eigenschaft, wenn E sowohl die UMD$^+$- als auch die UMD$^-$-Eigenschaft hat.*

1.2.5 Komplexifizierungen

In späteren Kapiteln wird gerade im Zusammenhang mit stochastischen Fragestellungen in reellen Vektorräumen gearbeitet. Oftmals treten dort allerdings auch Bedingungen auf, welche *a priori* nur für komplexe Vektorräume sinnvoll sind, deswegen wird in diesem Unterabschnitt dargelegt, wie man in reellen Vektorräumen solche Bedingungen zu verstehen hat. Die Darstellung folgt dabei im Wesentlichen dem entsprechenden Abschnitt aus dem Buch [7] von Herbert Amann.

Es sei E ein reeller Vektorraum. Dann bezeichnet man mit $E_{\mathbb{C}}$ die additive Gruppe $E \times E$ versehen mit der Multiplikationsvorschrift

$$(\alpha, \beta)(x, y) := (\alpha x - \beta y, \beta x + \alpha y)$$

für beliebige $(x, y) \in E \times E$ und beliebiges $\alpha + i\beta \in \mathbb{C}$. Identifiziert man $x \in E$ mit $(x, 0) \in E \times E$, so kann man jedes $z \in E \times E$ eindeutig darstellen als $z = x + iy$ für $x, y \in E$. Dies motiviert, den Vektorraum $E_{\mathbb{C}}$ die *kanonische Komplexifizierung* von E zu nennen.

Sind E_1, E_2 reelle Vektorräume und $T \in \mathcal{L}(E_1, E_2)$, so definiert man durch

$$T_{\mathbb{C}}(x + iy) := Tx + iTy, \qquad x + iy \in (E_1)_{\mathbb{C}}$$

die *kanonische Komplexifizierung* $T_{\mathbb{C}}$ von T. Es gilt $T_{\mathbb{C}} \in \mathcal{L}((E_1)_{\mathbb{C}}, (E_2)_{\mathbb{C}})$ und man hat die Eigenschaft $T_{\mathbb{C}}(E_1) \subset E_2$.
Ist umgekehrt $T \in \mathcal{L}((E_1)_{\mathbb{C}}, (E_2)_{\mathbb{C}})$ gegeben, so existieren eindeutig bestimmte Operatoren T_1, $T_2 \in \mathcal{L}(E_1, E_2)$ mit

$$T(x + iy) = T_1 x + iT_1 y + i(T_2 x + iT_2 y);$$

man schreibt dann auch $Re(T) := T_1$ und $Im(T) := T_2$.
Zudem hat man

$$T \in \mathcal{B}(E_1, E_2) \Leftrightarrow T_{\mathbb{C}} \in \mathcal{B}((E_1)_{\mathbb{C}}, (E_2)_{\mathbb{C}})$$

und

$$T \in \mathcal{K}(E_1, E_2) \Leftrightarrow T_{\mathbb{C}} \in \mathcal{K}((E_1)_{\mathbb{C}}, (E_2)_{\mathbb{C}}).$$

Hat man es mit normierten Räumen zu tun, so ist die entsprechende Abbildung

$$\mathcal{B}(E_1, E_2) \hookrightarrow \mathcal{B}((E_1)_{\mathbb{C}}, (E_2)_{\mathbb{C}})$$

eine reelle Isometrie.

Bemerkung 1.2.11. *Wird in späteren Abschnitten in reellen Banachräumen von Eigenschaften bzw. Methoden gesprochen, die a priori nur in komplexen Banachräumen sinnvoll sind, so ist darunter zu verstehen, dass man zunächst die kanonischen Komplexifizierungen der involvierten Banachräume und Operatoren bildet, für diese die Eigenschaften bzw. Methoden überprüft bzw. anwendet und schließlich, falls notwendig, vermittels obiger Ergebnisse zu reellen Banachräumen und Operatoren zwischen ihnen zurückkehrt. Dabei werden die Komplexifizierungen nicht gesondert bezeichnet, um die Darstellung nicht zu verkomplizieren.*

1.3 Sektorielle und R-sektorielle Operatoren

Sektorielle Operatoren spielen insbesondere im Hinblick auf den beschränkten H^∞-Funktionalkalkül und analytische Halbgruppen eine große Rolle, weswegen sie nun kurz vorgestellt werden.

1.3.1 R-Beschränktheit

Definition 1.3.1. *Es sei E ein Banachraum und $\mathcal{T}$ eine Untermenge von $\mathcal{B}(E)$. Dann heißt $\mathcal{T}$* R-beschränkt, *falls es eine Konstante $C > 0$ so gibt, dass*

$$\Big(\mathbb{E}\Big\|\sum_{n=1}^{N} r_n T_n x_n\Big\|^2\Big)^{\frac{1}{2}} \le C\Big(\mathbb{E}\Big\|\sum_{n=1}^{N} r_n x_n\Big\|^2\Big)^{\frac{1}{2}}$$

für jedes $N \geq 1$, jede Folge $(T_n)_{n=1}^N \subset \mathcal{T}$ und $(x_n)_{n=1}^N \subset E$ gilt, wobei $(r_n)_{n\in\mathbb{N}}$ eine Rademacherfolge ist. Die kleinste solche Konstante C heißt die R-Schranke *von $\mathcal{T}$ und wird mit $\mathcal{R}(\mathcal{T})$ bezeichnet.*

Dank der Kahane-Ungleichung kann man statt des Exponenten 2 auf beiden Seiten beliebige Exponenten $p, q \in [1, \infty)$ wählen.

Bemerkung 1.3.2. *Das Konzept der R-Beschränkheit wurde von* E. BERKSON *und* T. A. GILLESPIE *in [13] eingeführt, tauchte allerdings bereits in Arbeiten von* JEAN BOURGAIN *auf, siehe [18]. Der Begriff der R-Beschränktheit wurde dann systematisch in [25] von* PHILIPPE CLÉMENT, BEN DE PAGTER, FËDOR A. SUKOČEV *und* HENRIKO WITVLIET *behandelt. In [139] zeigte* LUTZ WEIS *den Zusammenhang zwischen R-Beschränktheit und maximaler L_p-Regularität von Cauchyproblemen auf. Einen ausführlicheren Überblick findet man beispielsweise in [35, 76].*

Eine hinreichende Bedingung für R-Beschränkheit liefert das folgende Lemma.

Lemma 1.3.3. *[76, Example 2.18] Sei $N : (0,T) \to \mathcal{B}(E)$ derart differenzierbar, dass $[t \mapsto \frac{d}{dt}N(t)x]$ stark messbar ist und $[t \mapsto \left\|\frac{d}{dt}N(t)\right\|_{\mathcal{B}(E)}]$ zu $L_1(0,T)$ gehört. Dann ist die Menge $\mathcal{T} = \{N(t) : t \in (0,T)\}$ R-beschränkt und man hat folgende Abschätzung*

$$R(\mathcal{T}) \leq \int_0^T \left\|\frac{d}{dt}N(t)\right\|_{\mathcal{B}(E)} dt + \|N(0)\|.$$

1.3.2 Definition und Beispiel

Definition 1.3.4. *Es sei E ein Banachraum, $A : E \supset D(A) \to E$ ein linearer Operator und $\omega \in (0,\pi)$. Dann heißt A sektoriell bzw. R-sektoriell vom Typ ω, falls $\sigma(A) \subset \overline{\Sigma_\omega}$ und die Menge*

$$\{\lambda R(\lambda, A) \mid \lambda \in \mathbb{C} \setminus \{0\} \text{ mit } \omega' \leq |\arg(\lambda)| \leq \pi\} \subset \mathcal{B}(E)$$

beschränkt bzw. R-beschränkt ist für jedes $\omega' > \omega$, wobei

$$\Sigma_\omega := \{z \in \mathbb{C} \setminus \{0\} \mid |\arg(z)| < \omega\}$$

einen Sektor mit Öffnungswinkel 2ω bezeichnet.

Bemerkung 1.3.5. *Da R-Beschränktheit stets Normbeschränktheit impliziert, ist ein R-sektorieller Operator vom Typ ω stets ein sektorieller Operator vom Typ ω.*

Den Zusammenhang zu Erzeugern von Halbgruppen stellt das folgende Lemma her.

Lemma 1.3.6 ([44, Theorem 4.6]). *Es sei E ein Banachraum. Ein linearer Operator $A \in \mathcal{L}(E)$ ist genau dann dicht definiert und sektoriell vom Typ $\omega < \frac{\pi}{2}$, wenn $(-A, D(A))$ Erzeuger einer beschränkten analytischen, stark stetigen Halbgruppe ist.*

Als Beispiele für R-sektorielle Operatoren werden wir partielle Differentialoperatoren auf L_p-Räumen vorstellen, die uns auch in späteren Kapiteln in Beispielen begegnen werden. Wir betrachten auf einem Gebiet $G \subset \mathbb{R}^{n+1}$ für beliebiges $m \in \mathbb{N}$ die folgenden formalen partiellen Differentialoperatoren

$$A(x,D) := \sum_{|\alpha|\le 2m} a_\alpha(x) D^\alpha$$

und für $j = 1, \ldots, m$

$$B_j(x,D) := \sum_{|\beta|\le m_j} b_{j,\beta}(x) D^\beta,\ m_j < 2m.$$

An die auftretenden Größen stellen wir die folgenden Bedingungen:

(GB) Für die Koeffizienten von $A(x,D)$ und $(B_j(x,D))_{j=1}^m$ gelten:

a) $a_\alpha \in C(\overline{G}; \mathcal{B}(E))$ für jedes $|\alpha| = 2m$,

b) $a_\alpha \in [L_\infty + L_{r_k}](G; \mathcal{B}(E))$ für jedes $|\alpha| = k < 2m$ mit $r_k \ge p$ und $2m - k > \frac{n}{r_k}$,

c) $b_{j,\beta} \in C^{2m-m_j}(\partial G; \mathcal{B}(E))$ für jedes $j = 1, \ldots, m$ und jedes $|\beta| \le m_j$.

(EB) Es gibt ein $\Phi_{A,(B)} \in [0, \pi)$ so, dass

a) das Hauptsymbol

$$A_\#(x,\xi) := \sum_{|\alpha|=2m} a_\alpha(x) \xi^\alpha$$

parameter-elliptisch ist mit Elliptizitätswinkel $\Phi < \Phi_{A,(B)}$ ist für jedes $x \in \overline{G}$, d.h. für jedes $\xi \in \mathbb{R}^{n+1}$ mit $\|\xi\|_{\mathbb{R}^{n+1}} = 1$ und jedes $\Psi < \Phi$ gilt

$$\sigma(A_\#(x,\xi)) \subset \Sigma_\Psi,$$

und

b) die Lopatinskij-Šapiro[2]-Bedingung erfüllt ist, d.h. die gewöhnliche Differentialgleichung in $[0,\infty)$

$$\begin{aligned} (\lambda + A_\#(x_0, \xi, D_{n+1}))v(y) &= 0, \quad v > 0, \\ B_{j,\#}(x_0, \xi, D_{n+1})v(0) = h_j, &\quad j = 1, \ldots, m \end{aligned}$$

hat genau eine Lösung $v \in C_0([0,\infty); E)$ für jedes $(h_1, \ldots, h_m) \in E^m$, jedes $x_0 \in \partial G$ und jedes $\lambda \in \overline{\Sigma}_{\pi - \Phi_{A,(B)}}$ sowie $\xi \in \mathbb{R}^n$ mit $\|\xi\|_{\mathbb{R}^n} + |\lambda| \neq 0$, wobei $B_{j,\#}(x_0, \xi, D_{n+1})$ die lokale Koordinatendarstellung von $B_{j,\#}(x,D) := \sum_{|\beta|=m_j} b_{j,\beta}(x) D^\beta$ bezüglich $x_0 \in \partial G$ und $A_\#(x_0, \xi, D_{n+1})$ die lokale Koordinatendarstellung von $A_\#(x,D) = \sum_{|\alpha|=2m} a_{j,\alpha}(x) D^\alpha$ bezüglich $x_0 \in \partial G$ bezeichne.

[2]benannt nach Âroslav Borisovič Lopatinskij und Zinovij Â. Šapiro (die Schreibweise erfolgt hierbei als Transliteration gemäß ISO 9:1995)

Satz 1.3.7 ([35, Theorem 8.2]). *Es seien $m, n \in \mathbb{N}$, E ein Banachraum mit der UMD-Eigenschaft und $p \in (1, \infty)$. Zudem sei $G \subset \mathbb{R}^{n+1}$ ein beschränktes Gebiet mit C^{2m}-Rand und das Randwertproblem $(A, B_1, \ldots, B_m)$ erfülle die Glattheitsbedingungen (GB) und Elliptizitätsbedingungen (EB) für ein $\Phi_A \in [0, \pi)$. Dann existiert für die Realisierung A_p von A in $L_p(G; E)$ mit Definitionsbereich*

$$D(A_p) := \{u \in H_p^{2m}(G; E) \mid B_j(x, D)u = 0,\ j = 1, \ldots, m\}$$

zu jedem $\Phi > \Phi_A$ ein $\mu_\Phi \geq 0$ so, dass $\mu_\Phi + A_p$ R-sektoriell mit Winkel kleiner gleich Φ ist und zudem dicht definiert ist.

1.3.3 H^∞-Funktionalkalkül

Der Begriff „beschränkter H^∞-Funktionalkalkül“ wurde von Michael G. Cowling, Ian Doust, Alan McIntosh und Atsushi Yagi in [26] eingeführt und seitdem von vielen Autoren behandelt. Es bezeichne $H(\Sigma_\theta)$ für $\theta \in (0, \pi]$ die Algebra der holomorphen Funktionen auf dem Sektor Σ_θ. In dieser Funktionenalgebra zeichnen wir weitere Teilalgebren aus: zum einen die Banachalgebra $H^\infty(\Sigma_\theta)$, welche aus den beschränkten Elementen von $H(\Sigma_\theta)$ bestehe und mit der Supremumsnorm versehen sei, und zum anderen ihre Teilmenge

$$H_0^\infty(\Sigma_\theta) := \{f \in H^\infty(\Sigma_\theta) \mid \exists\, c, s > 0\, \forall\, z \in \Sigma_\theta :\ |f(z)| \leq c \min\{|z|^{-s}, |z|^s\}\}.$$

Ist nun ein sektorieller Operator A vom Typ $\omega < \theta$ vorgegeben, so kann man jeder Funktion f aus der Menge $H_0^\infty(\Sigma_\theta)$ genau einen beschränkten Operator $f(A)$ vermöge

$$f(A) := \frac{1}{2\pi i} \int_\Gamma f(\lambda) R(\lambda, A)\, d\lambda$$

zuordnen, wobei Γ ein Weg mit der Parametrisierung

$$\gamma(t) := \begin{cases} te^{-i\nu}, & t \geq 0 \\ -te^{i\nu}, & t < 0 \end{cases}$$

für $\nu \in (\omega, \theta)$ sei, welcher von $t = \infty$ bis $t = -\infty$ durchlaufen werde.
Diesen elementaren Funktionalkalkül kann man nun auf Funktionen aus der Funktionenalgebra $H^\infty(\Sigma_\theta)$ erweitern. Unter der zusätzlichen Voraussetzung, dass A dichten Definitionsbereich sowie dichtes Bild hat, erhält man dann einen abgeschlossenen Operator $f(A)$ für beliebiges $f \in H^\infty(\Sigma_\theta)$. Die Operatoren A, für welche $f(A)$ sogar beschränkt ist für jedes $f \in H^\infty(\Sigma_\theta)$, zeichnet man gesondert aus.

Definition 1.3.8. *Es sei $(A, D(A))$ ein sektorieller Operator vom Typ ω, welcher dichten Definitionsbereich und dichtes Bild habe, $\theta \in (\omega, \pi)$ und $C > 0$. Dann sagt man, dass A einen beschränkten bzw. R-beschränkten $H^\infty(\Sigma_\theta)$-Funktionalkalkül besitzt, falls*

$$\sup\left(\{\|f(A)\| :\ \|f\|_{H^\infty(\Sigma_\theta)} \leq 1\}\right) \leq C$$

bzw.

$$R(\{f(A) :\ \|f\|_{H^\infty(\Sigma_\theta)} \leq 1\}) \leq C$$

gilt.

Für detailliertere Abhandlungen des beschränkten H^∞-Funktionalkalküls und des R-beschränkten H^∞-Funktionalkalküls sei auf [35, 56, 57, 63, 64, 76] verwiesen.

1.3.4 Gebrochene Potenzen

Für sektorielle Operatoren kann man nun gebrochene Potenzen definieren. Dies wurde und wird auf verschiedene Art und Weisen gemacht; da wir bereits den H^∞-Funktionalkalkül vorgestellt haben, liegt es nahe, diesen zur Definition heranzuziehen. Die Vorlage hierzu bildet der entsprechende Teil aus dem Buch [57] von MARKUS HAASE.

Definition 1.3.9. *Es seien E ein Banachraum, $(A, D(A))$ sektoriell vom Typ η und $\alpha \in \mathbb{C}$ mit $Re(\alpha) > 0$. Dann wird durch*

$$A^\alpha := (1+A)^n \left(z \mapsto \frac{z^\alpha}{(1+z)^n} \right)(A) \tag{1.3.1}$$

*ein linearer Operator definiert, die α-*Potenz *von A, wobei $n > Re(\alpha)$ beliebig.*
*Ist zudem A injektiv, so wird durch (1.3.1) für beliebiges $\alpha \in \mathbb{C}$ ein linearer Operator A^α definiert und wiederum als α-*Potenz *von A bezeichnet.*

Für spätere Betrachtungen wird sich das folgende Lemma als nützlich erweisen.

Lemma 1.3.10 ([55, Lemma 1.3.6]). *Es seien E ein Banachraum und der lineare Operator $(A, D(A))$ Erzeuger einer stark stetigen, beschränkten Halbgruppe auf E. Zudem sei $-A$ sektoriell vom Typ η. Dann gilt für jedes $\lambda \in \Sigma_{\pi-\eta}$ und beliebige $0 < \alpha < \beta$*

$$(\lambda - A)^\alpha = B(\alpha, \beta - \alpha) \int_0^\infty \mu^{\beta-\alpha-1}(\lambda + \mu - A)^{-\beta}\, d\mu,$$

wobei das Integral in der Operatornorm konvergiert und B die Beta-Funktion bezeichnet.

Dies führt zu

Lemma 1.3.11. *Es seien E ein Banachraum und $(A, D(A))$ Erzeuger einer stark stetigen, beschränkten Halbgruppe auf E. Zudem sei $-A$ sektoriell vom Typ η. Dann ist $R(\lambda, A)$ genau dann kompakt für ein $\lambda \in \rho(A)$, falls $R(\mu, A)^\alpha$ kompakt ist für ein $\alpha > 0$ und jedes $\mu \in \rho(A)$.*

Beweis: Sei $R(\lambda, A)$ kompakt für ein $\lambda \in \rho(A)$, dann ist aufgrund der Resolventengleichung $R(\mu, A)$ kompakt für jedes $\mu \in \rho(A)$. Gemäß der Darstellungsformel aus Lemma 1.3.10, man beachte insbesondere die Konvergenz bezüglich der Operatornorm, ist dann für beliebiges $\alpha \in (0,1)$ und beliebiges $\mu \in \rho(A)$ auch $R(\mu, A)^\alpha$ kompakt. Für $\alpha \in (n, n+1]$, $n \in \mathbb{N}$, erhält man dann die Kompaktheit von $R(\mu, A)^\alpha$ für beliebiges $\mu \in \rho(A)$ aus $R(\mu, A)^{\alpha-n} R(\mu, A)^n = R(\mu, A)^\alpha$.
Ist umgekehrt $R(\mu, A)^\alpha$ kompakt für jedes $\mu \in \rho(A)$ und ein $\alpha \in (0, \infty) \setminus \{1\}$, so folgt im Fall $\alpha > 1$ die Kompaktheit von $R(\mu, A)$ aus der Darstellungsformel von Lemma 1.3.10. Mit Hilfe der Resolventengleichung sieht man, dass dann auch $R(\lambda, A)$ kompakt ist für beliebiges $\lambda \in \rho(A)$. Ist $\alpha \in (0,1)$, so existiert ein $n \in \mathbb{N}$ mit $n\alpha > 1$. Also ist $R(\mu, A)^{n\alpha} = (R(\mu, A)^\alpha)^n$ ebenfalls kompakt für jedes $\mu \in \rho(A)$ und somit ist auch $R(\lambda, A)$ kompakt für beliebiges $\lambda \in \rho(A)$. □

1.4 Interpolation in Banachräumen

Nachfolgend werden einige Begriffe aus dem weiten Feld der Interpolationstheorie vorgestellt, als Vorlage dient dabei Abschnitt 4 aus dem Buch [30] von DANIEL DANERS und PABLO KOCH MEDINA. Weitere Referenzen zu diesem Themenkreis sind das Skript [86] von ALESSANDRA LUNARDI, die Bücher [129, 130, 131] von HANS TRIEBEL und das Buch [12] von JÖRAN BERGH und JÖRGEN LÖFSTRÖM.
Man sagt von zwei Banachräumen E_0, E_1, dass sie ein *Banachraumpaar*, bezeichnet mit (E_0, E_1), bilden, falls $E_1 \hookrightarrow_d E_0$ gilt, d.h. es existiert eine Injektion von E_1 nach E_0 mit dichtem Bild. Eine Familie $((\cdot,\cdot)_\theta)_{\theta\in(0,1)}$ soll *zulässige Familie von Interpolationsmethoden* heißen, falls für jedes Banachraumpaar (E_0, E_1) die folgenden Eigenschaften gelten:

1. für beliebige $0 < \theta_1 < \theta_2 < 1$ gilt
$$E_1 \hookrightarrow_d E_{\theta_2} \hookrightarrow_d E_{\theta_1} \hookrightarrow_d E_0,$$
2. die obigen Injektionen sind kompakt, falls die Injektion $E_1 \hookrightarrow E_0$ kompakt ist,
3. für beliebige $0 < \theta_1 \leq \theta_2 < 1$ und $\nu \in (0,1)$ gilt
$$(E_{\theta_1}, E_{\theta_2})_\nu \simeq E_\theta,$$
wobei $\theta = (1-\nu)\theta_1 + \nu\theta_2$.

1.4.1 Reelle Interpolation

Es sei $((E_0, \|\cdot\|_0), (E_1, \|\cdot\|_1))$ ein Banachraumpaar. Für beliebiges $x \in E_0$ definiert man die Darstellungsmenge $D(x; (E_0, E_1))$ von x gemäß
$$D(x; (E_0, E_1)) := \{(x_0, x_1) \in E_0 \times E_1 \,|\, x = x_0 + x_1\}.$$
Darauf aufbauend hat man das K-Funktional
$$K(\cdot,\cdot; (E_0, E_1)) : \; (0,\infty) \times E_0 \to [0,\infty)$$
gegeben durch
$$K(t, x; (E_0, E_1)) := \inf\{\|x_0\|_0 + \|x_1\|_1 \,|\, (x_0, x_1) \in D(x, (E_0, E_1))\}.$$
Nun definiert man auf E_0 eine Familie von Normen $(\|\cdot\|_{\theta,p})_{(\theta,p)\in(0,1)\times[1,\infty]}$ gemäß
$$\|x\|_{\theta,p} := \left(\int_0^\infty (t^{-\theta} K(t, x; (E_0, E_1)))^p \frac{dt}{t}\right)^{\frac{1}{p}} \qquad \text{für } p \in [1,\infty)$$
und
$$\|x\|_{\theta,\infty} := \sup_{t>0} (t^{-\theta} K(t, x; (E_0, E_1))).$$
Mit ihrer Hilfe hat man dann

Definition 1.4.1. *Es seien* (E_0, E_1) *ein Banachraumpaar,* $p \in [1, \infty]$ *und* $\theta \in (0,1)$. *Dann wird der reelle Interpolationsraum* $((E_0, E_1)_{\theta,p}, \|\cdot\|_{\theta,p})$ *definiert durch*

$$(E_0, E_1)_{\theta,p} := \{x \in E_0 \mid \|x\|_{\theta,p} < \infty\}.$$

Diese Definition zieht folgenden Satz nach sich.

Satz 1.4.2 ([30, Theorem 4.3]). *Es sei* $p \in (1, \infty)$. *Die Familie* $((\cdot,\cdot)_{\theta,p})_{\theta \in (0,1)}$ *ist dann eine Familie zulässiger Interpolationsmethoden.*

1.4.2 Stetige Interpolation

Den Nachteil, dass $((\cdot,\cdot)_{\theta,\infty})_{\theta \in (0,1)}$ im Allgemeinen keine zulässige Interpolationsmethode ist, kann man ausgleichen, indem man die folgende Definition verwendet.

Definition 1.4.3. *Es seien* (E_0, E_1) *ein Banachraumpaar und* $\theta \in (0,1)$. *Dann definiert man den stetigen Interpolationsraum* $((E_0, E_1)^0_{\theta,\infty}, \|\cdot\|_{\theta,\infty})$ *durch*

$$(E_0, E_1)^0_{\theta,\infty} := \overline{E_1}^{\|\cdot\|_{\theta,\infty}}.$$

Dann gilt

Satz 1.4.4 ([30, Theorem 4.12]). *Die Familie* $((\cdot,\cdot)^0_{\theta,\infty})_{\theta \in (0,1)}$ *ist eine Familie zulässiger Interpolationsmethoden.*

1.4.3 Komplexe Interpolation

Nun sei (E_0, E_1) ein Banachraumpaar über dem Körper $\mathbb{C}$.
Bezeichnet S den Streifen $\{z \in \mathbb{C} \mid 0 \le Re(z) \le 1\}$, so soll $\mathcal{S} := \mathcal{S}((E_0, E_1)) \subset C(S; E_0)$ der Vektorraum aller Funktionen $f : S \to E_0$ sein, welche den folgenden Eigenschaften genügen:

1. $f : \{z \in \mathbb{C} \mid 0 < Re(z) < 1\} \to E_0$ ist analytisch,
2. $f : (\partial S)_l := \{z \in \mathbb{C} \mid Re(z) = 0\} \to E_0$ gehört zu $C_0((\partial S)_l; E_0)$ und
3. $f : (\partial S)_r := \{z \in \mathbb{C} \mid Re(z) = 1\} \to E_1$ gehört zu $C_0((\partial S)_r; E_1)$.

Dank des Maximumsprinzips für analytische Funktionen wird durch

$$\|f\|_{\mathcal{S}} := \max\{\|f\|_{C((\partial S)_l; E_0)}, \|f\|_{C((\partial S)_r; E_1)}\}$$

eine Norm auf $\mathcal{S}((E_0, E_1))$ definiert, welche $(\mathcal{S}((E_0, E_1)), \|\cdot\|_{\mathcal{S}})$ zu einem Banachraum macht.
Darauf aufbauend hat man

Definition 1.4.5. *Es seien* (E_0, E_1) *ein Banachraumpaar über dem Körper* $\mathbb{C}$ *und* $\theta \in (0,1)$. *Dann definiert man den komplexen Interpolationsraum* $([E_0, E_1]_\theta, \|\cdot\|_\theta)$ *durch*

$$[E_0, E_1]_\theta := \{x \in E_0 \,|\, \exists f \in \mathcal{S} \text{ mit } x = f(\theta)\}$$

und

$$\|x\|_\theta := \inf\{\|f\|_\mathcal{S} \,|\, f \in \mathcal{S} \text{ mit } f(\theta) = x\}.$$

Dann gilt

Satz 1.4.6 ([30, Theorem 4.8]). *Die Familie* $([\cdot,\cdot]_\theta)_{\theta \in (0,1)}$ *ist eine Familie zulässiger Interpolationsmethoden.*

1.4.4 Gebrochene Potenzen und Interpolationsräume

Zwischen den Definitionsbereichen gebrochener Potenzen sektorieller Operatoren und Interpolationsräumen gibt es gewisse Zusammenhänge, die insbesondere verdeutlichen, dass es nicht **die** Interpolationsmethode gibt.
Ohne zusätzliche Bedingungen an A gilt für beliebige $m \in \mathbb{N}$ und $z \in \mathbb{C}$ mit $0 < Re(z) < m$, siehe Theorem 1.15.2 in [131],

$$(E, D((-A)^m))_{Re(z)/m,1} \hookrightarrow_d D((-A)^z) \hookrightarrow_d (E, D((-A)^m))^0_{Re(z)/m,\infty}. \tag{1.4.1}$$

Dies spricht in allgemeinen Situationen für die reelle Interpolationsmethode. Hat allerdings der Operator A zusätzliche Eigenschaften, so tritt die Stärke der komplexen Interpolationsmethode hervor; man hat nämlich, siehe Kapitel I, Abschnitt 2.9 in [7],

Proposition 1.4.7. *Hat* $-A$ *beschränkte imaginäre Potenzen, so gilt*

$$[D((-A)^\alpha), D((-A)^\beta)]_\theta \simeq D((-A)^{(1-\theta)\alpha+\theta\beta})$$

für $0 \leq Re(\alpha) < Re(\beta)$ *und* $\theta \in (0,1)$.

1.5 Evolutionsfamilien

Es sei $(A(t), D(A(t)))_{t\in[0,T]}$ eine Familie abgeschlossener, dicht definierter Operatoren. Nun betrachte man das folgende nichtautonome Cauchyproblem:

$$\begin{aligned} \frac{du}{dt}(t) &= A(t)u(t), \quad t \in (s,T], \\ u(s) &= x. \end{aligned} \tag{1.5.1}$$

Dann sagt man, dass u eine *klassische Lösung* von (1.5.1) ist, falls u in dem Raum $C^1((s,T],E) \cap C([s,T],E)$ liegt sowie $u(t) \in D(A(t))$ für jedes $t \in (s,T]$, $u(s) = x$ und $\frac{du}{dt}(t) = A(t)u(t)$ für jedes $t \in (s,T]$ gelten. Man nennt u eine *strikte Lösung* von (1.5.1), falls $u \in C^1([s,T],E)$ und $u(t) \in D(A(t))$ für jedes $t \in [s,T]$, $u(s) = x$ und $\frac{du}{dt}(t) = A(t)u(t)$ für jedes $t \in [s,T]$.

Für spätere Verwendung werden die folgenden Schreibweisen eingeführt:
$\Delta_T := \{(t,s) \in [0,T]^2 \,|\, t \geq s\}$ und $\dot{\Delta}_T := \{(t,s) \in [0,T]^2 \,|\, t > s\}$
Eine Familie beschränkter linearer Operatoren $(P(t,s))_{(t,s)\in\Delta_T}$ auf E werde mit *stark stetiger Evolutionsfamilie* bezeichnet, falls

1. $P(s,s) = I$ für jedes $s \in [0,T]$,
2. $P(t,s) = P(t,r)P(r,s)$ für jedes $0 \leq s \leq r \leq t \leq T$ und
3. die Abbildung $\Delta_T \ni (t,s) \mapsto P(t,s)$ stark stetig ist.

Nun gebe man sich eine Familie $(Y_s)_{s\in[0,T]}$ von Unterräumen vor. Dann sagt man, dass eine solche Familie $(P(t,s))_{(t,s)\in\Delta_T}$ *löst* (1.5.1) (auf $(Y_s)_{s\in[0,T]}$), falls $(Y_s)_{s\in[0,T]}$ dichte Unterräume von E sind, für jedes $(t,s) \in \Delta_T$ die Inklusion $P(t,s)Y_s \subset Y_t \subset D(A(t))$ gilt und die Abbildung $[t \mapsto P(t,s)x]$ eine strikte Lösung von (1.5.1) für jedes $x \in Y_s$ definiert.
In [102, 103] zeigte Gregor Nickel, dass die Wohlgestelltheit (d.h. Existenz, Eindeutigkeit und stetige Abhängigkeit von $(Y_s)_{s\in[0,T]}$) von (1.5.1) äquivalent ist zur Existenz und Eindeutigkeit einer stark stetigen Evolutionsfamilie, welche (1.5.1) auf $(Y_s)_{s\in[0,T]}$ löst.
Fürderhin gehöre zu $(A(t), D(A(t)))_{t\in[0,T]}$ genau eine stark stetige Evolutionsfamilie $(P(t,s))_{(t,s)\in\Delta_T}$, welche (1.5.1) auf $(Y_s)_{s\in[0,T]}$ löse. In der Literatur kann man viele hinreichende Bedingungen dafür finden (siehe z.B. die Arbeiten [3] von Paolo Acquistapace und Brunello Terreni, [7] von Herbert Amann, [66] von Tosio Kato, [84] von Alessandra Lunardi, [107] von Amnon Pazy, [119, 120] von Pavel Evseevič Sobolevskij, [124, 125] von Hiroki Tanabe oder [143] von Atsushi Yagi). Im nächsten Unterabschnitt werden einige bekannte Resultate für den analytischen Fall von (1.5.1) zusammengestellt.

1.5.1 Analytische Evolutionsfamilien

Wie zuvor sei $(A(t), D(A(t)))_{t\in[0,T]}$ eine Familie linearer, abgeschlossener, dicht definierter Operatoren auf einem Banachraum E. Man spricht dann von analytischen Evolutionsfamilien, wenn für jedes $t \in [0,T]$ der lineare Operator $(A(t), D(A(t)))$ Erzeuger einer analytischen, stark stetigen Halbgruppe ist.
Im Folgenden wird kurz auf die Ansätze und Resultate von Acquistapace und Terreni (siehe [3]) und von Kato und Tanabe (siehe [124, Section 5.3]) eingegangen. Es sei darauf hingewiesen, dass die Mehrzahl der vorzustellenden Resultate auch Versionen für nicht dicht definierte $A(t)$ besitzen; dann hat man es allerdings nicht mehr mit stark stetigen Evolutionsfamilien zu tun.
Wie in [3, Chapter 7] gezeigt kann man die bekannten Theorien analytischer Evolutionsfamilien für variable Definitionsbereiche grob vereinfacht in zwei Klassen einteilen: in der einen Klasse stellt der (AT)-Ansatz die weiteste Verallgemeinerung dar, während in der anderen Klasse in diesem Fall der (KT)-Ansatz hervorgehoben wird. Von Klassen wird dabei gesprochen, weil beide angesprochenen Ansätze logisch unabhängig voneinander

sind, d.h. es gibt Beispiele, in denen die Voraussetzungen des (KT)-Ansatzes erfüllt sind, aber diejenigen des (AT)-Ansatzes nicht und umgekehrt.
Ein sehr schöner und erhellender Übersichtsartikel zu den verschiedenen Theorien analytischer Evolutionsfamilien stammt von Paolo Acquistapace, siehe [2]. Insbesondere das einfache Beispiel aus Section 8, mit Hilfe dessen die vorgestellten Theorien gegeneinander abgegrenzt werden, verdient gesonderte Erwähnung.
Dort wird zudem eine Theorie vorgestellt, die Hölderregularitätsforderungen zu Stetigkeitsforderungen abschwächt, wenn man gewillt ist, mit konstanten Definitionsbereichen zu arbeiten.

Der (AT)-Ansatz

Die Theorie von Acquistapace/Terreni wird hier aus Gründen der Übersichtlichkeit nicht in der vollen Allgemeinheit behandelt. Ist E ein reeller Banachraum, so sollten die nachfolgenden Bedingungen als Bedingungen für die Komplexifizierung der auftretenden Objekte verstanden werden, siehe Bemerkung 1.2.11. Wir sagen, dass die *(AT)-Bedingung* durch die Familie dicht definierter Operatoren $(A(t), D(A(t)))_{t\in[0,T]}$ auf einem Banachraum E erfüllt wird, falls die folgenden zwei Bedingungen gelten:

(AT1) Es gibt Konstanten $w \in \mathbb{R}$, $K \geq 0$ und $\phi \in (\frac{\pi}{2}, \pi)$ so, dass für jedes $t \in [0, T]$ $\overline{\Sigma}_{\phi,w} \subset \varrho(A(t))$ und für alle $\lambda \in \Sigma(\phi, w)$ gilt:

$$\|R(\lambda, A(t))\| \leq \frac{K}{1 + |\lambda - w|}.$$

(AT2) Es gibt Konstanten $L \geq 0$ und $\mu, \nu \in (0, 1]$ mit $\mu + \nu > 1$ so, dass für alle $\lambda \in \overline{\Sigma}_\phi$ und $s, t \in [0, T]$ gilt:

$$\|A_w(t)R(\lambda, A_w(t))(A_w(t)^{-1} - A_w(s)^{-1})\| \leq L|t - s|^\mu(|\lambda| + 1)^{-\nu}.$$

Hierbei sei $\Sigma_{\phi,w} = \{w\} \cup \{\lambda \in \mathbb{C} \setminus \{w\} : |\arg(\lambda - w)| < \phi\}$ und $A_w(t) = w - A(t)$. Im Folgenden erweist es sich als nützlich noch $\kappa_{\mu,\nu} = \mu + \nu - 1 \in (0, 1]$ zu definieren.
Diese Bedingungen wurden, wie bereits oben erwähnt, eingehend in der Literatur betrachtet, wo auch viele Beispiele zu finden sind. Die erste Bedingung kann man dabei als Analytizität gleichmäßig in $t \in [0, T]$ auffassen, was auch die Wortwahl „analytische Evolutionsfamilien“ begründet.
Unter der Voraussetzung, dass (AT1) gilt, die Definitionsbereiche konstant sind, d.h. $D(A(0)) = D(A(t))$, $t \in [0, T]$, und $(A(t))_{t\in[0,T]}$ hölderstetig von $D(A(0))$ nach E mit Exponent η ist, wird die Bedingung (AT2) durch $\mu = \eta$ und $\nu = 1$ erfüllt (siehe [3, Section 7]). Die Bedingungen reduzieren sich in diesem Fall auf die Bedingungen in der Theorie von Sobolevskij und Tanabe für konstante Definitionsbereiche (siehe [84, 107, 124]); sie werden später gesondert zur weiteren Verwendung vorgestellt.
Unter der Bedingung (AT) gilt nun folgendes Resultat (siehe [3, Theorems 6.1-6.4] und [143, Theorem 2.1])

Satz 1.5.1. *Die Familie dicht definierter Operatoren $(A(t), D(A(t)))_{t\in[0,T]}$ auf einem Banachraum E erfülle die (AT)-Bedingung. Dann existiert eine eindeutige stark stetige Evolutionsfamilie $(P(t,s))_{0\leq s\leq t\leq T}$, welche (1.5.1) auf $D(A(s))$ löst. Ferner ist $P(t,s)x$ für jedes $x \in E$ eine klassische Lösung von (1.5.1). Außerdem ist $(P(t,s))_{0\leq s\leq t\leq T}$ stetig auf $0 \leq s < t \leq T$ und es existiert eine Konstante $C > 0$ so, dass für jedes $0 \leq s < t \leq T$ gilt:*

$$\|(w - A(t))^{\theta} P(t,s)\| \leq C(t-s)^{-\theta} \quad \text{für } 0 \leq \theta \leq 1, \tag{1.5.2}$$
$$\|P(t,s) - e^{(t-s)A(s)}\| \leq C(t-s)^{\kappa_{\mu,\nu}}. \tag{1.5.3}$$

Zusätzlich weiß man wegen [143, Theorem 2.3], dass es eine Konstante $C > 0$ so gibt, dass für alle $0 \leq s \leq t \leq T$ und beliebiges $\alpha \in (0,1]$ gilt

$$\|(w - A(t))^{\alpha} P(t,s)(w - A(s))^{-\alpha} - e^{(t-s)A(s)}\| \leq C(t-s)^{\kappa_{\mu,\nu}}. \tag{1.5.4}$$

Ist nun $\alpha = 0$, so erhält man wiederum (1.5.3). Schließlich liefert [143, Theorem 2.1] die Existenz einer Konstanten $C > 0$ mit der Eigenschaft, dass für jedes $\theta \in (0, \mu)$ und jedes $x \in D((w - A(t))^{\theta})$ gilt:

$$\|P(t,s)(w - A(s))^{\theta} x\| \leq C(\mu - \theta)^{-1}(t-s)^{-\theta}\|x\|. \tag{1.5.5}$$

Im Laufe der Arbeit wird es von Interesse sein, auch Abschätzungen und Aussagen für die Operatoren $\frac{\partial P(t,s)}{\partial s}$ zu haben. Solche Abschätzungen und Aussagen wurden in [4, Section 6] erzielt, indem die adjungierten Operatoren $(A(t)', D(A(t)'))_{t\in[0,T]}$ betrachtet wurden, deren Existenz durch die Dichtheit jedes $D(A(t))$ sichergestellt ist. Hierbei beachte man, dass im Allgemeinen $D(A(t)')$ nicht dicht bezüglich der Norm, sondern lediglich $\sigma(E', E)$[3]-dicht ist. Hingegen weiß man aufgrund eines Ergebnisses von Kato, dass für reflexive E ein sektorieller Operator immer einen normdichten Definitionsbereich besitzt (siehe [146, Section VIII.4]).
Um also die gewünschten Aussagen und Abschätzungen zu erhalten, ergänze man die obigen Bedingungen durch (siehe [4, Section 6]):

(AT1)′ Es gibt Konstanten $w \in \mathbb{R}$, $K \geq 0$ und $\phi \in (\frac{\pi}{2}, \pi)$ so, dass für jedes $t \in [0,T]$ $\Sigma(\phi, w) \subset \varrho(A(t)')$ und für jedes $\lambda \in \overline{\Sigma}_{\phi,w}$ gilt:

$$\|R(\lambda, A(t)')\| \leq \frac{K}{1 + |\lambda - w|}.$$

(AT2)′ Es gibt Konstanten $L \geq 0$ und $\mu, \nu \in (0,1]$ mit $\mu + \nu > 1$ so, dass für jedes $\lambda \in \overline{\Sigma}_{\phi}$ und jedes $s, t \in [0,T]$ gilt:

$$\|A_w(t)' R(\lambda, A_w(t)')((A_w(t)')^{-1} - (A_w(s)')^{-1})\| \leq L|t-s|^{\mu}(|\lambda| + 1)^{-\nu}.$$

[3] zur Definition siehe [140]

Da jeder dicht definierte Operator $(C, D(C))$ mit nichtleerer Resolventenmenge die Eigenschaften $\varrho(C') = \varrho(C)$ und $R(\lambda, C') = R(\lambda, C)'$ für jedes $\lambda \in \rho(C)$ hat, impliziert die Bedingung (AT1) die Bedingung (AT1)'.
Das folgende Ergebnis ist enthalten in [4, Theorem 6.4].

Satz 1.5.2. *Die Familie dicht definierter Operatoren $(A(t), D(A(t)))_{t\in[0,T]}$ auf einem Banachraum E erfülle die (AT)-Bedingung und (AT2)'. Dann existiert eine Familie von Operatoren $(Q(t,s))_{0\le s\le t\le T}$ in $\mathcal{B}(E)$ derart, dass für alle $0 \le s < t \le T$ gilt:*

$$\frac{\partial P(t,s)}{\partial s} = Q(t,s) \quad \text{und} \quad Q(t,s)x = -P(t,s)A(s)x \quad \text{für jedes } x \in D(A(s)).$$

Außerdem existiert eine Konstante $C > 0$ derart, dass für alle $0 \le s < t \le T$ gilt:

$$\|Q(t,s)\| \le C(t-s)^{-1}.$$

Schließlich kann man auch noch folgendes Lemma zeigen

Lemma 1.5.3. *Die Familie dicht definierter Operatoren $(A(t), D(A(t)))_{t\in[0,T]}$ auf einem Banachraum E erfülle die (AT)-Bedingung. Dann existiert für $\gamma > 0$ und$\delta \in (\gamma, 1)$ ein $C > 0$ so, dass für jedes $s < t$ gilt*

$$\|(w - A(t))^\delta P(t,s)(w - A(s))^{-\gamma}\| \le C(t-s)^{\gamma-\delta}. \tag{1.5.6}$$

Beweis: Nach Ungleichung (2.7) in [143] gilt für beliebiges $\gamma \in [0,1]$

$$\|P(t,s)\|_{D(A_w(s)^\gamma)\to D(A(t))} \le C(t-s)^{\gamma-1},$$

und

$$\|P(t,s)\|_{D(A_w(s)^\gamma)\to D(A_w(t)^\gamma)} \le C,$$

siehe [143, Ungleichung (2.13)], wobei $A_w(t) := (w - A(t))$. Somit gilt für beliebiges $\alpha \in (0,1)$

$$\|P(t,s)\|_{D(A_w(s)^\gamma)\to(D(A(t)),D(A_w(t)^\gamma))_{\alpha,1}} \le C(t-s)^{(\gamma-1)(1-\alpha)}.$$

Nun gilt aber

$$\begin{aligned}(D(A(t)), D(A_w(t)^\gamma))_{\alpha,1} &= A_w(t)^{-\gamma}(D(A_w(t)^{1-\gamma}), D(A_w(t)^0))_{\alpha,1} \\ &\hookrightarrow D(A_w(t)^{(1-\gamma)(1-\alpha)}),\end{aligned}$$

also

$$\begin{aligned}\|P(t,s)\|_{D(A_w(s)^\gamma)\to D(A_w(t)^{(1-\gamma)(1-\alpha)+\gamma})} &\le c\|P(t,s)\|_{D(A_w(s)^\gamma)\to(D(A(t)),D(A_w(t)^\gamma))_{\alpha,1}} \\ &\le C(t-s)^{(\gamma-1)(1-\alpha)}.\end{aligned}$$

Somit gilt für

$$\alpha := 1 - \frac{\delta-\gamma}{1-\gamma} \in (0,1)$$

die folgende Abschätzung

$$\|P(t,s)\|_{D((w-A(s))^\gamma)\to D((w-A(t))^\delta)} \le C(t-s)^{\gamma-\delta},$$

was zu zeigen war. □

Genaue Aussagen über die Regularität von Lösungen kann man in der Arbeit [1] von Paolo Acquistapace finden. Für spätere Betrachtungen wird nur das folgende Verwendung finden.

Proposition 1.5.4 ([1, Theorem 4.1(iii)]). *Es sei E ein Banachraum und die Familie von Operatoren $(A(t), D(A(t)))_{t\in[0,T]}$ erfülle die (AT)-Bedingung. Dann gilt für jedes x aus dem Interpolationsraum $(E, D(A(0)))^0_{\beta,\infty}$*

$$P(\cdot, 0)x \in C^\beta([0,T]; E).$$

Konstante Interpolationsräume

Für Anwendungen auf nichtlineare Gleichungen erweist sich der folgende auf Herbert Amann, siehe [7], zurückgehende Spezialfall als nützlich.
Wir sagen, dass die Familie $(A(t), D(A(t)))_{t\in[0,T]}$ die (A)-Bedingung erfüllt, falls die Bedingung (AT1) für $w = 0$ erfüllt ist und zusätzlich gelten:

(A1) Es existieren Konstanten $\nu \in (0, 1)$ und $\kappa \geq 1$ sowie eine zulässige Interpolationsmethode $((\cdot,\cdot)_\theta)_{\theta\in(0,1)}$ und ein Banachraum $(E_\nu, \|\cdot\|_\nu)$ derart, dass für jedes $s \in [0, T]$ sowohl

$$E_\nu = (E, D(A(s)))_\nu$$

als auch

$$\kappa^{-1}\|x\|_\nu \leq \|x\|_{(E,D(A(s)))_\nu} \leq \kappa\|x\|_\nu, \qquad x \in E_\nu,$$

gelten.

(A2) Es gibt $\mu \in (1-\nu, 1)$ und $\eta \geq 0$ so, dass $A^{-1}(\cdot) \in C^\mu([0,T], \mathcal{B}(E, E_\nu))$ und

$$\sup_{t,s\in[0,T]} \frac{\|A^{-1}(t) - A^{-1}(s)\|_{E\to E_\nu}}{|t-s|^\mu} \leq \eta$$

gelten.

Bemerkung 1.5.5. *Der obige Ansatz mit konstanten Interpolationsräumen hat gegenüber Ansätzen, die mit konstanten Definitionsbereichen gebrochener Potenzen arbeiten, den Vorteil, dass die Äquivalenz der Normen (gleichmäßig bezüglich des Parameters s) einfacher zu zeigen ist, zumal man im Allgemeinen die Definitionsbereiche gebrochener Potenzen nicht kennt.*

Dann hat man

Satz 1.5.6. *Es sei E ein Banachraum und die Familie $(A(t), D(A(t)))_{t\in[0,T]}$ erfülle die (A)-Bedingung für μ und η. Dann erfüllt sie auch die (AT)-Bedingung mit μ, ν und es gilt für jedes $\epsilon > 0$ und beliebige $(t, s) \in \Delta_T$*

$$\|P(t,s)\|_{E\to E} + (t-s)\|A(t)P(t,s)\|_{E\to E} \leq C(\epsilon)e^{(\theta+\epsilon)(t-s)}, \tag{1.5.7}$$

wobei $\theta = c_0\eta^{\frac{1}{\alpha+\mu-1}}$ mit $\alpha \in (1-\mu, \nu)$.

Beweis: Ungleichung (1.5.7) erhält man aus 2.3.2 Theorem in [7] und den Rest aus den Aussagen auf Seite 227 ebendort. □

Konstante Definitionsbereiche

Wie bereits erwähnt geht der nun zu betrachtende Fall konstanter Definitionsbereiche zurück auf die Arbeit [119] von Pavel Evseevič Sobolevskij bzw. die Arbeiten [122, 123] von Hiroki Tanabe.
Die Bedingung (KD) sei durch die Familie $(A(t), D(A(t)))_{t\in[0,T]}$ auf einem Banachraum E erfüllt, falls

1. $D(A(t)) = D$ für jedes $t \in [0,T]$,
2. für jedes $t \in [0,T]$ gilt
$$\{z \in \mathbb{C} \mid Re(z) \geq 0\} \subset \rho(A(t))$$
und es existiert eine Konstante $C > 0$ so, dass
$$\|(\lambda - A(t))^{-1}\| \leq C\frac{1}{1+|\lambda|}$$
für jedes $(\lambda, t) \in \{z \in \mathbb{C} \mid Re(z) \geq 0\} \times [0,T]$ und
3. es gibt ein $\rho \in (0,1)$ mit
$$A(\cdot) \in C^\rho([0,T]; \mathcal{B}(D,E)).$$

Dann gilt

Satz 1.5.7. *Es sei E ein Banachraum und die Familie $(A(t), D(A(t)))_{t\in[0,T]}$ erfülle die (KD)-Bedingung. Dann erfüllt sie auch die (AT)-Bedingungen mit $\mu = \rho$ und $\nu = 1$.*

Der (KT)-Ansatz

Als Nächstes werden der Ansatz und die Ergebnisse der Theorie von Tosio Kato und Hiroki Tanabe (siehe [124, Section 5.3]) vorgestellt. Man sagt, dass die Familie $(A(t), D(A(t)))_{t\in[0,T]}$ auf E der Bedingung (KT) genüge, falls die Bedingung (AT1) und die nachfolgenden Bedingungen erfüllt sind:

(KT1) Die Abbildung $[t \mapsto (-A_w(t))^{-1}]$ ist stetig differenzierbar in $\mathcal{B}(E)$.

(KT2) Es gibt Konstanten $K > 0$ und $\eta \in (0,1)$ so, dass für alle $s, t \in [0,T]$ gilt:
$$\left\|\frac{d}{dt}(-A_w(t))^{-1} - \frac{d}{ds}(-A_w(s))^{-1}\right\| \leq K|t-s|^\eta.$$

(KT3) Es gibt Konstanten $L > 0$ und $\rho \in (0,1)$ so, dass für jedes $\lambda \in \Sigma(\phi, w)$ und $t \in [0,T]$ gilt:
$$\left\|\frac{d}{dt}R(\lambda, A(t))\right\| \leq \frac{L}{1+|\lambda|^\rho}.$$

Dann hat man den folgenden Satz, siehe [124, Theorem 5.3.3] und [125, Theorem 6.1]:

Satz 1.5.8. *Es sei E ein Banachraum und die Familie abgeschlossener linearer Operatoren $(A(t), D(A(t)))_{t\in[0,T]}$ erfülle die (KT)-Bedingung. Dann existiert eine eindeutige stark stetige Evolutionsfamilie $(P(t,s))_{(t,s)\in\Delta_T}$, welche (1.5.1) auf $D(A(s))$ löst und für alle $x \in E$ ist $P(t,s)x$ eine klassische Lösung von (1.5.1). Ferner hat der Operator $\frac{\partial P(t,s)}{\partial s}$ für alle $0 \le s < t \le T$ eine beschränkte Erweiterung $Q(t,s)$ und es gibt eine Konstante C so, dass für alle $0 \le s < t \le T$ gilt*

$$\|Q(t,s)\| \le C(t-s)^{-1}.$$

In [124] wurde die folgende Darstellungsformel für P benutzt:

$$P(t,s) = e^{(t-s)A(t)} + V(t,s), \quad \text{wobei } V(t,s) = \int_s^t e^{(t-\tau)A(t)} R(\tau,s)\,d\tau \tag{1.5.8}$$

und $(R(t,s))_{0\le s<t\le T} \subset \mathcal{B}(E)$ gemäß

$$\|R(t,s)\| \le C(t-s)^{\rho-1}, \quad 0 \le s < t \le T \tag{1.5.9}$$

abgeschätzt werden kann.

Bemerkung 1.5.9. *Wie man anhand von [3, Section 7] erkennt, sind die Bedingungen (AT2) und (KT) ohne (AT1) logisch unabhängig.*

Lemma 1.5.10 ([4, Proposition A.1])**.** *Es sei E ein Banachraum und die Familie linearer Operatoren $(A(t), D(A(t)))_{t\in[0,T]}$ erfülle die (KT)-Bedingung. Dann existiert für beliebige $\theta, \delta \in [0,1]$ ein $C > 0$ mit*

$$\|(w - A(t))^{\delta} P(t,s)(w - A(s))^{-\theta}\| \le C(t-s)^{\theta-\delta} \qquad \forall t,s \in \dot{\Delta}_T. \tag{1.5.10}$$

Bemerkung 1.5.11. *In [7] wird angemerkt, dass die (KT)-Bedingung für die Betrachtung nichtlinearer Probleme zu restriktiv sei und daher für solche Probleme die (AT)-Bedingung vorzuziehen sei.*

1.6 γ-radonifizierende Operatoren

Es sei E ein reeller separabler Banachraum. Dann heißt ein Maß μ auf dem Messraum $(E, \mathfrak{Bo}(E))$ *Gaußmaß auf E*, falls für jedes $x' \in E'$ das Bildmaß $\mu^{x'}$ ein Gaußmaß auf $\mathbb{R}$ ist, dabei sind auch Maße der Gestalt δ_a für $a \in \mathbb{R}$ als degenerierte Gaußmaße zu verstehen. Zu jedem Gaußmaß μ auf $(E, \mathfrak{Bo}(E))$ existiert ein $m \in E$ und ein $Q \in \mathcal{B}(E', E)$ so, dass für jedes $x' \in E'$ gilt

$$\int_E \langle x', x - m\rangle^2 \,\mu(dx) = \langle x', Qx'\rangle.$$

Ein solches m nennt man dann auch *Mittelwert* von μ und Q *Kovarianzoperator* von μ und schreibt

$$\mu \sim \mathcal{N}_E(m, Q).$$

Gilt $m = 0$, so nennt man μ auch *zentriert* .
Insbesondere ist ein solcher Operator Q symmetrisch, d.h. $\langle x', Qy' \rangle = \langle y', Qx' \rangle$ für beliebige x', $y' \in E'$, und positiv, d.h. $\langle x', Qx' \rangle \geq 0$ für beliebiges $x' \in E'$. Für einen symmetrischen, positiven Operator Q von E' nach E kann man einen Hilbertraum H und einen Operator $B \in \mathcal{B}(H, E)$ so konstruieren, dass $Q = BB'$ und $B'(E')$ dicht in H ist.
Ist nun $u \in L_0(\Omega, \mathcal{F}, \mathbb{P}; E)$ ein Zufallselement mit Werten in E, so heißt u *Gauß'sches Zufallselement*, falls das Bildmaß $\mathbb{P}^u$ auf $(E, \mathfrak{Bo}(E))$ ein Gaußmaß ist.

Bemerkung 1.6.1. *Detaillierte Darstellungen obiger Sachverhalte sind in dem Buch [132] von* Vazha Izetovich Tarieladze, Sergei Akopovich Chobanyan *und* Nikolai Nikolaevich Vakhania[4] *und dem Buch [15] von* Vladimir Igorevič Bogačev *enthalten.* Laurent Schwartz *konstruierte als Erster einen solchen Hilbertraum. Die Definition von Gaußmaßen in unendlichdimensionalen Vektorräumen geht auf* Andrej Nikolaevič Kolmogorov *in [67] bzw.* Maurice Frechét *in [45] zurück.*

Für die Theorie stochastischer Integrale erweist sich die folgende Operatorenklasse als überaus nützlich.

Definition 1.6.2. *Es seien E ein separabler Banachraum, $\mathcal{H}$ ein separabler Hilbertraum mit Orthonormalbasis $(h_k)_{k\in\mathbb{N}}$ und $(g_k)_{k\in\mathbb{N}}$ eine stochastisch unabhängige Folge $\mathcal{N}(0,1)$-verteilter Zufallsvariablen auf $(\Omega, \mathcal{F}, \mathbb{P})$. Dann nennt man einen Operator $R \in \mathcal{L}(\mathcal{H}, E)$* γ-radonifizierend, *falls die Reihe $\sum_k g_k R h_k$ in $L_2(\Omega; E)$ konvergiert.*

Bemerkung 1.6.3. *Die Konvergenz der Reihe impliziert insbesondere die Beschränktheitsbedingung* $\sup_{n\in\mathbb{N}} \| \sum_{k=1}^{n} g_k R h_k \|_{L_2(\Omega;E)} < \infty$. *Ergebnisse aus [46] zeigen, dass dann $R \in \mathcal{B}(\mathcal{H}, E)$ gilt.*

Für die folgenden unbewiesenen Aussagen sei auf die Dissertation [101] von Arnold L. Neidhardt und den Artikel [11] von Peter Baxendale verwiesen. Der Untervektorraum der γ-radonifizierenden Operatoren von $\mathcal{B}(\mathcal{H}, E)$ werde mit dem Symbol $\gamma(\mathcal{H}, E)$ bezeichnet. Versehen mit mit der Norm

$$\|R\|_{\gamma(\mathcal{H},E)} := \Big(\mathbb{E}\Big\| \sum_k g_k R h_k \Big\|^2\Big)^{\frac{1}{2}} \tag{1.6.1}$$

ist dies ein Banachraum.
Dies definiert ein Operatorenideal in $\mathcal{B}(\mathcal{H}, E)$ im folgenden Sinn: ist $\tilde{\mathcal{H}}$ bzw. $\tilde{E}$ ein weiterer separabler Hilbert- bzw. Banachraum, so gilt für beliebige $R \in \mathcal{B}(\tilde{\mathcal{H}}, \mathcal{H})$, $S \in$

[4] Da es sich bei den genannten Personen vermutlich um Georgier handelt, wurde mangels Kenntnissen der georgischen Sprache die Schreibweise des zitierten Buches übernommen.

$\gamma(\mathcal{H}, E)$ und $T \in \mathcal{B}(E, \tilde{E})$ stets $RST \in \gamma(\tilde{\mathcal{H}}, \tilde{E})$ und man kann die Norm von RST abschätzen gemäß

$$\|RST\|_{\gamma(\tilde{\mathcal{H}},\tilde{E})} \leq \|R\|_{\mathcal{B}(\tilde{\mathcal{H}},\mathcal{H})}\|S\|_{\gamma(\mathcal{H},E)}\|T\|_{\mathcal{B}(E,\tilde{E})}.$$

Ein Operator $R \in \mathcal{B}(\mathcal{H}, E)$ ist genau dann γ-radonifizierend, falls $RR' \in \mathcal{B}(E', E)$ der Kovarianzoperator eines zentrierten Gaußmaßes μ auf dem Messraum $(E, \mathfrak{Bo}(E))$ ist; in diesem Falle gilt $\|R\|^2_{\gamma(\mathcal{H},E)} = \int_E \|x\|^2 \, \mu(dx)$.
Der Exponent 2 auf der rechten Seite in (1.6.1) kann dank der Hinčin-Kahane[5]-Ungleichung, siehe (1.6.2), durch beliebiges $p \in (1, \infty)$ ersetzt werden ohne an der Endlichkeit des Ausdrucks etwas zu ändern.

Proposition 1.6.4 ([78, Corollary 3.2]). *Es sei u ein Gauß'sches Zufallselement mit Werten in einem separablen Banachraum E. Dann existiert zu beliebigen p, $q \in (0, \infty)$ eine Konstante $K_{p,q} > 0$ mit*

$$(\mathbb{E}(\|u\|^p))^{\frac{1}{p}} \leq K_{p,q} \, (\mathbb{E}(\|u\|^q))^{\frac{1}{q}} \,. \tag{1.6.2}$$

Ist nun $\mathcal{H} = L_2(0, T)$ oder $L_2(0, T; H)$, so wird obiger operatorentheoretischer Begriff vermittels Darstellungen angewandt, was nachfolgend erläutert wird.
Von einer Funktion $\Phi : [0, T] \to \mathcal{B}(H, E)$ sagen wir, dass sie *dual zu* $L_2(0, T; H)$ gehöre, falls für jedes $x' \in E'$ die Funktion $[t \mapsto \Phi(t)'x']$ zu $L_2(0, T; H)$ gehört; in Zeichen $\Phi \in \mathfrak{D}_{E'}(L_2(0, T; H))$. Ein solches Φ heißt *H-stark messbar*, falls die Funktion $[t \mapsto \Phi(t)h]$ stark messbar ist für jedes $h \in H$.
Wir definieren nun den Unterraum $\gamma(0, T; H, E)$ als den Raum der H-stark messbaren Funktionen $\Phi : (0, T) \to \mathcal{B}(H, E)$, welche dual in $L_2(0, T; H)$ liegen und einen Operator $R_\Phi \in \gamma(L_2(0, T; H), E)$ induzieren gemäß

$$R_\Phi(f) := \int_0^T \Phi(t) f(t) \, dt,$$

wobei das auftretende Integral im Pettissinn zu verstehen ist, siehe [99]. In diesem Fall bezeichne

$$\|\Phi\|_{\gamma(0,T;H,E)} := \|R_\Phi\|_{\gamma(L_2(0,T;H),E)}$$

die Norm. Ist $H = \mathbb{R}$, so wird im Folgenden auch $\gamma(0, T; E)$ statt $\gamma(0, T; \mathbb{R}, E)$ verwendet.
Wenn E vom Rademachertyp 2 ist, dann gilt

Lemma 1.6.5 ([100, Lemma 6.1]). *Es sei E ein separabler Banachraum vom Rademachertyp 2 und H ein separabler Hilbertraum. Dann kann man den Banachraum $L_2(0, T; \gamma(H, E))$ auf kanonische Art in $\gamma(L_2(0, T; H), E)$ einbetten und es gilt*

$$\|\Phi\|_{\gamma(0,T;H,E)} \leq C_2 \|\Phi\|_{L_2(0,T;\gamma(H,E))}, \qquad \Phi \in L_2(0, T; \gamma(H, E)), \tag{1.6.3}$$

wobei C_2 die Rademachertyp-2-Konstante von E bezeichnet.

[5] benannt nach Aleksandr Âkovlevič Hinčin und Jean-Pierre Kahane

Ohne Einschränkung an den Banachraum, aber mit speziellen Operatoren arbeitet das folgende Lemma.

Lemma 1.6.6 ([41, Lemma 2.1]). *Es sei E ein separabler Banachraum, H ein separabler Hilbertraum und $\Phi : [0,T] \to \mathcal{B}(H,E)$ von der speziellen Gestalt $\Phi = fB$ für ein $f \in L_2(0,T)$ und ein $B \in \gamma(H,E)$. Dann gelten $\Phi \in \gamma(0,T;H,E)$ und*

$$\|\Phi\|_{\gamma(0,T;H,E)} = \|f\|_{L_2(0,T)} \|B\|_{\gamma(H,E)}. \tag{1.6.4}$$

Weitere Informationen zu den vorgestellten Themen findet man in den Werken [15, 63, 132].

1.6.1 γ-Beschränktheit

Eng verwandt mit dem bereits eingeführten Begriff der R-Beschränktheit ist der Begriff der γ-Beschränktheit, dem wir uns jetzt zuwenden.

Definition 1.6.7. *Es sei E ein Banachraum und $\mathcal{T}$ eine Untermenge von $\mathcal{B}(E)$. Dann heißt $\mathcal{T}$* γ-beschränkt, *falls es eine Konstante $C > 0$ so gibt, dass*

$$\Big(\mathbb{E}\Big\|\sum_{n=1}^{N} g_n T_n x_n\Big\|^2\Big)^{\frac{1}{2}} \leq C\Big(\mathbb{E}\Big\|\sum_{n=1}^{N} g_n x_n\Big\|^2\Big)^{\frac{1}{2}}$$

für jedes $N \geq 1$ und beliebige Folgen $(T_n)_{n=1}^N \subset \mathcal{T}$ und $(x_n)_{n=1}^N \subset E$ gilt. Die kleinste aller solchen Konstanten C heiße die γ-Schranke *von $\mathcal{T}$ und werde mit $\gamma(\mathcal{T})$ bezeichnet.*

Dank der Hinčin-Kahane-Ungleichung, siehe (1.6.2), kann man statt des Exponenten 2 auf beiden Seiten beliebige Exponenten $p, q \in (0, \infty)$ wählen, ohne an der Existenz einer Konstanten C wie in obiger Abschätzung etwas zu ändern.
In beliebigen Banachräumen ist jede R-beschränkte Menge auch γ-beschränkt; ist E sogar von endlichem Rademacherkotyp, so stimmen beide Begriffe überein (siehe [42, Proposition 12.11] und [42, Theorem 12.27]).
Das nächste wichtige Ergebnis geht zurück auf Nigel J. Kalton und Lutz Weis, siehe [63, Proposition 4.11] und [98].

Proposition 1.6.8. *Es gelte $\dim(H) \geq 1$. Dann sind für eine stark stetige Abbildung $N : (0,T) \to \mathcal{B}(E)$ die folgenden Bedingungen äquivalent:*

1. *Die Menge $\{N(t) : t \in [0,T]\}$ ist γ-beschränkt mit Konstante $C > 0$.*
2. *Für jedes $\Phi \in \gamma(0,T;H,E)$ gilt $N\Phi \in \gamma(0,T;H,E)$ mit der Abschätzung:*

$$\|N\Phi\|_{\gamma(0,T;H,E)} \leq C\|\Phi\|_{\gamma(0,T;H,E)}.$$

Analog zu Definition 1.3.8 formuliert man

Definition 1.6.9. *Es sei $(A, D(A))$ ein sektorieller Operator vom Typ ω, welcher dichtes Bild habe, $\theta \in (\omega, \pi)$ und $C > 0$. Dann sagt man, dass A einen γ-beschränkten $H^\infty(\Sigma_\theta)$-Funktionalkalkül besitzt, falls*

$$\gamma(\{f(A) : \|f\|_{H^\infty(\Sigma_\theta)} \leq 1\}) \leq C$$

gilt.

1.7 Stochastische Integration

Im endlichdimensionalen Fall ist die Theorie stochastischer Integration wohlentwickelt, siehe etwa [24, 58, 65, 111], als Integratoren sind Semimartingale zugelassen.
Im Hilbertraumfall ist die Klasse der Integratoren ähnlich umfassend, siehe etwa [88, 89].
Aber bereits im unendlichdimensionalen Hilbertraumfall tritt bei der Wahl der Integratoren ein neues Phänomen auf; nämlich im Zusammenhang mit der Frage, was man als Verallgemeinerung einer Brown'schen Bewegung wählt.
Eine mögliche Wahl sind Q-Wienerprozesse und eine andere H-zylindrische Wienerprozesse.

Q-Wienerprozesse

Es sei E ein separabler Banachraum und Q der Kovarianzoperator eines Gaußmaßes auf $(E, \mathfrak{Bo}(E))$. Ein E-wertiger stochastischer Prozess $(W(t))_{t\geq 0}$ auf $(\Omega, \mathcal{F}, \mathbb{P})$ heißt dann *Q-Wienerprozess*, falls die folgenden Eigenschaften erfüllt sind:

1. $\mathbb{P}(W(0) = 0) = 1$,
2. für jedes $n \in \mathbb{N}$ und beliebige $0 \leq t_0 < t_1 < \ldots < t_n$ sind die Zufallselemente $W(t_n) - W(t_{n-1}), \ldots, W(t_1) - W(t_0)$ stochastisch unabhängig,
3. für jedes $t > 0$ gilt
$$W(t) \sim \mathcal{N}_E(0, tQ),$$
4. die Pfade von W sind $\mathbb{P}$-fast sicher stetig.

Mit Hilfe eines Satzes von Kolmogorov, siehe Theorem 3.3 in [29] bzw. Satz 2.1.1, kann man den folgenden Satz beweisen.

Satz 1.7.1. *Es sei E ein separabler Banachraum, Q der Kovarianzoperator eines Gaußmaßes auf $(E, \mathfrak{Bo}(E))$ und $(W(t))_{t\geq 0}$ ein Q-Wienerprozess auf $(\Omega, \mathcal{F}, \mathbb{P})$. Dann existiert eine Version von $(W(t))_{t\geq 0}$, deren Pfade λ-hölderstetig sind für jedes $\lambda < \frac{1}{2}$.*

Bemerkung 1.7.2. *Eine bessere Hölderstetigkeit erreicht man bereits im eindimensionalen Fall nicht, wie man in [65] oder [87] nachlesen kann.*

Existiert auf $(\Omega, \mathcal{F}, \mathbb{P})$ eine Filtration $(\mathcal{F}_t)_{t\geq 0}$, so nennen wir einen Q-Wienerprozess $(W(t))_{t\geq 0}$ dann *Q-Wienerprozess bezüglich $(\mathcal{F}_t)_{t\geq 0}$*, falls für jedes $x' \in E'$ der stochastische Prozess $(\langle x', W(t)\rangle)_{t\geq 0}$ eine $(\mathcal{F}_t)_{t\geq 0}$-Brown'sche Bewegung ist.

H-zylindrische Wienerprozesse

Es sei H ein separabler Hilbertraum. Eine Familie $(W_H(t))_{t\geq 0} \subset \mathcal{B}(H, L_2(\Omega, \mathcal{F}, \mathbb{P}))$ wird als *(H-)zylindrischer Wienerprozess* bezeichnet, falls sie die folgenden Eigenschaften besitzt:

1. für jedes $h \in H \setminus \{0\}$ ist $(\frac{1}{\|h\|}W_H(t)h)_{t\geq 0}$ eine 1-dimensionale standardisierte Brown'sche Bewegung,

2. für beliebige $t_1, t_2 \in [0, \infty)$ und beliebige $h_1, h_2 \in H$ gilt

$$\mathbb{E}(W_H(t_1)h_1 \cdot W_H(t_2)h_2) = \min(t_1, t_2)[h_1, h_2]_H.$$

Existiert auf $(\Omega, \mathcal{F}, \mathbb{P})$ eine Filtration $(\mathcal{F}_t)_{t\geq 0}$, so nennen wir einen ($H$-)zylindrischen Wienerprozess W_H dann *(H-)zylindrischen Wienerprozess bezüglich* $(\mathcal{F}_t)_{t\geq 0}$ oder auch auch *(H-)zylindrischen* $(\mathcal{F}_t)_{t\geq 0}$*-Wienerprozess*, falls für jedes $h \in H$ die eindimensionale Brown'sche Bewegung $(W_H(t)h)_{t\geq 0}$ eine $(\mathcal{F}_t)_{t\geq 0}$-Brown'sche Bewegung ist.

Bemerkung 1.7.3. *Für einen Q-Wienerprozess ist definitionsgemäß Q ein Gauß'scher Kovarianzoperator auf E, also existiert ein Hilbertraum H_Q und $B \in \gamma(H_Q, E)$ mit $Q = BB'$ und $\overline{B'(E')} = H_Q$, siehe [97, 132]. Durch die Vorschrift*

$$W_{H_Q}(t)B'x' := \langle x', W(t)\rangle$$

wird dann ein (H_Q-)zylindrischer Wienerprozess definiert.
Ist umgekehrt W_H ein (H-)zylindrischer Wienerprozess und $B \in \gamma(H, E)$, so wird durch die Vorschrift

$$W_Q(t) := BW_H(t) := \sum_{k\in\mathbb{N}} W_H(t)h_k Bh_k$$

ein Q-Wienerprozess auf E definiert mit $Q = BB'$, wobei wie üblich H mit H' identifiziert werde.

Bemerkung 1.7.4. *Für den Hilbertraumfall wurden verschiedene Konstruktionen von Wienerprozessen 1974 von* Marc Yor *in [145] vorgestellt.*

Zum Begriff des H-zylindrischen Prozesses

Es sei E ein normierter Vektorraum und $A \subset E'$ eine Menge. Dann definieren wir auf E zunächst für beliebiges $n \in \mathbb{N}$ und $a_1, \ldots a_n \in A$ eine σ-Algebra gemäß

$$\mathfrak{Z}_{a_1,\ldots,a_n} := (a_1, \ldots, a_n)^{-1}(\mathfrak{Bo}(\mathbb{R}^n)) := \{(a_1, \ldots, a_n)^{-1}(B) \mid B \in \mathfrak{Bo}(\mathbb{R}^n)\}$$

und darauf aufbauend die A-Zylinderalgebra

$$\mathfrak{Z}_A(E) := \bigcup_{n\in\mathbb{N}} \bigcup_{a_1,\ldots,a_n\in A} \mathfrak{Z}_{a_1,\ldots,a_n}.$$

Es gilt dann natürlich $\mathfrak{Z}_A(E) \subset \mathfrak{Bo}(E)$. Ist E separabel und A punktetrennend, so gilt sogar $\sigma(\mathfrak{Z}_A(E)) = \mathfrak{Bo}(E)$, siehe [132].
Eine Abbildung μ von $\mathfrak{Z}_A(E)$ nach $[0, 1]$, deren Einschränkung auf beliebiges $\mathfrak{Z}_{a_1,\ldots,a_n}$ ein Wahrscheinlichkeitsmaß definiert, nennen wir A-zylindrisches Maß oder auch A-Zylindermaß. Dann bezeichnen wir eine Abbildung $f : A \to L_0(\Omega, \mathcal{F}, \mathbb{P})$ als A-zylindrisches Zufallselement, falls f vermittels

$$\mu_f(B) := \mathbb{P}^{(f(a_1),\ldots,f(a_n))}(\tilde{B})$$

für $B = (a_1, \dots, a_n)^{-1}(\tilde{B})$, $\tilde{B} \in \mathfrak{Bo}(\mathbb{R}^n)$, ein A-Zylindermaß definiert. Wie man in [80, 132] nachlesen kann, sind A-Zylindermaße und A-zylindrische Zufallselemente die zwei Seiten einer Medaille: zu jedem A-Zylindermaß gehört ein A-zylindrisches Zufallselement und zu jedem A-zylindrischen Zufallselement gehört genau ein A-Zylindermaß.
Unter der Identifizierung von H' mit H ist dann $(W_H(t))_{t\geq 0}$ eine Familie H-zylindrischer Zufallselemente, also ein H-zylindrischer stochastischer Prozess.
Weitere Ergebnisse zu zylindrischen Prozessen kann man zum Beispiel in dem Buch [89] von Michel Métivier und Jean Pellaumail finden.

1.7.1 Deterministische Integranden

Für Treppenfunktionen $f \in L_2(0,T;H)$ der Gestalt

$$f(t) := \sum_{k=1}^{n} h_k \mathbf{1}_{(a_k,b_k]},$$

wobei $h_k \in H$, a_k, $b_k \in (0,T)$ und $a_k < b_k \leq a_{k+1}$ gelten, definiert man das stochastische Integral von f bezüglich W_H, in Zeichen $\int_0^T f(t)\,dW_H(t)$, gemäß

$$\int_0^T f(t)\,dW_H(t) := \sum_{k=1}^{n} (W_H(b_k)h_k - W_H(a_k)h_k).$$

Dann gilt

$$\mathbb{E}(|\int_0^T f(t)\,dW_H(t)|^2) = \int_0^T \|f(t)\|^2\,dt,$$

und man kann diese Isometrie unter Verwendung der gleichen Bezeichnung auf ganz $L_2(0,T;H)$ fortsetzen.
Wie in [99] sagt man dann, dass eine Funktion $\Phi : [0,T] \longrightarrow \mathcal{B}(H,E)$, welche dual in $L_2(0,T;H)$ liegt, *stochastisch integrierbar* (auf $[0,T]$ bezüglich W_H) sei, falls es ein $Y \in L_2(\Omega;E)$ so gibt, dass für jedes $x' \in E'$ die folgende Gleichung $\mathbb{P}$-fast sicher gilt:

$$\langle x', Y \rangle = \int_0^T \Phi(t)'x'\,dW_H(t).$$

Das Zufallselement Y heißt dann *stochastisches Integral* von Φ und werde mit

$$\int_0^T \Phi(t)\,dW_H(t)$$

bezeichnet.
Diese Definition zieht die folgende Charakterisierung von Jan M.A.M. van Neerven und Lutz Weis nach sich, siehe [99, Theorem 4.2].

Proposition 1.7.5. *Es sei E ein separabler Banachraum und H ein separabler Hilbertraum. Für eine H-stark messbare Funktion $\Phi : [0,T] \longrightarrow \mathcal{B}(H,E)$, welche dual in $L_2(0,T;H)$ liege, sind die folgenden Aussagen äquivalent:*

1. $\Phi \in \gamma(0,T;H,E)$.

2. Φ *ist stochastisch integrierbar auf* $[0,T]$.

Außerdem gilt folgende Isometrieeigenschaft:

$$\mathbb{E}(\| \int_0^T \Phi(t)\, dW_H(t)\|^2) = \|\Phi\|^2_{\gamma(0,T;H,E)}.$$

Ein überaus nützliches Hilfsmittel, um stochastische Integrierbarkeit nachzuweisen, liefert

Lemma 1.7.6. *[99, Corollary 4.4] Es sei* E *ein separabler Banachraum und* H *ein separabler Hilbertraum. Zudem liege* $\Phi_i : [0,T] \to E$ *dual in* $L_2(0,T;H)$ *für* $i = 1,2$. *Ist* Φ_1 *stochastisch integrierbar und existiert eine Konstante* $C > 0$ *so, dass für jedes* $x' \in E'$

$$\int_0^T \|\Phi_2'(t)x'\|^2\, dt \leq C^2 \int_0^T \|\Phi_1'(t)x'\|^2\, dt$$

gilt, so ist auch Φ_2 *stochastisch integrierbar und man hat*

$$\mathbb{E}(\| \int_0^T \Phi_2(t)\, dW_H(t)\|^2) \leq C^2 \mathbb{E}(\| \int_0^T \Phi_1(t)\, dW_H(t)\|^2).$$

Im weiteren Verlauf der Arbeit wird insbesondere die stochastische Faltung

$$(W_{A(\cdot)}(t))_{t\in[0,T]} := \left(\int_0^t P(t,s)B\, dW_H(s) \right)_{t\in[0,T]}$$

genauer betrachtet, wobei wie bisher der Familie $(A(t), D(A(t)))_{t\in[0,T]}$ genau eine stark stetige Evolutionsfamilie auf E zugeordnet sei und $B \in \mathcal{B}(H,E)$. Um sich zumindest von der starken Messbarkeit solcher Prozesse zu überzeugen, erweist sich das folgende Lemma als hilfreich.

Lemma 1.7.7. *Es sei* E *ein separabler Banachraum und* H *ein separabler Hilbertraum. Zudem sei* $\Phi : [0,T]^2 \to \mathcal{B}(H,E)$ H*-stark messbar und für jedes* $t \in [0,T]$ *liege* $\Phi(t,\cdot)$ *dual in* $L_2(0,T;H)$. *Ist nun für jedes* $t \in [0,T]$ *die Abbildung* $[s \mapsto \Phi(t,s)]$ *stochastisch integrierbar, so besitzt der stochastische Prozess* $\zeta : [0,T] \times \Omega \to E$, *definiert gemäß*

$$\zeta(t) = \int_0^t \Phi(t,s)\, dW_H(s),$$

eine stark progressiv messbare Version.

Um dies zu zeigen, kann man sich des folgenden Lemmas bedienen.

Lemma 1.7.8. *Es sei* E *ein vollständiger separabler metrischer Raum. Ist* $\zeta : \mathbb{R}_+ \times \Omega \to E$ *adaptiert und messbar, so besitzt* ζ *eine progressiv messbare Version.*

Beweis: Es folgt aus [62, Theorem A1.2], dass E borelisomorph zu einer Borel'schen Teilmenge von $[0,1]$ ist, d.h. es existiert eine Borelmenge $A \subset [0,1]$ und eine bijektive messbare Abbildung $f : E \to A$ so, dass f^{-1}auch messbar ist. Sei $\eta = f(\zeta)$, dann ist η adaptiert und messbar, also hat η gemäß [33, Section IV.30] eine progressiv messbare Version $\tilde{\eta}$. Es bezeichne $C = \tilde{\eta}^{-1}(A)$, dann ist C progressiv messbar. Da $\tilde{\eta}$ eine Version von η ist, erhält man für jedes $t \in \mathbb{R}_+$ die Gleichheit $\mathbb{P}(C^t) = 1$, wobei $C^t = \{\omega \in \Omega \,|\, (t,\omega) \in C\}$. Definiert man nun $\overline{\eta} : \mathbb{R}_+ \times \Omega \to A$ als $\overline{\eta} = \tilde{\eta}\mathbf{1}_C$, so ist $\overline{\eta}$ progressiv messbar und eine Version von $\tilde{\eta}$; als solche natürlich auch eine Version von η. Folglich ist $\overline{\zeta} = f^{-1}(\eta)$ eine gesuchte Version. □

Beweis von Lemma 1.7.7: Wenn man zeigt, dass ζ eine stark messbare Version $\tilde{\zeta}$ besitzt, so ist man fertig. In der Tat sind dann ζ und somit auch $\tilde{\zeta}$ adaptiert, sodass die Existenz einer progressiv messbaren Version aus Lemma 1.7.8 folgt. Wegen des Messbarkeitssatzes von Pettis ist diese Version dann auch stark progressiv messbar.
Der Beweis benutzt Techniken aus [33, Section IV.30]. Wir definieren eine H-stark messbare Funktion $\Psi : [0,T]^2 \to \mathcal{B}(H,E)$ durch $\Psi(t,s) := \Phi(t,s)1_{[0,t]}(s)$. Ebenso wie in [97, Lemma 2.8] kann man nun zeigen , dass die Funktion $[0,T] \ni t \to \Psi(t,\cdot) \in \gamma(0,T;H,E)$ stark messbar ist. Da die darstellbaren Elemente im Banachraum $\gamma(L_2(0,T;H),E)$ dicht liegen, können wir eine Folge von Funktionen $(\Phi_n)_{n\geq 1}$ mit $\Phi_n : [0,T]^2 \to \mathcal{B}(H,E)$ so finden, dass jedes $\Phi_n : [0,T] \to \gamma(L_2(0,T;H),E)$ nur abzählbar viele Werte annimmt, d.h.

$$\Phi_n = \sum_{k\geq 1} \mathbf{1}_{B_k^n} \Phi_k^n$$

mit $B_k^n \in \mathfrak{Bo}([0,T])$ und $\Phi_k^n \in \gamma(0,T;H,E)$, und für jedes $t \in [0,T]$ gilt

$$\|\Psi(t) - \Phi_n(t)\|_{\gamma(0,T;H,E)} \leq 2^{-n}.$$

Es folgt aus Proposition 1.7.5, dass

$$\Big\| \int_0^T (\Psi(t,s) - \Phi_n(t,s))\, dW_H(s) \Big\|_{L_2(\Omega;E)} \leq 2^{-n}$$

für jedes $t \in [0,T]$ ist. Folglich gilt für jedes $t \in [0,T]$ $\mathbb{P}$-fast sicher

$$\zeta(t,\cdot) = \int_0^T \Psi(t,s)\, dW_H(s) = \lim_{n\to\infty} \int_0^T \Phi_n(t,s)\, dW_H(s).$$

Nun hat für jedes $n \in \mathbb{N}$ aber

$$\int_0^T \Phi_n(\cdot,s)\, dW_H(s) = \sum_{k\geq 1} \mathbf{1}_{B_k^n}(\cdot) \int_0^T \Phi_k^n(s)\, dW_H(s)$$

eine stark $\mathfrak{Bo}([0,T]) \otimes \mathcal{F}_T$-messbare Version, etwa $\zeta_n : [0,T] \times \Omega \to E$. Ist dann $C \subset [0,T] \times \Omega$ die Menge aller Punkte (t,ω), für die $(\zeta_n(t,\omega))_{n\in\mathbb{N}}$ in E konvergiert, so gilt $C \in \mathfrak{Bo}([0,T]) \otimes \mathcal{F}_T$. Somit können wir einen stochastischen Prozess $\tilde{\zeta}$ gemäß $\tilde{\zeta} = \lim_{n\to\infty} \zeta_n \mathbf{1}_C$ definieren. Es folgt, dass $\tilde{\zeta}$ stark $\mathfrak{Bo}([0,T]) \otimes \mathcal{F}_T$-messbar ist und für jedes $t \in [0,T]$ folgende Gleichheit $\mathbb{P}$-fast sicher gilt: $\tilde{\zeta}(t,\cdot) = \zeta(t,\cdot)$. □

1.7.2 Zufällige Integranden

War es im Fall deterministischer Integranden noch möglich, stochastische Integrierbarkeit in beliebigen separablen Banachräumen zu charakterisieren, so muss man sich für zufällige Integranden bedingt durch die gewählte Methodik auf eine gewisse Teilklasse separabler Banachräume einschränken.
Die in der Literatur bereits vorhandenen Erweiterungen auf Banachräume, siehe etwa [19, 36, 37], kann man als direkte Verallgemeinerung der Hilbertraumtheorie auffassen, da in der Klasse der Banachräume vom Martingaltyp 2 gerade eine entsprechende L_2-Ungleichung gilt. Dieses Integral wird im ersten Teil dieses Unterabschnittes kurz vorgestellt.
Um in anderen Banachräumen ein stochastisches Integral zu charakterisieren, muss man sich etwas Neues überlegen. JAN M.A.M. VAN NEERVEN, MARK C. VERAAR und LUTZ WEIS haben in [97] eine Theorie stochastischer Integrale in Banachräumen mit der UMD-Eigenschaft bzw. UMD$^{\pm}$-Eigenschaft mit Hilfe eines „decoupling"-Ansatzes entwickelt. Im zweiten Teil dieses Unterabschnitts werden die wichtigsten Ergebnisse ihrer Theorie dargestellt.

Stochastische Integrale in Banachräumen vom Martingaltyp 2

Da wir später gerade nicht das in solchen Banachräumen entwickelte stochastische Integral verwenden wollen, wird hier nur der wesentliche Existenzsatz zitiert. Für mehr Informationen über dieses stochastische Integral konsultiere man [19, 36, 101].
Ausgehend von Treppenfunktionen kann man in diesem Fall analog zum Hilbertraumfall ein stochastisches Integral bezüglich W_H definieren und erhält

Satz 1.7.9. *Es seien H ein separabler Hilbertraum, $(\Omega, \mathcal{F}, \mathbb{P}, (\mathcal{F}_t)_{t\geq 0})$ ein filtrierter Wahrscheinlichkeitsraum, W_H ein H-zylindrischer Wienerprozess bezüglich $(\mathcal{F}_t)_{t\geq 0}$ und E ein separabler Banachraum vom Martingaltyp 2. Dann ist jedes $f \in L_{2,\mathcal{F}_\cdot}([0,T] \times \Omega; \gamma(H,E))$ stochastisch integrierbar bezüglich W_H und es existiert eine Konstante $C_2 > 0$ so, dass für jedes solche f gilt*

$$\mathbb{E}(\| \int_0^T f(t)\, dW_H(t) \|^2) \leq C_2^2 \mathbb{E}(\int_0^T \|f(t)\|^2_{\gamma(H,E)}\, dt),$$

dabei bezeichnet $L_{2,\mathcal{F}_\cdot}([0,T] \times \Omega; \gamma(H,E))$ die progressiv messbaren Elemente des Raums $L_2([0,T] \times \Omega; \gamma(H,E))$.

Stochastische Integrale in Banachräumen mit der UMD-Eigenschaft

In diesem Abschnitt werden Ergebnisse aus [97] vorgestellt. Dabei liege ein H-stark $(\mathcal{F}_t)_{t\in[0,T]}$-progressiv messbarer stochastischer Prozess $\Phi : [0,T] \times \Omega \to \mathcal{B}(H,E)$ *dual in* $L_p(\Omega; L_2(0,T;H))$, falls für jedes $x' \in E'$ der H-wertige stochastische Prozess $\Phi' x'$ zu $L_p(\Omega; L_2(0,T;H))$ gehört.
Der Begriff der stochastischen Integrierbarkeit ist Gegenstand der folgenden Definition.

Definition 1.7.10. *Es seien H ein separabler Hilbertraum, $(\Omega, \mathcal{F}, \mathbb{P}, (\mathcal{F}_t)_{t\geq 0})$ ein filtrierter Wahrscheinlichkeitsraum, W_H ein zylindrischer $(\mathcal{F}_t)_{t\geq 0}$-Wienerprozess, E ein separabler Banachraum, $T > 0$ und $p \in (1, \infty)$.*
Dann nennt man einen H-starken $(\mathcal{F}_t)_{t\in[0,T]}$-progressiv messbaren stochastischen Prozess $\Phi : [0, T] \times \Omega \to \mathcal{B}(H, E)$, welcher dual in $L_p(\Omega; L_2(0, T; H))$ liege, auf $[0, T]$ L_p-stochastisch integrierbar bezüglich W_H, falls ein $\eta \in L_p(\Omega; E)$ so existiert, dass für jedes $x' \in E'$ in $L_p(\Omega)$ gilt

$$\langle x', \eta\rangle = \int_0^T \Phi(t)'x'\, dW_H(t).$$

Als Grundlage für den Aufbau der hier vorgestellten Theorie stochastischer Integrale bezüglich H-zylindrischer Wienerprozesse in Banachräumen mit der UMD-Eigenschaft dient das folgende Lemma.

Lemma 1.7.11 ([97, Lemma 3.5]). *Es seien H ein nichttrivialer separabler Hilbertraum, $(\Omega, \mathcal{F}, \mathbb{P}, (\mathcal{F}_t)_{t\geq 0})$ bzw. $(\tilde{\Omega}, \tilde{\mathcal{F}}, \tilde{\mathbb{P}}, (\tilde{\mathcal{F}}_t)_{t\geq 0})$ filtrierte Wahrscheinlichkeitsräume, W_H bzw. $\tilde{W}_H$ stochastisch unabhängige H-zylindrische $(\mathcal{F}_t)_{t\geq 0}$- bzw. $(\tilde{\mathcal{F}}_t)_{t\geq 0}$-Wienerprozesse, E ein separabler Banachraum, $T > 0$ und $p \in (1, \infty)$.*
Dann sind die folgenden Aussagen äquivalent:

1. *E hat die UMD-Eigenschaft;*
2. *für jeden elementaren H-stark $(\mathcal{F}_t)_{t\in[0,T]}$-progressiv messbaren stochastischen Prozess $\Phi : [0, T] \times \Omega \to \mathcal{B}(H, E)$ gilt die „decoupling"-Ungleichung*

$$(1.7.1) \qquad \begin{aligned} C_{U(p)}^{-p}\mathbb{E}(\tilde{\mathbb{E}}(\|\textstyle\int_0^T \Phi(t)\, d\tilde{W}_H(t)\|^p)) &\leq \mathbb{E}(\|\displaystyle\int_0^T \Phi(t)\, dW_H(t)\|^p) \\ &\leq C_{U(p)}^{p}\mathbb{E}(\tilde{\mathbb{E}}(\|\int_0^T \Phi(t)\, d\tilde{W}_H(t)\|^p)). \end{aligned}$$

Bemerkung 1.7.12. *Die Ungleichungskette (1.7.1) ist die entscheidende Abschätzung für den „decoupling"-Ansatz; dann kann man Integrand und Integrator als stochastisch unabhängig betrachten, also in gewissem Sinn als „entkoppelt".*
Der Begriff „decoupling" ist zentraler Gegenstand des Buchs [108] von Evarist Giné *und* Víctor H. de la Peña. *In dem Buch [77] von* Stanisław Kwapień *und* Wojbor A. Woyczyński *wird ebenfalls ein „decoupling"-Ansatz für stochastische Integrale vorgestellt.*

Dieses Lemma führt zu folgender Charakterisierung L_p-stochastischer Integrierbarkeit.

Satz 1.7.13 ([97, Theorem 3.7]). *Es seien H ein nichttrivialer separabler Hilbertraum, $(\Omega, \mathcal{F}, \mathbb{P}, (\mathcal{F}_t)_{t\geq 0})$ ein filtrierter Wahrscheinlichkeitsraum, W_H ein H-zylindrischer Wienerprozess bezüglich $(\mathcal{F}_t)_{t\geq 0}$, $p \in (1, \infty)$, $T > 0$ und E ein separabler Banachraum mit UMD-Eigenschaft.*
Für einen H-stark $(\mathcal{F}_t)_{t\in[0,T]}$-progressiv messbaren stochastischen Prozess $\Phi : [0, T] \times \Omega \to \mathcal{B}(H, E)$, welcher dual in $L_p(\Omega; L_2(0, T; H))$ liege, sind die folgenden Aussagen äquivalent:

1. *Φ ist auf $[0,T]$ bezüglich W_H L_p-stochastisch integrierbar,*

2. *es existiert eine Folge $(\Phi_n)_{n\in\mathbb{N}}$ elementarer H-stark $(\mathcal{F}_t)_{t\in[0,T]}$-progressiv messbarer stochastischer Prozesse so, dass gilt:*

   a) *für jedes $x' \in E'$ hat man $\lim_{n\to\infty} \Phi_n' x' = \Phi' x'$ in $L_p(\Omega; L_2(0,T;H))$ und*

   b) *es existiert ein $\eta \in L_p(\Omega; E)$ so, dass*

$$\eta =_{L_p(\Omega;E)} \lim_{n\to\infty} \int_0^T \Phi_n(t)\, dW_H(t).$$

3. *Φ induziert ein Element X aus $L_p(\Omega; \gamma(L_2(0,T;H), E))$.*

In diesem Fall sind die Zufallselemente η in 1. und 2. eindeutig bestimmt und stimmen $\mathbb{P}$-fast sicher überein; X in 3. liegt in $L_{p,\mathcal{F}}(\Omega; \gamma(L_2(0,T;H), E))$ und es gilt $\eta = I^{W_H}(X)$ in $L_p(\Omega; E)$.
Außerdem gilt

$$\mathbb{E}(\|X\|^p_{\gamma(L_2(0,T;H),E)}) \simeq \mathbb{E}(\| \int_0^T \Phi(t)\, dW_H(t) \|^p).$$

Mehr Informationen zu stochastischen Integralen in Banachräumen mit der UMD-Eigenschaft findet man in der Arbeit [97] von JAN M.A.M. VAN NEERVEN, MARK C. VERAAR und LUTZ WEIS.

Stochastische Integrale in Banachräumen mit der UMD$^{\pm}$-Eigenschaft

Viele Ergebnisse aus [97] gelten ebenso in Banachräumen mit der UMD$^{\pm}$-Eigenschaft, wie von MARK C. VERAAR in [133] festgestellt wurde. Die natürlichen Grenzen solcher Verallgemeinerungen werden ebenfalls in [133] beleuchtet, dabei handelt man sich aus technischen Gründen eine kleine Beschränkung ein: die zugrundeliegende Filtration muss von der Gestalt $(\mathcal{F}_t^{W_H} \otimes \tilde{\mathcal{F}})_{t\geq 0}$ sein, wobei $(\mathcal{F}_t^{W_H})_{t\geq 0}$ die kanonische Erweiterung der von W_H induzierten Filtration und $(\tilde{\Omega}, \tilde{\mathcal{F}}, \tilde{\mathbb{P}})$ ein zweiter Wahrscheinlichkeitsraum ist.
In dem Artikel [96] von JAN M.A.M. VAN NEERVEN, MARK C. VERAAR und LUTZ WEIS kann man den folgenden, für die Belange dieser Arbeit relevanten Satz finden.

Satz 1.7.14. *Es sei E ein separabler Banachraum, H ein separabler Hilbertraum und W_H ein H-zylindrischer Wienerprozess auf $(\Omega, \mathcal{F}, \mathbb{P})$. Für einen H-stark messbaren, adaptierten stochastischen Prozess $\Phi : [0,T] \times \Omega \to \mathcal{B}(H,E)$, welcher dual in dem Raum $L_0(\Omega; L_2(0,T;H))$ liege, betrachte man die folgenden Aussagen:*

1. *Es gibt elementare H-stark progressiv messbare Prozesse $\Phi_n : [0,T] \times \Omega \to \mathcal{B}(H,E)$ so, dass:*

   (i) *für beliebige $h \in H$ und $x' \in E'$ hat man $\lim\limits_{n\to\infty} \langle \Phi_n h, x' \rangle = \langle \Phi h, x' \rangle$ nach Maß;*

(ii) Es gibt einen Prozess $\zeta \in L_0(\Omega; C([0,T]; E))$ *so, dass*

$$\zeta = \lim_{n\to\infty} \int_0^{\cdot} \Phi_n(t)\, dW_H(t) \quad \text{in } L_0(\Omega; C([0,T]; E)).$$

2. Es gibt einen Prozess $\zeta \in L_0(\Omega; C([0,T]; E))$ *so, dass für jedes* $x' \in E'$ *gilt*

$$\langle \zeta, x' \rangle = \int_0^{\cdot} \Phi'(t)x'\, dW_H(t) \quad \text{in } L_0(\Omega; C[0,T]).$$

3. $\Phi \in \gamma(0,T; H, E)$ $\mathbb{P}$*-fast sicher.*

Es gilt stets 1. $\Rightarrow$ *2. und die Prozesse* ζ *in 1. und 2. sind sowohl ununterscheidbar als auch eindeutig bestimmt als Elemente von* $L_0(\Omega; C([0,T]; E))$*. Sie sind stetige lokale Martingale, welche in 0 starten.*
Hat E die UMD$^-$*-Eigenschaft und ist die Filtration so wie oben angegeben, dann gilt 3.* $\Rightarrow$ *1. und für jedes* $p \in (1,\infty)$ *gilt*

$$\mathbb{E}(\sup_{t\in[0,T]} \|\zeta(t)\|^p) \le (C^-)^p \mathbb{E}(\|\Phi\|^p_{\gamma(0,T;H,E)}).$$

Hat E die UMD$^+$*-Eigenschaft und ist die Filtration so wie oben angegeben, dann gilt 1.* $\Rightarrow$ *3. und für jedes* $p \in (1,\infty)$ *gilt*

$$\mathbb{E}(\|\Phi\|^p_{\gamma(0,T;H,E)}) \le (C^+)^p \mathbb{E} \sup_{t\in[0,T]} \|\zeta(t)\|^p.$$

Hat E die UMD-Eigenschaft, dann sind alle Aussagen äquivalent und für jedes $p \in (1,\infty)$ *gilt*

$$\mathbb{E}(\sup_{t\in[0,T]} \|\zeta(t)\|^p) \simeq \mathbb{E}(\|\Phi\|^p_{\gamma(0,T;H,E)}).$$

In einer weiteren Arbeit [95] bewiesen Jan M.A.M. van Neerven und Mark C. Veraar folgende stochastische Sätze von Fubini.

Satz 1.7.15 ([95, Theorem 3.5]). *Es seien H ein separabler Hilbertraum,* (S, Σ, σ) *ein Maßraum,* $(\Omega, \mathcal{F}, \mathbb{P}, (\mathcal{F}_t)_{t\ge 0})$ *ein filtrierter Wahrscheinlichkeitsraum und* $\Phi : S \times [0,T] \times \Omega \to H$ *ein stochastischer Prozess mit den folgenden Eigenschaften:*

1. Φ *ist stark* $\Sigma \otimes \mathfrak{Bo}([0,T]) \otimes \mathcal{F}$*-messbar,*

2. *für jedes* $s \in S$ *ist* $\Phi(s,\cdot,\cdot)$ *progressiv messbar und*

3. *für* $\mathbb{P}$*-fast alle* $\omega \in \Omega$ *gehört die Abbildung* $\Phi(\cdot,\cdot,\omega)$ *zu* $L_1(S; L_2(0,T;H))$*.*

Dann gilt:

1. *für* σ*-fast alle* $s \in S$ *ist der stochastische Prozess* $\Phi(s,\cdot,\cdot)$ *stochastisch integrierbar auf* $[0,T]$ *bezüglich* W_H*,*

2. *für* $(\lambda \otimes \mathbb{P})$*-fast alle* (t, ω) *ist die Abbildung* $\Phi(\cdot, t, \omega)$ *ein Element von* $L_1(S; H)$ *und es existiert ein progressiv messbarer stochastischer Prozess* $\Phi_\sigma : [0, T] \times \Omega \to H$, *welcher stochastisch integrierbar bezüglich* W_H *ist, so, dass für* $(\lambda \otimes \mathbb{P})$*-fast alle* (t, ω) *gilt*
$$\Phi_\sigma(t, \omega) = \int_S \Phi(s, t, \omega)\, \sigma(ds),$$

3. *für* $\mathbb{P}$*-fast alle* $\omega \in \Omega$ *gehört die Abbildung* $[s \mapsto \left(\int_0^T \Phi(s, t)\, dW_H(s)\right)(\omega)]$ *zu* $L_1(S)$ *und man hat*
$$\int_S \left(\int_0^T \Phi(s, t)\, dW_H(s)\right)(\omega)\, \sigma(ds) = \left(\int_0^T \Phi_\sigma(t)\, dW_H(t)\right)(\omega).$$

In Zusammenhang mit stochastischen Integralen zufälliger Integranden lautet der Satz wie folgt:

Satz 1.7.16 ([95, Theorem 3.6]). *Es seien* H *ein separabler Hilbertraum,* E *ein separabler Banachraum mit UMD*$^-$*-Eigenschaft,* (S, Σ, σ) *ein Maßraum,* $(\Omega, \mathcal{F}, \mathbb{P}, (\mathcal{F}_t)_{t \geq 0})$ *ein filtrierter Wahrscheinlichkeitsraum und* $\Phi : S \times [0, T] \times \Omega \to \mathcal{B}(H, E)$ *ein stochastischer Prozess mit den folgenden Eigenschaften:*

1. *für jedes* $h \in H$ *ist* Φh *ist stark* $\Sigma \otimes \mathfrak{Bo}([0, T]) \otimes \mathcal{F}$*-messbar,*

2. *für jedes* $s \in S$ *ist* $\Phi(s, \cdot, \cdot)h$ *progressiv messbar für beliebiges* $h \in H$ *und*

3. *für* $\sigma \otimes \mathbb{P}$*-fast alle* $(s, \omega) \in S \times \Omega$ *induziert die Abbildung* $[t \mapsto \Phi(s, t, \omega)]$ *ein Element* $U_{s,\omega} \in \gamma(L_2(0, T; H), E)$ *und für* $\mathbb{P}$*-fast alle* $\omega \in \Omega$ *definiert die Abbildung* $[s \mapsto U_{s,\omega}]$ *ein Element von* $L_1(S; \gamma(L_2(0, T; H), E))$.

Dann gilt:

1. *für* σ*-fast alle* $s \in S$ *ist der stochastische Prozess* $\Phi(s, \cdot, \cdot)$ *stochastisch integrierbar auf* $[0, T]$ *bezüglich* W_H,

2. *für jedes* $x' \in E'$ *und* $(\lambda \otimes \mathbb{P})$*-fast alle* $(t, \omega) \in [0, T] \times \Omega$ *definiert die Abbildung* $[s \mapsto \Phi(s, t, \omega)'x']$ *ein Element von* $L_1(S; H)$ *und es existiert ein progressiv messbares* $\Phi_\sigma \in L_{0,\mathcal{F}}(\Omega; \gamma(L_2(0, T; H), E))$ *so, dass für jedes* $x' \in E'$ *und* $(\lambda \otimes \mathbb{P})$*-fast alle* (t, ω) *gilt*
$$\langle x', \Phi_\sigma \rangle(t, \omega) = \int_S \Phi(s, t, \omega)'x'\, \sigma(ds),$$

3. *für* $\mathbb{P}$*-fast alle* $\omega \in \Omega$ *gilt* $[s \mapsto \left(\int_0^T \Phi(s, t)\, dW_H(s)\right)(\omega)] \in L_1(S; E)$ *und man hat*
$$\int_S \left(\int_0^T \Phi(s, t)\, dW_H(s)\right)(\omega)\, \sigma(ds) = \left(\int_0^T \Phi_\sigma(t)\, dW_H(t)\right)(\omega).$$

1.8 Weitere nützliche Resultate

Schließlich werden noch einige Ergebnisse vorgestellt, welche im Laufe der Arbeit verwendet werden, ohne in einen der bisherigen Abschnitte zu gehören.

Lemma 1.8.1 ([20, Lemma 5.4]). *Es sei E ein vollständiger topologischer Vektorraum, I eine beliebige nichtleere Indexmenge und $(\Omega, \mathcal{F}, \mathbb{P})$ ein Wahrscheinlichkeitsraum. Zudem seien durch $(\eta_i)_{i\in I}$ und $(\zeta_i)_{i\in I}$ Familien E-wertiger Zufallselemente gegeben, deren Verteilungen straff sind. Dann sind die Verteilungen von $(\eta_i + \zeta_i)_{i\in I}$ straff.*

In [132] findet man als Theorem 3.6 folgenden Satz.

Satz 1.8.2 (Satz von Prohorov). *Es sei E ein vollständig regulärer topologischer Hausdorffraum. Ist $(\mu_i)_{i\in I}$ eine straffe Familie von Wahrscheinlichkeitsmaßen auf dem Messraum $(E, \mathfrak{Bo}(E))$, so ist $(\mu_i)_{i\in I}$ relativ kompakt in $\mathcal{M}_1(E)$ bezüglich der schwachen Topologie, wobei $\mathcal{M}_1(E)$ die Wahrscheinlichkeitsmaße auf $(E, \mathfrak{Bo}(E))$ bezeichnet.*
Ist E homöomorph zu einem vollständigen metrischen Raum, so gilt auch die Umkehrung.

In [15] steht als Theorem 3.8.6 der folgende Satz.

Satz 1.8.3 (Satz von Skorohod). *Es sei $(\mu_n)_{n\in\mathbb{N}}$ eine Folge von Borel'schen Wahrscheinlichkeitsmaßen auf einem vollständigen, separablen nichtleeren metrischen Raum E, welche im Sinn der Wahrscheinlichkeitstheorie schwach gegen ein Borelmaß μ konvergieren. Dann existieren ein Wahrscheinlichkeitsraum $(\Omega, \mathcal{F}, \mathbb{P})$ und messbare Abbildungen $\xi, \xi_n : \Omega \to E$ so, dass $\mu_n = \mathbb{P}^{\xi_n}$, $\mu = \mathbb{P}^{\xi}$ und $\xi_n \to \xi$ $\mathbb{P}$-fast sicher für $n \to \infty$.*

In [106] findet man als Theorem 3.1 eine Verallgemeinerung des folgenden Martingaldarstellungssatzes.

Satz 1.8.4. *Es sei $(\Omega, \mathcal{F}, \mathbb{P}, (\mathcal{F}_t)_{t\geq 0})$ ein filtrierter Wahrscheinlichkeitsraum, H ein separabler Hilbertraum, E ein separabler Banachraum, $D \subset E'$ ein punktetrennender Unterraum und $g : [0,T] \times \Omega \to \mathcal{B}(H,E)$ ein H-stark $(\mathcal{F}_t)_{t\in[0,T]}$-progressiv messbarer stochastischer Prozess, welcher dual in $L_2(\Omega; L_2(0,T;H))$ liege.*
Ist M ein D-zylindrisches stetiges L_2-Martingal mit $\mathbb{P}$-fast sicher

$$[M(x')]_t = \int_0^t \|g(s)'x'\|_H^2 \, ds, \qquad x' \in D,$$

und gilt eine der beiden folgenden Voraussetzungen:

1. *g ist $\lambda \otimes \mathbb{P}$-fast sicher injektiv,*
2. *auf dem Wahrscheinlichkeitsraum $(\Omega, \mathcal{F}, \mathbb{P})$ existiert eine stochastisch unabhängige Folge $(B^{(n)})_{n\in\mathbb{N}}$ von $(\mathcal{F}_t)_{t\geq 0}$-Brown'schen Bewegungen, die stochastisch unabhängig von M ist,*

so existiert ein H-zylindrischer $(\mathcal{F}_t)_{t\geq 0}$-Wienerprozess W_H so, dass für jedes $x' \in D$ $\mathbb{P}$-fast sicher gilt

$$(M(x'))(t) = \int_0^t g(s)'x'\, dW_H(s).$$

Bemerkung 1.8.5. *Ähnlich wie in der Arbeit [39] von* EGBERT DETTWEILER *kann man auf die im Satz genannten Voraussetzungen verzichten, wenn man bereit ist, den ursprünglichen Wahrscheinlichkeitsraum zu erweitern, um so die Voraussetzung 2. zu erfüllen.*

In [117] findet man

Lemma 1.8.6. *Es seien $g \in L_1(0,T)$ und $h \in L_q(0,T)$, $q \in [1,\infty]$, nicht negative Funktionen. Gilt für eine nichtnegative Funktion $f \in L_1(0,T)$*

$$f(t) \leq h(t) + \int_0^t g(t-s)f(s)\, ds, \qquad 0 \leq t \leq T, \tag{1.8.1}$$

so existiert eine Konstante $L = L(g) > 0$ mit

$$\|f\|_{L_q(0,T)} \leq L\|h\|_{L_q(0,T)}. \tag{1.8.2}$$

Eine Verallgemeinerung des Satzes von Arzelà-Ascoli ist Gegenstand des folgenden Lemmas.

Lemma 1.8.7 ([32, Lemma 2.1]). *Es sei E ein Banachraum und $I \subset \mathbb{R}$ ein beschränktes Intervall. Dann ist eine Teilmenge $M \subset C(I;E)$ genau dann relativ kompakt, wenn M gleichgradig stetig ist und für jedes $i \in I$ die Menge $\{m(i) \,|\, m \in M\}$ relativ kompakt in E ist.*

Darauf aufbauend bewies JACQUES SIMON in [118] die folgende Charakterisierung relativ kompakter Mengen in $L_p(0,T;E)$.

Lemma 1.8.8 ([118, Theorem 1]). *Es sei E ein separabler Banachraum und M eine Teilmenge von $L_p(0,T;E)$ für $p \in [1,\infty)$. Dann ist M relativ kompakt in $L_p(0,T;E)$ genau dann, wenn für M die folgenden Aussagen gelten:*

1. *für beliebige $0 < t_1 < t_2 < T$ ist die Menge*

   $$\{\int_{t_1}^{t_2} m(t)\, dt \,|\, m \in M\}$$

   relativ kompakt in E und

2. *es gilt*

   $$\lim_{h\downarrow 0} \sup_{m\in M} \int_0^{T-h} \|m(t+h) - m(t)\|_E^p\, dt = 0.$$

Leider erweist sich in Anwendungen Bedingung 1. als schwierig überprüfbar; in solchen Situationen leistet das folgende Lemma wertvolle Dienste.

Lemma 1.8.9. *Es sei E ein separabler Banachraum, p, $q \in [1, \infty)$, $T > 0$ und $\tilde{E}$ ein weiterer separabler Banachraum, welcher kompakt in E einbette. Dann ist eine Menge $M \subset L_p(0, T; E) \cap L_q(0, T; \tilde{E})$ relativ kompakt in $L_p(0, T; E)$, falls*

1. $$\lim_{h \downarrow 0} \sup_{m \in M} \int_0^{T-h} \|m(t+h) - m(t)\|_E^p \, dt = 0 \qquad \textit{und}$$

2. *M eine beschränkte Teilmenge von $L_q(0, T; \tilde{E})$ ist.*

Beweis: Die Aussage folgt aus Remark 1.4 und Theorem 1 in [114]. □

2 Die Faktorisierungsmethode

2.1 Einleitung

Eine zentrale Frage dieser Arbeit betrifft die Pfadregularität von E-wertigen stochastischen Prozessen der Art

$$\left(\int_0^t P(t,s)\Phi(s)\,dW_H(s)\right)_{t\in[0,T]}, \tag{2.1.1}$$

wobei $(P(t,s))_{(t,s)\in\Delta_T}$ eine stark stetige Evolutionsfamilie auf E und der Prozess $\Phi : [0,T]\times\Omega \to \mathcal{B}(H,E)$ derart H-stark progressiv messbar ist, dass $[(s,\omega)\mapsto P(t,s)\Phi(s,\omega)]$ stochastisch integrierbar ist auf $[0,t]$ für jedes $t\in(0,T]$.
Klassischerweise greift man bei Fragen zur Pfadstetigkeit auf einen Satz von Kolmogorov zurück, der wie folgt lautet:

Satz 2.1.1 ([29, Theorem 3.3]). *Es sei $(u(t))_{t\in[0,T]}$ ein stochastischer Prozess mit Werten in einem separablen Banachraum E. Außerdem gelte für Konstanten $C>0$, $\epsilon>0$ und $\delta>1$ sowie beliebige $t,s\in[0,T]$*

$$\mathbb{E}(\|u(t)-u(s)\|^\delta)\le C|t-s|^{1+\epsilon}.$$

Dann existiert eine Version von u, deren Pfade $\mathbb{P}$-fast sicher λ-hölderstetig sind für $\lambda<\frac{\epsilon}{\delta}$.

Einen anderen Weg zu solchen Pfadregularitätsaussagen eröffnet die im Titel angesprochene Faktorisierungsmethode; ihren Ausgangspunkt bildet die folgende $\mathbb{P}$-fast sichere Gleichheit für ein $\alpha\in(0,1)$

$$\int_0^t P(t,s)\Phi(s)\,dW_H(s)=\frac{\sin(\pi\alpha)}{\pi}(R_\alpha\Phi_\alpha)(t), \tag{2.1.2}$$

wobei

$$(R_\alpha f)(t):=\int_0^t (t-s)^{\alpha-1}P(t,s)f(s)\,ds$$

für eine geeignete Funktion $f:\,[0,T]\to E$ und

$$\Phi_\alpha(t):=\int_0^t (t-s)^{-\alpha}P(t,s)\Phi(s)\,dW_H(s).$$

Man erkennt, dass es die Faktorisierungsmethode erlaubt, Pfadeigenschaften des Prozesses aus (2.1.1) vermittels der Faktorisierungsgleichung (2.1.2) aus den Abbildungseigenschaften von R_α, dem Faktorisierungsoperator, und der Existenz von Φ_α abzuleiten.

2.2 Der Faktorisierungsoperator R_α

Ziel dieses Abschnitts ist es, die Abbildungseigenschaften des Faktorisierungsoperators R_α zu analysieren. Die vorgestellten Kompaktheitsresultate sind dabei wesentlich für die Ergebnisse im Kapitel 4.

2.2.1 Abbildungseigenschaften im allgemeinen Fall

Ist $(P(t,s))_{(t,s)\in\Delta_T}$ eine beliebige stark stetige Evolutionsfamilie auf E, so hat man

Lemma 2.2.1. *Es seien E ein separabler Banachraum und $(P(t,s))_{(t,s)\in\Delta_T}$ eine stark stetige Evolutionsfamilie auf E. Zudem seien $\alpha \in (0,1)$ und $p \in (1,\infty)$ mit $p\alpha > 1$ gegeben. Dann ist die Abbildung $R_\alpha^f : [0,T] \to E$ definiert durch*

$$R_\alpha^f(t) := \int_0^t (t-s)^{\alpha-1} P(t,s) f(s)\, ds \tag{2.2.1}$$

für jedes $f \in C([0,T];E)$ stetig und genügt der folgenden Abschätzung

$$\|R_\alpha^f\|_{C([0,T];E)} \le C\|f\|_{L_p(0,T;E)}. \tag{2.2.2}$$

für eine Konstante $C > 0$. Folglich lässt sich der lineare Operator $R_\alpha f = R_\alpha^f$ fortsetzen zu einem beschränkten, linearen Operator $R_\alpha :\ L_p(0,T;E) \to C([0,T];E)$.

Beweis: Es sei $f \in C([0,T];E)$ beliebig. Da $(P(t,s))_{0\le s\le t\le T}$ stark stetig ist, gilt $C' := \sup_{0\le s\le t\le T} \|P(t,s)\| < \infty$. Also impliziert $\sup_{0\le s\le t\le T} \|P(t,s)f(s)\| < \infty$, dass die rechte Seite in (2.2.1) als Bochnerintegral wohldefiniert ist. Benutzung der Dreiecksungleichung und des Satzes über dominierte Konvergenz zeigt die Stetigkeit von R_α^f. Durch Anwendung der Hölderungleichung, $\frac{1}{p} + \frac{1}{p'} = 1$, erhalten wir dann

$$\begin{aligned}
\|R_\alpha^f(t)\|_E &\le C' \int_0^t (t-s)^{\alpha-1} \|f(s)\|\, ds \\
&\le C' \Big(\int_0^t (t-s)^{(\alpha-1)p'}\, ds \Big)^{\frac{1}{p'}} \|f\|_{L_p(0,t;E)} \\
&\le C' \Big(\int_0^T r^{(\alpha-1)p'}\, dr \Big)^{\frac{1}{p'}} \|f\|_{L_p(0,T;E)} \\
&= C\|f\|_{L_p(0,T;E)},
\end{aligned}$$

wobei $C = C'\Big(\int_0^T r^{(\alpha-1)p'}\, dr \Big)^{\frac{1}{p'}} < \infty$ wegen $\alpha p > 1$. Dies zeigt (2.2.2) und die letzte Behauptung folgt aus Dichtheitsgründen. □

2.2.2 Kompaktheitsresultate im allgemeinen Fall

Es gilt

Lemma 2.2.2. *Es sei E ein separabler Banachraum und $(S(t))_{t\geq 0}$ eine stark stetige Halbgruppe auf E. Ist $(S(t))_{t\geq 0}$ sofort kompakt, so ist der Faktorisierungsoperator R_α für jedes $\alpha \in (0,1]$ und $p \in [1,\infty)$ mit $\alpha p > 1$ kompakt als Abbildung von $L_p(0,T;E)$ nach $C([0,T];E)$.*

Beweis: Der Beweis von Proposition 1 aus [49] überträgt sich umstandslos auf den Banachraumfall. □

Bemerkung 2.2.3. *Die Aussage des Lemmas 2.2.2 übeträgt sich analog auch auf den nichtautonomen Fall.*

2.2.3 Abbildungseigenschaften im analytischen Fall

Im Folgenden werden Versionen von [28, Lemma 2] und [117, Lemma 2.1 (ii)] für beliebige separable Banachräume unter der (AT)-Bedingung vorgestellt. Genauere Vergleiche mit den angesprochenen Ergebnissen werden in Bemerkung 2.2.7 angestellt.
Als eine erste Verallgemeinerung des Lemmas 2.2.1 haben wir

Lemma 2.2.4. *Es sei E ein separabler Banachraum und die (AT)-Bedingung werde von der Operatorenfamilie $(A(t), D(A(t)))_{t\in[0,T]}$ erfüllt. Zudem seien $\alpha \in (0,1]$,$\gamma \in [0,1)$, $\delta \in [\gamma, 1]$ und $p \in [1,\infty)$ mit $\alpha - \frac{1}{p} + \gamma - \delta > 0$. Für $(w - A(\cdot))^\gamma f \in L_p(0,T;E)$ definiere man die Funktion $R_\alpha f : [0,T] \to E$ gemäß*

$$(R_\alpha f)(t) := \int_0^t (t-s)^{\alpha-1} P(t,s) f(s)\, ds. \tag{2.2.3}$$

Dann gilt für jedes $(w - A(\cdot))^\gamma f \in L_p(0,T;E)$ die Beziehung $(R_\alpha f)(t) \in D((w - A(t))^\delta)$ für jedes $t \in [0,T]$. Außerdem ist die Abbildung $[t \mapsto (w - A(t))^\delta (R_\alpha f)(t)]$ stetig und es gibt eine Konstante $C \geq 0$ so, dass für jedes $(w - A(\cdot))^\gamma f \in L_p(0,T;E)$ gilt

$$\|(w - A(\cdot))^\delta (R_\alpha f)(\cdot)\|_{C([0,T];E)} \leq C \|(w - A(\cdot))^\gamma f\|_{L_p(0,T;E)}. \tag{2.2.4}$$

Beweis: Wir wissen bereits aus Lemma 2.2.1, dass das Integral in (2.2.3) wohldefiniert ist und $R_\alpha f \in C([0,T];E)$ gilt. Ferner haben wir $(w - A(0))^\delta (R_\alpha f)(0) = 0$.
Zunächst wird nachgewiesen, dass für jedes $t \in [0,T]$ die Abbildung $[r \mapsto (t-r)^{\alpha-1}(w - A(t))^\delta P(t,r) f(r)]$ integrierbar ist auf $[0,t]$ und

$$(w - A(t))^\delta (R_\alpha f)(t) = \int_0^t (t-r)^{\alpha-1} (w - A(t))^\delta P(t,r) f(r)\, dr \tag{2.2.5}$$

gilt. Wir haben bereits gesehen, dass für jedes $t \in (r,T]$ gilt $P(t,r)f(r) \in D(A(t))$ und dass $[r \mapsto (w - A(t))^\delta P(t,r) f(r)]$ stark messbar ist, sodass lediglich

$$\int_0^t (t-r)^{\alpha-1} \|(w - A(t))^\delta P(t,r) f(r)\|\, dr < \infty \tag{2.2.6}$$

zu zeigen bleibt. Aus (1.5.6) bzw. (1.5.2) und der Hölder-Ungleichung leiten wir ab, dass für jedes $s \in [0,t)$ und jedes $\delta \geq \gamma$ dank der Voraussetzung $\alpha - \frac{1}{p} + \gamma - \delta > 0$ gilt

$$\begin{aligned}
&\int_s^t (t-r)^{\alpha-1} \|(w-A(t))^\delta P(t,r) f(r)\| \, dr \\
&\leq C \int_s^t (t-r)^{\alpha-1+\gamma-\delta} \|(w-A(r))^\gamma f(r)\| \, dr \\
&\leq C \Big(\int_s^t (t-r)^{(\alpha-1+\gamma-\delta)p'} \, dr \Big)^{\frac{1}{p'}} \|(w-A(\cdot))^\gamma f\|_{L_p(0,T;E)} \\
&= C \frac{1}{((\alpha-1+\gamma-\delta)p'+1)^{\frac{1}{p'}}} (t-s)^{\alpha-\frac{1}{p}+\gamma-\delta} \|(w-A(\cdot))^\gamma f\|_{L_p(0,T;E)}.
\end{aligned}$$

Insbesondere gilt also (2.2.6) und somit auch (2.2.5).
Es sei $(w-A(\cdot))^\delta f \in L_p([0,T];E)$ beliebig. Nach dem Lemma 1.5.3 bzw. dem Satz 1.5.1 gilt die Abschätzung $\|(w-A(t))^\delta P(t,s)(w-A(s))^\gamma\| \leq C(t-s)^{\gamma-\delta}$, also haben wir $(w-A(t) =: A_w(t))$

$$\begin{aligned}
\|A_w(t)^\delta (R_\alpha f)(t)\|_E &\leq C \int_0^t (t-s)^{\alpha-1+\gamma-\delta} \|A_w(s)^\gamma f(s)\| \, ds \\
&\leq C \Big(\int_0^t (t-s)^{(\alpha-1+\gamma-\delta)p'} \, ds \Big)^{\frac{1}{p'}} \|A_w(\cdot)^\gamma f\|_{L_p(0,t;E)} \\
&\leq C \Big(\int_0^T r^{(\alpha-1+\gamma-\delta)p'} \, ds \Big)^{\frac{1}{p'}} \|A_w(\cdot))^\gamma f\|_{L_p(0,T;E)} \\
&= C' \|A_w(\cdot))^\gamma f\|_{L_p(0,T;E)},
\end{aligned}$$

wobei $C' = C\Big(\int_0^T r^{(\alpha-1+\gamma-\delta)p'} \, ds \Big)^{\frac{1}{p'}} < \infty$. Dies zeigt, dass das Integral in (2.2.3) wohldefiniert ist, Werte in $D((w-A(t))^\delta)$ annimmt und dass die Abschätzung (2.2.4) gilt, sobald wir uns von der Stetigkeit überzeugt haben. Es sei $t > s$, dann gilt

$$\begin{aligned}
&\|A_w(t)^\delta (R_\alpha f)(t) - A_w(s)^\delta (R_\alpha f)(s)\|_E \\
&\leq \int_s^t (t-r)^{\alpha-1} \|A_w(t)^\delta P(t,r) A_w(r)^{-\gamma} A_w(r)^\gamma f(r)\| \, dr \\
&\quad + \int_0^s \| \left((t-r)^{\alpha-1} A_w(t)^\delta P(t,r) - (s-r)^{\alpha-1} A_w(s)^\delta P(s,r) \right) f(r)\| \, ds \\
&=: I_1 + I_2.
\end{aligned}$$

Für den ersten Term erhalten wir mit Hilfe von Abschätzung (1.5.6) bzw. (1.5.2)

$$I_1 \leq C\Big(\int_s^t (t-r)^{(\alpha-1+\gamma-\delta)p'} \, dr \Big)^{\frac{1}{p'}} \|A_w(\cdot)^\gamma f\|_{L_p(0,T;E)}$$

und somit mit Hilfe des Satzes über dominierte Konvergenz $I_1 \to 0$ für $t \to s$.

Für den zweiten Term beachten wir zunächst, dass für $x \in E$ gilt

$$\begin{aligned}
&\|((w-A(t))^\delta P(t,r)-(w-A(s))^\delta P(s,r))(w-A(r))^{-\gamma}x\| \\
&= \left\|\left[(w-A(t))^\delta P(t,s)-(w-A(s))^\delta\right]P(s,r)(w-A(r))^{-\gamma}x\right\| \\
&\le \left\|\left[(w-A(t))^\delta P(t,s)-(w-A(s))^\delta e^{(t-s)A(s)}\right]P(s,r)(w-A(r))^{-\gamma}x\right\| \\
&\quad +\left\|\left[e^{(t-s)A(s)}-Id\right](w-A(s))^\delta P(s,r)(w-A(r))^{-\gamma}x\right\| \\
&\overset{(i)}{\le} C(t-s)^{\kappa_{\mu,\nu}}\|(w-A(s))^\delta P(s,r)(w-A(r))^{-\gamma}x\| \\
&\quad +C\|(w-A(s))^\delta P(s,r)(w-A(r))^{-\gamma}x\| \\
&\overset{(ii)}{\le} C(t-s)^{\kappa_{\mu,\nu}}(s-r)^{\gamma-\delta}\|x\| \\
&\quad +C(s-r)^{\gamma-\delta}\|x\|,
\end{aligned}$$

wobei in (i) (1.5.4) und die gleichmäßige Analytizitätsbedingung (AT1) benutzt wurden und in (ii) (1.5.6) bzw. (1.5.2).
Somit haben wir

$$\begin{aligned}
I_2 &\le \int_0^s (t-r)^{\alpha-1}\|(A_w(t)^\delta P(t,r)-A_w(s)^\delta P(s,r))f(r)\|\,dr \\
&\quad +\int_0^s \left((t-r)^{\alpha-1}-(s-r)^{\alpha-1}\right)\|A_w(s)^\delta P(s,r)f(r)\|\,dr \\
&\le C\int_0^s (t-r)^{\alpha-1}\left((t-s)^{\kappa_{\mu,\nu}}(s-r)^{\gamma-\delta}+(s-r)^{\gamma-\delta}\right)\|A_w(r)^\gamma f(r)\|\,dr \\
&\quad +C\int_0^s \left((t-r)^{\alpha-1}-(s-r)^{\alpha-1}\right)(s-r)^{\gamma-\delta}\|A_w(r)^\gamma f(r)\|\,dr \\
&\le C\left(\int_0^s (t-r)^{(\alpha-1)p'}\left((t-s)^{\kappa_{\mu,\nu}}(s-r)^{\gamma-\delta}+(s-r)^{\gamma-\delta}\right)^{p'}dr\right)^{\frac{1}{p'}} \\
&\quad \|A_w(\cdot)^\gamma f\|_{L_p}+C\left(\int_0^s \left((t-r)^{\alpha-1}-(s-r)^{\alpha-1}\right)^{p'}(s-r)^{(\gamma-\delta)p'}dr\right)^{\frac{1}{p'}} \\
&\quad \|A_w(\cdot)^\gamma f\|_{L_p}.
\end{aligned}$$

Anwendung des Satzes über dominierte Konvergenz zeigt somit $I_2 \to 0$ für $t \to s$. □

Im Fall konstanter Definitionsbereiche haben wir zudem

Lemma 2.2.5. *Es sei E ein separabler Banachraum, $\alpha \in (0,1]$, $\gamma \in [0,1)$, $\delta \in [0,1)$ und $p \in [1,\infty)$. Außerdem erfülle die Familie $(A(t), D(A(t)))_{t\in[0,T]}$ die (KD)-Bedingung und $((\cdot,\cdot)_\beta)_{\beta\in(0,1)}$ sei eine zulässige Interpolationsmethode. Dann gilt für den Faktorisierungsoperator $R_\alpha \in \mathcal{B}(L_p(0,T;E_\gamma), C^\lambda([0,T];E_\delta))$ für $\alpha-\lambda-\frac{1}{p}+\gamma-\delta>0$, wobei $E_\delta := (E,D)_\delta$ für $\delta \in (0,1)$.*

Beweis: Es gilt für beliebiges $f \in L_p(0,T;E_\gamma)$ und $t \in [0,T]$

$$\begin{aligned}
\|(R_\alpha f)(t)\|_\delta &\le \int_0^t (t-s)^{\alpha-1}\|P(t,s)f(s)\|_\delta\, ds \\
&\le C_\beta \int_0^t (t-s)^{\alpha-1+\gamma-\delta}\|f(s)\|_\gamma\, ds \\
&\le C_\beta \left(\int_0^T s^{(\alpha-1+\gamma-\delta)p'}\, ds\right)^{\frac{1}{p'}} \|f\|_{L_p(0,T;E_\gamma)} < \infty.
\end{aligned}$$

Für beliebiges $f \in L_p(0,T;E_\gamma)$ und $t,s \in [0,T]$ mit $t > s$ gilt zudem

$$\begin{aligned}
&\|(R_\alpha f)(t) - (R_\alpha f)(s)\|_\delta \\
&\le C \int_s^t (t-r)^{\alpha-1+\gamma-\delta}\|f(r)\|_\gamma\, dr \\
&\quad + C \int_0^s |(t-r)^{\alpha-1} - (s-r)^{\alpha-1}|(s-r)^{\gamma-\delta}\|f(r)\|_\gamma\, dr \\
&\quad + \int_0^s (t-r)^{\alpha-1}\|(P(t,s)-Id)P(s,r)f(r)\|_\delta\, dr.
\end{aligned}$$

Für den letzten Term gilt aber nach Lemma 5.3 aus [30]

$$\begin{aligned}
&\int_0^s (t-r)^{\alpha-1}\|(P(t,s)-Id)P(s,r)f(r)\|_\delta\, dr \\
&\le C \int_0^s (t-r)^{\alpha-1}(t-s)^\lambda (s-r)^{-\lambda+\gamma-\delta}\|f(r)\|_\gamma\, dr \\
&\le C(t-s)^\lambda \int_0^s (s-r)^{\alpha-1+\gamma-\delta-\lambda}\|f(r)\|_\gamma\, dr \\
&\le C(t-s)^\lambda \left(\int_0^s r^{(\alpha-1+\gamma-\delta-\lambda)p'}\, dr\right)^{\frac{1}{p'}} \|f\|_{L_p(0,T;E_\gamma)} \\
&= \tilde{C}(t-s)^\lambda s^{\alpha-\frac{1}{p}+\gamma-\delta-\lambda}\|f\|_{L_p(0,T;E_\gamma)}.
\end{aligned}$$

Die ersten beiden Terme können wir analog abschätzen und erhalten die Behauptung. □

Im Fall nichtkonstanter Definitionsbereiche führte eine Verwendung von Interpolationsmethoden wie im Lemma 2.2.5 auf zeitabhängige Zwischenräume und Normen, welche schwierig zu interpretieren und zu manipulieren ist. Deshalb weichen wir im Rahmen der allgemeinen (AT)-Theorie auf Definitionsbereiche gebrochener Potenzen als Zwischenräume aus und erhalten das folgende Resultat.

Lemma 2.2.6. *Es sei E ein separabler Banachraum und die (AT)-Bedingung werde von der Familie $(A(t), D(A(t)))_{t\in[0,T]}$ erfüllt. Zudem seien $\alpha \in (0,1]$,$\gamma \in [0,1)$, $\delta \in [\gamma,1]$*

und $p \in [1, \infty)$ mit $\alpha - \frac{1}{p} + \gamma - \delta > 0$ und $\alpha + \gamma \leq 1 + \frac{1}{p}$. Für $(w - A(\cdot))^\gamma f \in L_p(0,T;E)$ definiere man die Funktion $R_\alpha f : [0,T] \to E$ gemäß

$$(R_\alpha f)(t) := \int_0^t (t-s)^{\alpha-1} P(t,s) f(s)\, ds. \tag{2.2.7}$$

Dann gilt für jedes $(w - A(\cdot))^\gamma f \in L_p(0,T;E)$ die Beziehung $(R_\alpha f)(t) \in D((w - A(t))^\delta)$ für jedes $t \in [0,T]$. Außerdem ist die Abbildung $[t \mapsto (w - A(t))^\delta (R_\alpha f)(t)]$ λ-hölderstetig und es gibt eine Konstante $C \geq 0$ so, dass für jedes $f \in L_p(0,T;E)$ gilt

$$\|(w - A(\cdot))^\delta (R_\alpha f)(\cdot)\|_{C^\lambda([0,T];E)} \leq C \|(w - A(\cdot))^\gamma f\|_{L_p(0,T;E)}, \tag{2.2.8}$$

wobei $\lambda > 0$ den folgenden Bedingungen genügt

1. *$\lambda < \alpha - \frac{1}{p} + \gamma - \delta$, falls $\alpha - \frac{1}{p} + \gamma - \delta \leq \kappa_{\mu,\nu}$, und*

2. *$\lambda \leq \kappa_{\mu,\nu}$, falls $\alpha - \frac{1}{p} + \gamma - \delta > \kappa_{\mu,\nu}$.*

Beweis: Wir wissen bereits aus Lemma 2.2.1, dass das Integral in (2.2.7) wohldefiniert ist und $R_\alpha f \in C([0,T];E)$ gilt. Ferner gilt $(w - A(0))^\delta (R_\alpha f)(0) = 0$. Um nun das Lemma zu beweisen, genügt es folglich, die Existenz einer Konstante $C' > 0$ mit

$$\|A_w(t)^\delta (R_\alpha f)(t) - A_w(s)^\delta (R_\alpha f)(s)\|_E \leq C' |t-s|^\lambda \|A_w(\cdot)^\gamma f\|_{L_p(0,T;E)}. \tag{2.2.9}$$

für jedes $(w - A(\cdot))^\gamma f \in L_p(0,T;E)$ und alle $0 \leq s < t \leq T$ zu zeigen.
Die zu klärenden Integrierbarkeitsfragen wurden bereits im Beweis des Lemmas 2.2.4 behandelt.
Für den Beweis von (2.2.9) benutzen wir (2.2.5) und teilen den zu betrachtenden Term wie folgt in drei Teile auf:

$$\begin{aligned}
&\|(w - A(t))^\delta (R_\alpha f)(t) - (w - A(s))^\delta (R_\alpha f)(s)\|_E \\
\leq\ & \|\int_s^t (t-r)^{\alpha-1} (w - A(t))^\delta P(t,r) f(r)\, dr\|_E \\
+\ & \|\int_0^s \left[(t-r)^{\alpha-1} - (s-r)^{\alpha-1}\right] (w - A(t))^\delta P(t,r) f(r)\, dr\|_E \\
+\ & \|\int_0^s (s-r)^{\alpha-1} ((w - A(t))^\delta P(t,r) - (w - A(s))^\delta P(s,r)) f(r)\, dr\|_E \\
=:\ & T_1 + T_2 + T_3.
\end{aligned}$$

Die Terme T_1, T_2 und T_3 werden nun einzeln abgeschätzt, wobei unter anderem gezeigt wird, dass die betrachteten Integrale absolut existieren. Dank (2.2.6) wissen wir bereits, dass

$$T_1 \leq C \frac{1}{((\alpha - 1 + \gamma - \delta)p' + 1)^{\frac{1}{p'}}} (t-s)^{\alpha - \frac{1}{p} + \gamma - \delta} \|(w - A(\cdot))^\gamma f\|_{L_p(0,T;E)}.$$

Für T_2 bemerken wir, dass aufgrund von (1.5.6) bzw. (1.5.2) für jedes $x \in E$ und jedes $r \in [0, s)$ gilt

$$\begin{aligned} &\big((s-r)^{\alpha-1} - (t-r)^{\alpha-1}\big)\|(w-A(t))^\delta P(t,r)(w-A(r))^{-\gamma}x\| \\ &\quad\leq C\big((s-r)^{\alpha-1} - (t-r)^{\alpha-1}\big)(t-r)^{\gamma-\delta}\|x\| \\ &\quad\leq C\big((s-r)^{\alpha-1+\gamma-\delta} - (t-r)^{\alpha-1+\gamma-\delta}\big)\|x\|. \end{aligned}$$

Daraus und aus der Hölder-Ungleichung folgt nun

$$\begin{aligned} T_2 &\leq \int_0^s \big((s-r)^{\alpha-1+\gamma-\delta} - (t-r)^{\alpha-1+\gamma-\delta}\big)\,\|(w-A(r))^\gamma f(r)\|\,dr \\ &\leq C\left(\int_0^s \big((s-r)^{\alpha-1+\gamma-\delta} - (t-r)^{\alpha-1+\gamma-\delta}\big)^{p'}\,dr\right)^{\frac{1}{p'}} \|(w-A(\cdot))^\gamma f\|_{L_p(0,T;E)} \end{aligned}$$

Die Abschätzung $(a-b)^q \leq a^q - b^q$ für $q \geq 1, a \geq b \geq 0$ benutzend gelangen wir zu

$$\begin{aligned} T_2 &\leq C\left(\int_0^s (s-r)^{(\alpha-1+\gamma-\delta)p'} - (t-r)^{(\alpha-1+\gamma-\delta)p'}\,dr\right)^{\frac{1}{p'}} \\ &\quad \|(w-A(\cdot))^\gamma f\|_{L_p(0,T;E)} \\ &= \tilde{C}\left(s^{(\alpha-1+\gamma-\delta)p'+1} + (t-s)^{(\alpha-1+\gamma-\delta)p'+1} - t^{(\alpha-1+\gamma-\delta)p'+1}\right)^{\frac{1}{p'}} \\ &\quad \|(w-A(\cdot))^\gamma f\|_{L_p(0,T;E)} \\ &\leq \tilde{C}\left((t-s)^{(\alpha-1+\gamma-\delta)p'+1}\right)^{\frac{1}{p'}} \|(w-A(\cdot))^\gamma f\|_{L_p(0,T;E)} \\ &= \tilde{C}(t-s)^{\alpha-\frac{1}{p}+\gamma-\delta}\|(w-A(\cdot))^\gamma f\|_{L_p(0,T;E)}, \end{aligned}$$

wobei $\tilde{C} = C\left(\frac{1}{(\alpha-1+\gamma-\delta)p'+1}\right)^{\frac{1}{p'}}$.

Um nun T_3 geeignet abzuschätzen, wählen wir ein beliebiges $\eta \in (0, \alpha - \frac{1}{p} + \gamma - \delta)$. Für $x \in E$ gilt dann

$$\begin{aligned} &\|((w-A(t))^\delta P(t,r) - (w-A(s))^\delta P(s,r))(w-A(r))^{-\gamma}x\| \\ &= \big\|\big[(w-A(t))^\delta P(t,s) - (w-A(s))^\delta\big]P(s,r)(w-A(r))^{-\gamma}x\big\| \\ &\leq \big\|\big[(w-A(t))^\delta P(t,s) - (w-A(s))^\delta e^{(t-s)A(s)}\big]P(s,r)(w-A(r))^{-\gamma}x\big\| \\ &\quad + \big\|\big[(w-A(s))^\delta e^{(t-s)A(s)} - (w-A(s))^\delta\big]P(s,r)(w-A(r))^{-\gamma}x\big\| \\ &\overset{(i)}{\leq} C(t-s)^{\kappa_{\mu,\nu}}\|(w-A(s))^\delta P(s,r)(w-A(r))^{-\gamma}x\| \\ &\quad + C(t-s)^{\alpha-\frac{1}{p}+\gamma-\delta-\eta}\|[(w-A(s))^{\alpha-\frac{1}{p}+\gamma-\eta}P(s,r)(w-A(r))^{-\gamma}x\| \\ &\overset{(ii)}{\leq} C(t-s)^{\kappa_{\mu,\nu}}(s-r)^{\gamma-\delta}\|x\| \\ &\quad + C(t-s)^{\alpha-\frac{1}{p}+\gamma-\delta-\eta}(s-r)^{-\alpha+\frac{1}{p}+\eta}\|x\|, \end{aligned}$$

wobei in (i) (1.5.4) und die gleichmäßige Analytizitätsbedingung (AT1) benutzt wurden und in (ii) (1.5.6) bzw. (1.5.2). Es folgt aus der Hölder-Ungleichung, dass

$$\begin{aligned}
T_3 \leq\ & C(t-s)^{\kappa_{\mu,\nu}} \int_0^s (s-r)^{\alpha-1+\gamma-\delta} \|(w-A(r))^\gamma f(r)\|\, dr \\
& + C(t-s)^{\alpha-\frac{1}{p}+\gamma-\delta-\eta} \int_0^s (s-r)^{-\frac{1}{p'}+\eta} \|(w-A(r))^\gamma f(r)\|\, dr \\
\leq\ & C(t-s)^{\kappa_{\mu,\nu}} \left(\int_0^s (s-r)^{(\alpha-1+\gamma-\delta)p'}\, dr \right)^{\frac{1}{p'}} \|(w-A(\cdot))^\gamma f\|_{L_p(0,T;E)} \\
& + C(t-s)^{\alpha-\frac{1}{p}+\gamma-\delta-\eta} \left(\int_0^s (s-r)^{(-\frac{1}{p'}+\eta)p'}\, dr \right)^{\frac{1}{p'}} \|(w-A(\cdot))^\gamma f\|_{L_p(0,T;E)} \\
\leq\ & C(t-s)^{\kappa_{\mu,\nu}} C_{\alpha,\gamma,\delta,p} s^{(\alpha-1+\gamma-\delta)+\frac{1}{p'}} \|(w-A(\cdot))^\gamma f\|_{L_p(0,T;E)} \\
& + C(t-s)^{\alpha-\frac{1}{p}+\gamma-\delta-\eta} \frac{1}{(p'\eta)^{\frac{1}{p'}}} s^\eta \|(w-A(\cdot))^\gamma f\|_{L_p(0,T;E)} \\
\leq\ & C(t-s)^{\kappa_{\mu,\nu}} C_{\alpha,\gamma,\delta,p} T^{(\alpha-1+\gamma-\delta)+\frac{1}{p'}} \|(w-A(\cdot))^\gamma f\|_{L_p(0,T;E)} \\
& + C(t-s)^{\alpha-\frac{1}{p}+\gamma-\delta-\eta} \frac{1}{(p'\eta)^{\frac{1}{p'}}} T^\eta \|(w-A(\cdot))^\gamma f\|_{L_p(0,T;E)}
\end{aligned}$$

gilt, wobei

$$C_{\alpha,\gamma,\delta,p} := \frac{1}{((\alpha-1+\gamma-\delta)p'+1)^{\frac{1}{p'}}}.$$

Insgesamt erhalten wir also

$$\begin{aligned}
& \|(w-A(t))^\delta (R_\alpha f)(t) - (w-A(s))^\delta (R_\alpha f)(s)\| \\
& \leq \left(C_1 (t-s)^{\alpha-\frac{1}{p}+\gamma-\delta} + C_2[(t-s)^{\kappa_{\mu,\nu}} + (t-s)^{\alpha-\frac{1}{p}+\gamma-\delta-\eta}] \right) \|(w-A(\cdot))^\gamma f\|_{L_p},
\end{aligned}$$

wobei die Konstanten ausschließlich von $\eta, C, T, \alpha, p, \delta$ und den Konstanten in (AT1) und (AT2) abhängen. Da wir η beliebig klein wählen können, folgt die Behauptung. □

Bemerkung 2.2.7. *In [117, Lemma 2.1(ii)] wird ein ähnliches Resultat gezeigt für den Fall, dass $D(A(t))$ konstant ist und $A(t)$ den Bedingungen von Tanabe [124, Section 5.2] genügt. Dort wird die Wahl von λ lediglich von α, p und δ beschränkt und nicht durch die Parameter, welche in den Bedingungen an die $A(t)$ auftreten. Dies hat seine Ursache in der Bedingung (P4) in [117], welche für jedes $\tau \in (0,1)$ die Konstanz der Definitionsbereiche $D((w-A(t))^\tau)$ mit in $t \in [0,T]$ gleichmäßigen Normabschätzungen fordert. Für den Beweis des Lemmas 2.2.6 ist dagegen eine solche erheblich einschränkende Bedingung nicht vonnöten. Andererseits ist es sogar so, dass man unter den gleichen Voraussetzungen wie in [117, Lemma 2.1 (ii)] und mit dem gleichen Beweis die Aussage von Lemma 2.1(ii) in beliebigen separablen Banachräumen zeigen kann.*

2.2.4 Kompaktheitsresultate im analytischen Fall

Lemma 2.2.8. *Es sei E ein separabler Banachraum und $(S(t))_{t\geq 0}$ eine stark stetige Halbgruppe auf E. Ist $(S(t))_{t\geq 0}$ sofort kompakt und analytisch, so ist der Faktorisierungsoperator R_α für jedes $\alpha, \eta \in (0,1]$ und $p \in [1,\infty)$ mit $\alpha > \frac{1}{p} + \eta$ kompakt als Abbildung von $L_p(0,T;E)$ nach $C([0,T];D((-A)^\eta))$.*

Beweis: Der Beweis von Proposition 1 aus [48] überträgt sich ebenfalls umstandslos auf den Banachraumfall. □

Analog kann man im Fall von Interpolationsräumen verfahren und hat somit

Lemma 2.2.9. *Es sei E ein separabler Banachraum und $(S(t))_{t\geq 0}$ eine stark stetige Halbgruppe auf E. Ist $(S(t))_{t\geq 0}$ sofort kompakt und analytisch, so ist der Faktorisierungsoperator R_α für jedes $\alpha, \eta \in (0,1]$ und $p \in [1,\infty)$ mit $\alpha > \frac{1}{p} + \eta$ kompakt als Abbildung von $L_p(0,T;E)$ nach $C([0,T];E_\eta)$, wobei $E_\eta = (E, D(A))_\eta$ und $((\cdot,\cdot)_\theta)_{\theta\in(0,1)}$ eine zulässige Interpolationsmethode sind.*

Bemerkung 2.2.10. *Die Aussagen des Lemmas 2.2.8 und Lemma 2.2.9 sind auch in der nichtautonomen Situation unter (KD)-Bedingungen gültig.*

Um die Kompaktheit des Operators R_α von $L_p(0,T;E_\eta)$ nach $C^\lambda([0,T];E_\delta)$ zu zeigen, schlagen wir einen kleinen Umweg ein. Zunächst haben wir im Fall von Definitionsbereichen gebrochener Potenzen

Lemma 2.2.11. *Es seien E ein separabler Banachraum und $(A, D(A))$ der Erzeuger einer beschränkten analytischen, stark stetigen Halbgruppe $(S(t))_{t\geq 0}$ auf E mit kompakter Resolvente. Dann ist der Faktorisierungsoperator R_α ein kompakter Operator von $L_p(0,T;E_\eta)$ in sich für beliebige $p \in [1,\infty)$ und $\alpha \in (0,1]$ sowie $E_\eta := D((-A)^\eta)$ für ein $\eta \in [0,1]$.*

Beweis: Die Ungleichung von Young zeigt die Wohldefiniertheit von R_α als Operator von $L_p(0,T;E_\eta)$ in sich. Nun sei $\tilde{\alpha} \in (0,\alpha)$.
Um die Kompaktheit von R_α nachzuweisen, bedienen wir uns des Lemmas 1.8.9 für den Fall $\tilde{E} := E_{\tilde{\alpha}+\eta} := D((-A)^{\tilde{\alpha}+\eta})$ und $M = \{R_\alpha f \mid \|f\|_{L_p(0,T;E_\eta)} \leq 1\}$.
Die Kompaktheit von $E_{\tilde{\alpha}+\eta} \hookrightarrow E_\eta$ folgt dann aus der Kompaktheit von $(\lambda - A)^{-\tilde{\alpha}}$, welche durch die vorausgesetzte Kompaktheit von $(\lambda - A)^{-1}$ und Lemma 1.3.11 impliziert wird. Somit sind wir in der Situation von Lemma 1.8.9 und beginnen mit der Überprüfung der zweiten Bedingung. Es gilt wegen der Young-Ungleichung

$$\begin{aligned}
\int_0^T \|(R_\alpha f)(t)\|^p_{\tilde{\alpha}+\eta}\,dt &= \int_0^T \|\int_0^t (t-s)^{\alpha-1}S(t-s)f(s)\,ds\|^p_{\tilde{\alpha}+\eta}\,dt \\
&\leq \int_0^T (\int_0^t (t-s)^{\alpha-1}\|S(t-s)f(s)\|_{\tilde{\alpha}+\eta}\,ds)^p\,dt \\
&\leq C^p_{\tilde{\alpha}} \int_0^T (\int_0^t (t-s)^{\alpha-\tilde{\alpha}-1}\|f(s)\|_{E_\eta}\,ds)^p\,dt \\
&\leq \tilde{C}_{\tilde{\alpha},T}\|f\|^p_{L_p(0,T;E_\eta)} \left(\int_0^T t^{\alpha-\tilde{\alpha}-1}\,dt\right)^p < \infty
\end{aligned}$$

wegen $\alpha - \tilde{\alpha} > 0$. Also ist die zweite Bedingung erfüllt. Zum Nachweis der ersten Bedingung zerlegen wir wie folgt

$$\begin{aligned}(R_\alpha f)(t+h) - (R_\alpha f)(t) &= \int_t^{t+h} (t+h-s)^{\alpha-1} S(t+h-s) f(s)\,ds \\ &\quad + \int_0^t [(t+h-s)^{\alpha-1} - (t-s)^{\alpha-1}] S(t+h-s) f(s)\,ds \\ &\quad + \int_0^t (t-s)^{\alpha-1} [S(h) - Id] S(t-s) f(s)\,ds \\ &=: I_1(t,h) + I_2(t,h) + I_3(t,h)\end{aligned}$$

und behandeln die drei Terme getrennt. Dank Dreiecks- und Young-Ungleichung gilt

$$\begin{aligned}\int_0^{T-h} \|I_1(t,h)\|_{E_\eta}^p\,dt &\le C \int_0^{T-h} \left(\int_t^{t+h} (t+h-s)^{\alpha-1} \|f(s)\|_{E_\eta}\,ds \right)^p dt \\ &\le C \int_0^{T-h} \left(\int_0^{t+h} \mathbf{1}_{[0,h]}(t+h-s)(t+h-s)^{\alpha-1} \|f(s)\|_{E_\eta}\,ds \right)^p dt \\ &= C \int_h^T \left(\int_0^t \mathbf{1}_{[0,h]}(t-s)(t-s)^{\alpha-1} \|f(s)\|_{E_\eta}\,ds \right)^p dt \\ &\le \tilde{C}_{T-h} \left(\int_0^T \mathbf{1}_{[0,h]}(s) s^{\alpha-1}\,ds \right)^p \|f\|_{L_p(0,T;E_\eta)}^p.\end{aligned}$$

Aus dem Satz über dominierte Konvergenz folgt dann

$$\lim_{h\downarrow 0} \sup_{\|f\|\le 1} \int_0^{T-h} \|I_1(t,h)\|_{E_\eta}^p\,dt = 0.$$

Unter Beachtung der Abschätzung

$$\begin{aligned}\int_0^{T-h} \|I_2(t,h)\|_{E_\eta}^p\,dt &\le C \int_0^{T-h} \left(\int_0^t |(t+h-s)^{\alpha-1} - (t-s)^{\alpha-1}| \|f(s)\|_{E_\eta}\,ds \right)^p dt \\ &\le \tilde{C}_{T-h} \left(\int_0^{T-h} |(h+s)^{\alpha-1} - s^{\alpha-1}|\,ds \right)^p \|f\|_{L_p(0,T;E_\eta)}^p\end{aligned}$$

folgt wiederum aus dem Satz über dominierte Konvergenz

$$\lim_{h\downarrow 0} \sup_{\|f\|\le 1} \int_0^{T-h} \|I_2(t,h)\|_{E_\eta}^p\,dt = 0.$$

Schließlich haben wir wegen $\|(S(h)-Id)S(t-s)x\|_{E_\eta} \le C_{\tilde{\alpha}} h^{\tilde{\alpha}} (t-s)^{-\tilde{\alpha}} \|x\|_{E_\eta}$ die folgende Abschätzung

$$\begin{aligned}\int_0^{T-h} \|I_3(t,h)\|_{E_\eta}^p\,dt &\le C_{\tilde{\alpha}}^p h^{\tilde{\alpha}p} \int_0^{T-h} \left(\int_0^t (t-s)^{\alpha-1-\tilde{\alpha}} \|f(s)\|_{E_\eta}\,ds \right)^p dt \\ &\le C_{\tilde{\alpha}}^p h^{\tilde{\alpha}p} \int_0^T \left(\int_0^t (t-s)^{\alpha-1-\tilde{\alpha}} \|f(s)\|_{E_\eta}\,ds \right)^p dt \\ &\le C_{\tilde{\alpha}}^p h^{\tilde{\alpha}p} \left(\int_0^T s^{\alpha-1-\tilde{\alpha}}\,ds \right)^p \|f\|_{L_p(0,T;E_\eta)}^p\end{aligned}$$

und somit

$$\lim_{h\downarrow 0} \sup_{\|f\|\leq 1} \int_0^{T-h} \|I_3(t,h)\|_{E_\eta}^p \, dt = 0.$$

Dies zeigt, dass auch die erste Bedingung in Lemma 1.8.9 erfüllt ist und somit die Menge $\{R_\alpha f \mid \|f\|_{L_p(0,T;E_\eta)} \leq 1\}$ relativ kompakt in $L_p(0,T;E_\eta)$ ist, was zu zeigen war. □

Dies ermöglicht die folgende Verallgemeinerung von Corollary 2.8 aus [20].

Lemma 2.2.12. *Es seien E ein separabler Banachraum und $(A, D(A))$ der Erzeuger einer beschränkten analytischen, stark stetigen Halbgruppe auf E mit kompakter Resolvente. Dann ist R_α als Operator von $L_p(0,T;D((-A)^\eta))$ nach $C^\lambda([0,T];D((-A)^\delta))$ kompakt für jede Wahl von $\alpha \in (0,1]$, δ, η, $\lambda \geq 0$ und $p \in (1,\infty)$ gemäß*

$$0 \leq \lambda + \delta - \eta < \alpha - \frac{1}{p}. \tag{2.2.10}$$

Beweis: Man hat für $\alpha, \beta \in (0,1)$ mit $\alpha + \beta \leq 1$

$$R_{\alpha+\beta} = B(\beta,\alpha)^{-1} R_\alpha R_\beta, \tag{2.2.11}$$

wobei B die Betafunktion bezeichnet.
Nun seien λ, η, γ, α, p wie in (2.2.10). Dann wählen wir $\alpha' \in (0,\alpha)$ so, dass (2.2.10) auch für λ, η, γ, α', p erfüllt ist. Nach Lemma 2.2.6 ist dann $R_{\alpha'}$ ein beschränkter Operator von $L_p(0,T;D((-A)^\eta))$ nach $C^\lambda([0,T];D((-A)^\gamma)))$. Andererseits gilt wegen $\alpha - \alpha' > 0$ gemäß Lemma 2.2.11, dass der Operator $R_{\alpha-\alpha'}$ ein kompakter Operator von $L_p(0,T;E_\eta)$ in sich ist. Somit folgt die Behauptung aus (2.2.11). □

Statt mit Definitionsbereichen gebrochener Potenzen kann man auch mit Interpolationsräumen arbeiten und erhält

Lemma 2.2.13. *Es seien E ein separabler Banachraum und $(A, D(A))$ der Erzeuger einer beschränkten analytischen, stark stetigen Halbgruppe mit kompakter Resolvente. Dann ist R_α ein kompakter Operator von $L_p(0,T;E_\eta)$ nach $C^\lambda([0,T];E_\delta)$ für jede Wahl von $\alpha \in (0,1]$, δ, λ, $\eta \geq 0$ und $p \in (1,\infty)$ mit*

$$0 \leq \lambda + \delta - \eta < \alpha - \frac{1}{p},$$

wobei $E_\delta := (E, D(A))_\delta$ für eine zulässige Interpolationsmethode $((\cdot,\cdot)_\beta)_{\beta\in(0,1)}$.

Beweis: Der Beweis vollzieht sich analog zu dem vorangehenden Beweis, indem wir statt auf Lemma 2.2.6 auf Lemma 2.2.5 zurückgreifen. □

2.3 Existenz von Φ_α

Um mit der Faktorisierungsmethode für ein Φ arbeiten zu können, ist es notwendig, dass Φ_α wohldefiniert ist. Es werden für den deterministischen Fall und den zufälligen Fall generische Bedingungen an Φ formuliert, welche die Wohldefiniertheit von Φ_α sicherstellen. Eine detailliertere Darstellung solcher Bedingungen und Beispiele für deterministisches Φ sind Gegenstand des Kapitels 3 und für zufälliges Φ des Kapitels 4.

2.3.1 Deterministische Integranden

In diesem Unterabschnitt beschäftigen wir uns mit dem Fall

$$\Phi : \; [0,T] \to \mathcal{B}(H,E).$$

Unter Rückgriff auf die Resultate des Unterabschnitts 1.7.1 gilt für beliebiges $p \in [1,\infty)$

$$\begin{aligned}(K_{2,p})^{-1} &\|(t-\cdot)^{-\alpha}P(t,\cdot)\Phi(\cdot)\|_{\gamma(0,t;H,E)} \\ &\le (\mathbb{E}(\|\Phi_\alpha(t)\|^p))^{\frac{1}{p}} \le K_{p,2}\|(t-\cdot)^{-\alpha}P(t,\cdot)\Phi(\cdot)\|_{\gamma(0,t;H,E)}.\end{aligned}$$

Da wir für spätere Betrachtungen Wohldefiniertheit von Φ_α für jedes t anstreben, empfiehlt es sich, mit folgender Bedingung zu arbeiten

$$\sup_{t\in[0,T]} \|[s \mapsto (t-s)^{-\alpha}P(t,s)\Phi(s)]\|_{\gamma(0,t;H,E)} < \infty. \tag{2.3.1}$$

2.3.2 Zufällige Integranden

In diesem Unterabschnitt beschäftigen wir uns mit dem Fall

$$\Phi : \; [0,T] \times \Omega \to \mathcal{B}(H,E),$$

wobei E ein Banachraum mit UMD$^-$-Eigenschaft ist.
Unter Rückgriff auf die Resultate des Unterabschnitts 1.7.2 gilt für beliebiges $p \in (1,\infty)$

$$(\mathbb{E}(\|\Phi_\alpha(t)\|^p))^{\frac{1}{p}} \le C^- \left(\mathbb{E}(\|[s \mapsto (t-s)^{-\alpha}P(t,s)\Phi(s)]\|^p_{\gamma(0,t;H,E)})\right)^{\frac{1}{p}}.$$

Da wir für spätere Betrachtungen Wohldefiniertheit von Φ_α für jedes t wollen, empfiehlt es sich mit folgender Bedingung für ein $p \in (1,\infty)$ zu arbeiten

$$\sup_{t\in[0,T]} \left(\mathbb{E}(\|[s \mapsto (t-s)^{-\alpha}P(t,s)\Phi(s)]\|^p_{\gamma(0,t;H,E)})\right)^{\frac{1}{p}} < \infty. \tag{2.3.2}$$

2.4 Die Faktorisierungsgleichung

Analog zu dem Vorgehen im Abschnitt 2.3 unterscheiden wir wieder zwei Fälle.

2.4.1 Deterministische Integranden

Lemma 2.4.1. *Es sei E ein separabler Banachraum, $(P(t,s))_{(t,s)\in\Delta_T}$ eine stark stetige Evolutionsfamilie und $\Phi : \; [0,T] \to \mathcal{B}(H,E)$ erfülle die Abschätzung* (2.3.1) *für ein $\alpha \in (0,\frac{1}{2})$. Dann gilt für jedes $t \in [0,T]$ $\mathbb{P}$-fast sicher*

$$\int_0^t P(t,s)\Phi(s)\,dW_H(s) = \frac{\sin(\pi\alpha)}{\pi}(R_\alpha\Phi_\alpha)(t). \tag{2.4.1}$$

Beweis: Es folgt aus (2.3.1) und der Proposition 1.7.5, dass $[s \mapsto (t-s)^{-\alpha} P(t,s)\Phi(s)]$ stochastisch integrierbar ist auf $[0,t]$ für jedes $t \in [0,T]$. Folglich kann man $\Phi_\alpha : [0,T] \times \Omega \to E$ gemäß

$$\Phi_\alpha(t) = \int_0^t (t-s)^{-\alpha} P(t,s)\Phi(s)\, dW_H(s)$$

definieren. Vermittels der Proposition 1.7.5 und der Hinčin-Kahane-Ungleichung, siehe Proposition 1.6.4, erhalten wir für jedes $p \in [1,\infty)$ und jedes $t \in [0,T]$

$$\begin{aligned} \mathbb{E}(\|\Phi_\alpha(t)\|^p) &\leq C^p \|[s \mapsto (t-s)^{-\alpha} P(t,s)\Phi(s)]\|^p_{\gamma(0,t;H,E)} \\ &\leq \sup_{t\in[0,T]} \|[s \mapsto (t-s)^{-\alpha} P(t,s)\Phi(s)]\|^p_{\gamma(0,t;H,E)} < \infty. \end{aligned}$$

Da Φ_α wegen des Lemmas 1.7.7 messbar ist, können wir über $[0,T]$ integrieren und erhalten $\Phi_\alpha \in L_p(0,T;L_p(\Omega;E))$ für jedes $p \in [1,\infty)$. Nun impliziert der Satz von Fubini, dass $\Phi_\alpha(\cdot,\omega) \in L_p(0,T;E)$ ist für jedes $p \in [1,\infty)$ und $\mathbb{P}$-fast alle $\omega \in \Omega$. Wir wählen eine Version von Φ_α, eine Zahl p mit $\alpha p > 1$ und eine Menge Ω_0 mit $P(\Omega_0) = 1$ so, dass $\Phi_\alpha(\cdot,\omega) \in L_p(0,T;E)$ für jedes $\omega \in \Omega_0$. Für festes $t \in [0,T]$ und festes $x' \in E'$ gilt

$$\int_0^t \|\Phi(s)' P(t,s)' x'\|^2\, ds \leq T^{2\alpha} \int_0^t (t-s)^{-2\alpha} \|\Phi(s)' P(t,s)' x'\|^2\, ds.$$

Da $[s \mapsto (t-s)^{-\alpha} P(t,s)\Phi(s)]$ auf $(0,t)$ stochastisch integrierbar ist, impliziert dann das Lemma 1.7.6, dass $[s \mapsto P(t,s)\Phi(s)]$ ebenfalls auf $(0,t)$ stochastisch integrierbar ist. Somit können wir $\zeta : [0,T] \times \Omega \to E$ durch

$$\zeta(t) = \int_0^t P(t,s)\Phi(s)\, dW_H(s)$$

definieren. Das Lemma 1.7.7 zeigt, dass ζ progressiv messbar ist.
Um (2.4.1) nachzuweisen, wählen wir ein beliebiges $t \in [0,T]$. Die starke Messbarkeit beider Seiten in (2.4.1) und der Satz von Hahn-Banach zeigen, dass es hinreichend ist, für jedes $t \in [0,T]$ und $\mathbb{P}$-fast alle $\omega \in \Omega_0$ die folgende Gleichung

$$\langle \zeta(t,\omega), x' \rangle = \frac{\sin \pi\alpha}{\pi} \int_0^t \langle (t-s)^{\alpha-1} P(t,s)\Phi_\alpha(s,\omega), x' \rangle\, ds$$

zu zeigen.
Es gilt für beliebiges $x' \in E'$ und beliebiges $t \in [0,T]$

$$\begin{aligned} &\left(\mathbb{E}(|\langle x', \int_0^t (t-s)^{-\alpha} P(t,s)\Phi(s)\, dW_H(s)|^2) \right)^{\frac{1}{2}} \\ &\leq \|x'\| \sup_{t\in[0,T]} \|(t-\cdot)^{-\alpha} P(t,\cdot)\Phi(\cdot)\|_{\gamma(0,t;H,E)} \end{aligned}$$

und $\mathbb{P}$-fast sicher

$$\langle x', (R_\alpha \Phi_\alpha)(t) \rangle = \int_0^t \int_0^s \underbrace{(t-s)^{\alpha-1}(s-r)^{-\alpha}(P(t,r)\Phi(r))' x'}_{=:\Psi(s,r)}\, dW_H(r)\, ds.$$

Somit erfüllt Ψ die Voraussetzungen des stochastischen Satzes von Fubini 1.7.15 und es gilt $\mathbb{P}$-fast sicher

$$
\begin{aligned}
\langle x', (R_\alpha \Phi_\alpha)(t)\rangle &= \int_0^t \int_r^t \Psi(s,r)\, ds\, dW_H(r) \\
&= \int_0^t \int_r^t (t-s)^{\alpha-1}(s-r)^{-\alpha}(P(t,r)\Phi(r))'x'\, ds\, dW_H(r) \\
&= \int_0^t \int_r^t (t-s)^{\alpha-1}(s-r)^{-\alpha}\, ds (P(t,r)\Phi(r))'x'\, dW_H(r) \\
&= \frac{\pi}{\sin(\pi\alpha)} \int_0^t (P(t,r)\Phi(r))'x'\, dW_H(r) \\
&= \langle x', \int_0^t P(t,r)\Phi(r)\, dW_H(r)\rangle.
\end{aligned}
$$

□

2.4.2 Zufällige Integranden

Lemma 2.4.2. *Gegeben seien ein separabler Banachraum E mit UMD$^-$-Eigenschaft, eine stark stetige Evolutionsfamilie $(P(t,s))_{(t,s)\in\Delta_T}$ und eine Abbildung $\Phi : [0,T]\times\Omega \to \mathcal{B}(H,E)$, welche die Abschätzung (2.3.2) für ein $\alpha \in (0,\frac{1}{2})$ und ein $p\in(1,\infty)$ erfülle. Dann gilt für jedes $t\in[0,T]$ $\mathbb{P}$-fast sicher*

$$
\int_0^t P(t,s)\Phi(s)\, dW_H(s) = \frac{\sin(\pi\alpha)}{\pi}(R_\alpha\Phi_\alpha)(t). \tag{2.4.2}
$$

Beweis: Wie im Beweis des Lemmas 2.4.1 folgt aus (2.3.2) die L_p-stochastische Integrierbarkeit von Φ. Die $\mathbb{P}$-fast sichere Wohldefiniertheit von $R_\alpha\Phi_\alpha \in L_p(0,T;E)$ zeigt man ebenso wie im Beweis des Lemmas 2.4.1. Wiederum gilt für beliebiges $x'\in E'$ und beliebiges $t\in[0,T]$

$$
\begin{aligned}
&\left(\mathbb{E}(|\langle x', \int_0^t (t-s)^{-\alpha}P(t,s)\Phi(s)\, dW_H(s)|^p)\right)^{\frac{1}{p}} \\
&\le C^-\|x'\| \sup_{t\in[0,T]} \left(\mathbb{E}(\|[s\mapsto (t-s)^{-\alpha}P(t,s)\Phi(s)]\|^p_{\gamma(0,t;H,E)})\right)^{\frac{1}{p}}
\end{aligned}
$$

und $\mathbb{P}$-fast sicher

$$
\langle x', (R_\alpha\Phi_\alpha)(t)\rangle = \int_0^t \int_0^s \underbrace{(t-s)^{\alpha-1}(s-r)^{-\alpha}(P(t,r)\Phi(r))'x'}_{=:\Psi(s,r)}\, dW_H(r)\, ds.
$$

Somit erfüllt Ψ auch hier die Voraussetzungen des stochastischen Satzes von Fubini

1.7.15 und es gilt $\mathbb{P}$-fast sicher

$$\begin{aligned}
\langle x', (R_\alpha \Phi_\alpha)(t)\rangle &= \int_0^t \int_r^t \Psi(s,r)\, ds\, dW_H(r) \\
&= \int_0^t \int_r^t (t-s)^{\alpha-1}(s-r)^{-\alpha}(P(t,r)\Phi(r))' x'\, ds\, dW_H(r) \\
&= \int_0^t \int_r^t (t-s)^{\alpha-1}(s-r)^{-\alpha}\, ds (P(t,r)\Phi(r))' x'\, dW_H(r) \\
&= \frac{\pi}{\sin(\pi\alpha)} \int_0^t (P(t,r)\Phi(r))' x'\, dW_H(r) \\
&= \langle x', \int_0^t P(t,r)\Phi(r)\, dW_H(r)\rangle.
\end{aligned}$$

Da x' beliebig war, ist (2.4.2) gezeigt. □

3 Stochastische nichtautonome Evolutionsgleichungen

3.1 Einleitung

Im Folgenden werden zunächst stochastische nichtautonome Evolutionsgleichungen der Art

$$(3.1.1)\qquad \begin{aligned} du(t) &= A(t)u(t)\,dt + B\,dW_H(t), \\ u(0) &= u_0, \end{aligned}$$

betrachtet, wobei zu der Familie von Operatoren $(A(t), D(A(t))_{t\in[0,T]}$ genau eine Evolutionsfamilie $(P(t,s))_{(t,s)\in\Delta_T}$ gehöre, $B \in \mathcal{B}(H,E)$, W_H ein zylindrischer Wienerprozess und $u_0 \in E$ seien. Probleme der Art (3.1.1) werden aufgrund der speziellen Gestalt des stochastischen Teils auch Gleichungen mit additivem Rauschterm oder additivem Rauschen genannt. Das nachfolgende Vorgehen ist dabei wesentlich beeinflusst durch die Resultate von GIUSEPPE DA PRATO, STANISŁAW KWAPIEŃ und JERZY ZABCZYK aus [28]; dort beschäftigen sich die Autoren mit Regularitätsaussagen für den Fall, dass E ein Hilbertraum und $A(t) = A$ sind. Abschätzungen für stochastische Faltungen und Aussagen zur Pfadstetigkeit für stochastische Integrale findet man für den Hilbertraumfall auch in Arbeiten von PETER KOTELENEZ, siehe [68, 69, 70, 71, 72, 73, 74]. Verallgemeinerungen auf Banachräume für $A(t) = A$ findet man beispielsweise in den Arbeiten [19] von ZDZISŁAW BRZEZNIAK, [21] von ZDZISŁAW BRZEZNIAK und JAN M.A.M. VAN NEERVEN, [29] von GIUSEPPE DA PRATO und JERZY ZABCZYK, [99] von JAN M.A.M. VAN NEERVEN und LUTZ WEIS sowie [41] von JOHANNA DETTWEILER, JAN M.A.M. VAN NEERVEN und LUTZ WEIS. Wendet man sich echten nichtautonomen Problemen zu, so sind die Arbeiten [27] von GIUSEPPE DA PRATO, MIMMO IANELLI und LUCIANO TUBARO, [75] von NIKOLAJ VLADIMIROVIČ KRYLOV sowie [117] von JAN SEIDLER zu nennen: in [27] wird unter der Bedingung $D(A(t)) \equiv D$ Zeitregularität von milden Lösungen von (3.1.1) in Hilberträumen betrachtet, wohingegen in [117] in einem speziellen analytischen Fall Raum-Zeit-Regularität ebenfalls im Hilbertraumfall studiert wird. In [75] steht die Raumregularität von Lösungen in L_p für $p \in [2,\infty)$ im Mittelpunkt, wobei $A(t)$ ein elliptischer Differentialoperator zweiter Ordnung auf $\mathbb{R}^n$ ist. Die Herangehensweise in [27] und [117] lässt sich der Halbgruppenschule zuordnen, während in [75] Variationsmethoden zur Anwendung kommen.

Die hier betrachteten Probleme kann man als abstrakte Modelle stochastischer partieller Differentialgleichungen auffassen. Eine vielzitierte Betrachtung stochastischer partieller Differentialgleichungen ist [138] von JOHN B. WALSH.

Klassischerweise greift man bei dem Beweis der Hölderstetigkeit von Pfaden auf einen Satz von Kolmogorov zurück, siehe Satz 2.1.1.
Mit Hilfe dieses Satzes wurden in [41] Raum-Zeit-Regularitätsresultate für Lösungen stochastischer autonomer Cauchyprobleme bewiesen.
Hier hingegen wird die in Kapitel 2 vorgestellte Faktorisierungsmethode für den Nachweis solcher Raum-Zeit-Regularitätsergebnisse verwendet; die wesentlichen Ergebnisse der Abschnitte 3.3 und 3.4 entstammen dabei der eingereichten Arbeit [134] von MARK C. VERAAR und dem Autor.
In den anschließenden Abschnitten 3.5 und 3.6 werden diese Regularitätsresultate auf folgende stochastische semilineare, nichtautonome Evolutionsgleichungen angewendet:

$$\begin{aligned} du(t) &= (A(t)u(t) + F(t, u(t)))\, dt + B\, dW_H(t), \\ u(0) &= u_0. \end{aligned} \tag{3.1.2}$$

Zunächst werden wir uns detailliert mit den verschiedenen Lösungsbegriffen für die formale Gleichung (3.1.1) befassen.

3.2 Verschiedene Lösungsbegriffe im autonomen Fall

Es sei H ein separabler Hilbertraum, E ein separabler Banachraum, $(\Omega, \mathcal{F}, \mathbb{P}, (\mathcal{F}_t)_{t\geq 0})$ ein filtrierter Wahrscheinlichkeitsraum, $B \in \mathcal{B}(H, E)$, $(A, D(A))$ Erzeuger einer stark stetigen Halbgruppe auf E, W_H ein H-zylindrischer Wienerprozess und $u_0 \in E$.
Dann betrachten wir das stochastische Cauchyproblem

$$\begin{aligned} du(t) &= Au(t)\, dt + B\, dW_H(t), \\ u(0) &= u_0. \end{aligned} \tag{3.2.1}$$

Wir können ähnlich wie ANNA CHOJNOWSKA-MICHALIK in [23] vier unterschiedliche Lösungsbegriffe unterscheiden:

- starke Lösungen,
- schwache Lösungen,
- milde Lösungen und
- mittlere Lösungen.

Im Einzelnen handelt es sich hierbei um Folgendes:

- für starke Lösungen definiert man

  Definition 3.2.1. *Es sei $B \in \gamma(H, E)$. Dann heißt ein $D(A)$-wertiger, adaptierter stochastischer Prozess $(u(t))_{t\in[0,T]}$ starke Lösung von* (3.2.1) *auf* $[0, T]$*, falls* $Au \in$

$L^1(0,T;E)$ $\mathbb{P}$-fast sicher und für jedes $t \in [0,T]$ die folgende Gleichheit $\mathbb{P}$-fast sicher gilt

$$u(t) = u_0 + \int_0^t Au(s)\,ds + W_B(t),$$

wobei W_B ein E-wertiger Wienerprozess mit Kovarianzoperator BB' sei.

- für schwache Lösungen definiert man

  Definition 3.2.2. *Ein E-wertiger stochastischer Prozess $(u(t))_{t\in[0,T]}$ heißt schwache Lösung von (3.2.1) auf $[0,T]$, falls u schwach progressiv messbar ist, für jedes $x' \in D(A')$ die Abbildung $[t \mapsto \langle A'x', u(t)\rangle]$ $\mathbb{P}$-fast sicher in $L^1(0,T)$ liegt und für jedes $t \in [0,T]$ und jedes $x' \in D(A')$ die folgende Gleichheit $\mathbb{P}$-fast sicher gilt*

$$\langle x', u(t)\rangle = \langle x', u_0\rangle + \int_0^t \langle A'x', u(s)\rangle\,ds + W_H(t)B'x'.$$

- für milde Lösungen definiert man

  Definition 3.2.3. *Einen E-wertiger stochastischer Prozess $(u(t))_{t\in[0,T]}$ nennen wir milde Lösung von (3.2.1) auf $[0,T]$, falls u schwach progressiv messbar ist, für jedes $t \in [0,T]$ der durch $[s \mapsto S(t-s)B]$ induzierte Operator zu $\gamma(L^2(0,T;H),E)$ gehört und für jedes $t \in [0,T]$ die folgende Gleichheit $\mathbb{P}$-fast sicher gilt*

$$u(t) = S(t)u_0 + \int_0^t S(t-s)B\,dW_H(s).$$

- für die mittlere Lösung schließlich

  Definition 3.2.4. *Es sei $B \in \gamma(H,E)$. Dann heißt ein E-wertiger stochastischer Prozess $(u(t))_{t\in[0,T]}$ mittlere Lösung von (3.2.1) auf $[0,T]$, falls u schwach progressiv messbar ist, $u \in L^1(0,T;E)$ $\mathbb{P}$-fast sicher, $\int_0^t u(s)\,ds \in D(A)$ für jedes $t \in [0,T]$ $\mathbb{P}$-fast sicher und für jedes $t \in [0,T]$ die folgende Gleichheit $\mathbb{P}$-fast sicher gilt*

$$u(t) = u_0 + A\int_0^t u(s)\,ds + W_B(t),$$

  wobei W_B ein BB'-Wienerprozess sei.

Bemerkung 3.2.5. *Aufgrund der Definition und der Eigenschaften von E-wertigen Wienerprozessen ist klar, dass eine starke Lösung stets $\mathbb{P}$-fast sicher stetige Pfade besitzt.*

Es gilt trivialerweise

Proposition 3.2.6. *Es sei $B \in \gamma(H,E)$. Dann ist jede starke Lösung eine mittlere Lösung.*

Natürlich gilt auch (man beachte „ $BW_H(t) = W_B(t)$")

Proposition 3.2.7. *Es sei $B \in \gamma(H, E)$. Dann ist jede mittlere Lösung auch eine schwache Lösung.*

In [99] findet man

Proposition 3.2.8. *Es sei $(u(t))_{t\in[0,T]}$ ein E-wertiger stochastischer Prozess. Dann sind die folgenden Aussagen äquivalent:*

1. *u ist eine milde Lösung und $\mathbb{P}$-fast sicher gilt $u \in L^1(0, T; E)$.*

2. *u ist eine schwache Lösung.*

Der in [23] vorgestellte Beweis für den Hilbertraumfall verallgemeinert sich auf beliebige Banachräume und man hat

Proposition 3.2.9. *Sei $B \in \gamma(H, E)$. Dann ist jede schwache Lösung auch eine mittlere Lösung.*

Nachfolgend wird auf folgendes Lemma zurückgegriffen.

Lemma 3.2.10. *Sei BB' der Kovarianzoperator von $W_B(1)$, d.h. $B \in \gamma(H, E)$ und $W_B = BW_H$. Angenommen $[s \mapsto S(s)B]$ ist stochastisch integrierbar auf $[0, t]$ bezüglich W_H für jedes $t \in [0, T]$. Dann gilt für jedes $t \in [0, T]$ $\mathbb{P}$-fast sicher*

$$\int_0^t \int_0^s S(s-r)B\, dW_H(r)\, ds \in D(A)$$

und

$$A \int_0^t \int_0^s S(s-r)B\, dW_H(r)\, ds = \int_0^t S(t-s)B\, dW_H(s) - BW_H(t).$$

Beweis: Zunächst gilt nach dem Satz 1.7.15 für jedes $x' \in E'$ und jedes $t \in [0, T]$ $\mathbb{P}$-fast sicher

$$\int_0^t \int_0^s B'S'(s-r)x'\, dW_H(r)\, ds = \int_0^t \int_r^t B'S'(s-r)x'\, ds\, dW_H(r).$$

Somit ist

$$\Psi : r \mapsto [h \mapsto \int_r^t S(s-r)Bh\, ds]$$

stochastisch integrierbar, und es gilt für jedes $t \in [0, T]$ $\mathbb{P}$-fast sicher

$$\int_0^t \int_0^s S(s-r)B\, dW_H(r)\, ds = \int_0^t \int_r^t S(s-r)B\, ds\, dW_H(r).$$

Aus der Halbgruppentheorie weiß man aber, dass für jedes $h \in H$ gilt

$$A(\Psi(r)h) = S(t-r)Bh - Bh.$$

Da nach Voraussetzung $S(\cdot)B$ und B stochastisch integrierbar bezüglich W_H sind, gilt dasselbe auch für $A\Psi(\cdot)$, d.h. für das stochastische Integral gilt $\mathbb{P}$-fast sicher

$$\int_0^t \Psi(s)\,dW_H(s) \in D(A).$$

Das ist aber gerade der erste Teil der Behauptung. Nun ist aber $A \in \mathcal{B}([D(A)], E)$, also gilt

$$A\int_0^t \Psi(s)\,dW_H(s) = \int_0^t A\Psi(s)\,dW_H(s).$$

Somit haben wir

$$\begin{aligned} A\int_0^t\int_0^s S(s-r)B\,dW_H(r)\,ds &= \int_0^t A\Psi(s)\,dW_H(s) \\ &= \int_0^t (S(t-s)B - B)\,dW_H(s) \\ &= \int_0^t S(t-s)B\,dW_H(s) - BW_H(t). \end{aligned}$$

□

Dies verwenden wir für den

Beweis von Proposition 3.2.9: Angenommen u ist eine schwache Lösung, dann ist u nach Proposition 3.2.8 auch eine milde Lösung. Folglich sind die Voraussetzungen des obigen Lemmas trivialerweise erfüllt. Ohne Beschränkung der Allgemeinheit sei fürderhin $u_0 = 0$. Beachtet man nun, dass sich die milde Lösung gerade als

$$u(t) = \int_0^t S(t-s)B\;dW_H(s)$$

schreibt, so vereinfacht sich die letzte Gleichung aus dem Beweis von Lemma 3.2.10 zu

$$A\int_0^t u(s)\,ds = u(t) - W_B(t).$$

□

und den

Beweis von Proposition 3.2.7: Ist nun u eine mittlere Lösung, so wähle man ein beliebiges $y' \in D(A')$. Dann gilt

$$\begin{aligned} \langle y', u(t)\rangle &= \langle y', A\int_0^t u(s)\,ds + W_B(t)\rangle \\ &= \langle A'y', \int_0^t u(s)\,ds\rangle + W_H(t)B'y' \\ &= \int_0^t \langle A'y', u(s)\rangle\,ds + W_H(t)B'y'. \end{aligned}$$

Also ist u eine schwache Lösung. □

Bemerkung 3.2.11. *Leider ist der intuitive Lösungsbegriff der „starken Lösung" in der Praxis der ungeeignetste, da solche Lösungen nur in Spezialfällen existieren, siehe beispielsweise Abschnitt 5.6 in [29] oder auch Abschnitt 7 in [97].*

Für nichtautonome Probleme existiert kein Analogon zu einer mittleren Lösung; auch ist nicht *a priori* klar, was man in diesem Fall unter einer schwachen Lösung zu verstehen hat. Der folgende Abschnitt behandelt eine Möglichkeit, solche Lösungen zu definieren.

3.3 Schwache Lösungen im nichtautonomen Fall

Ist $A(t)$ abhängig von t, so ist eine analoge Definition einer schwachen Lösung im Allgemeinen nicht sinnvoll, da es durchaus vorkommen kann, dass $[t \mapsto A(t)'x']$ nicht für „viele" $x' \in E'$ wohldefiniert ist, d.h. es kann gelten

$$\bigcap_t D(A(t)') = \{0\}.$$

Im Unterabschnitt 3.3.1 wird eine diesem Sachverhalt Rechnung tragende Definition einer schwachen Lösung vorgestellt, in der auch die Funktionale von t abhängen. Dies wurde bereits im Fall von deterministischen Gleichungen der Art (1.5.1) gemacht, siehe [124, Section 5.3].
Man kann sich leicht davon überzeugen, dass diese neue Definition mit der bekannten Definition übereinstimmt, falls A nicht von t abhängt.
Im Unterabschnitt 3.3.2 wird schließlich die Definition einer schwachen Lösung auf den Fall unbeschränkter B ausgedehnt.
Andere Betrachtungen zu schwachen Lösungen sowohl deterministischer als auch stochastischer Probleme findet man in den Arbeiten [31, 53, 79] von Donald A. Dawson, Luis Gabriel Gorostiza und Jorge Alberto León. In der Arbeit [79] wurden dabei die autonomen Ergebnisse aus [23] für den Hilbertraumfall auf nichtautonome Probleme im Hilbertraumfall übertragen.
Milde Lösungen hingegen lassen sich ohne Probleme auf den nichtautonomen Fall übertragen, sogar für unbeschränkte Operatoren $(B, D(B))$. Wir erhalten

Definition 3.3.1. *Ein E-wertiger stochastischer Prozess $(u(t))_{t\in[0,T]}$ heißt* milde Lösung *von (3.1.1) auf $[0,T]$, falls u schwach $(\mathcal{F}_t)_{t\geq 0}$-progressiv messbar ist, der lineare Operator $P(t,s)B : D(B) \to \mathcal{B}(H,E)$ für alle $0 \leq s < t \leq T$ eine Fortsetzung zu einem beschränkten Operator $P_B(t,s) : H \to E$ besitzt, sodass $(P_B(t,s))_{s\in[0,t]}$ stochastisch integrierbar auf $(0,t)$ ist für jedes $t \in [0,T]$ und folgende Gleichung $\mathbb{P}$-fast sicher erfüllt ist:*

$$u(t) = P(t,0)u_0 + \int_0^t P_B(t,s)\, dW_H(s).$$

In diesem Fall definiert man

$$\int_0^t P(t,s)B\, dW_H(s) := \int_0^t P_B(t,s)\, dW_H(s).$$

Die Eindeutigkeit einer milden Lösung von (3.1.1) folgt somit direkt aus der Eindeutigkeit der auftretenden Evolutionsfamilie.

3.3.1 Der Fall von beschränktem B

Es sei $B \in \mathcal{B}(H, E)$. Als Motivation für die Definition schwacher Lösungen werden wir zunächst formale Umformungen vornehmen. Wir schreiben (3.1.1) als

$$\begin{aligned} &\tfrac{d}{ds}u(s) = A(s)u(s) + \tfrac{BdW_H(s)}{ds}, \quad s \in [0,T], \\ &u(0) = u_0. \end{aligned} \tag{3.3.1}$$

Es sei $t \in [0,T]$ beliebig und $\varphi \in C^1([0,t];E')$ so gewählt, dass für jedes $s \in [0,t]$ die Beziehungen $\varphi(s) \in D(A(s)')$ und $[s \mapsto A(s)'\varphi(s)] \in C([0,t];E')$ gelten. Wenden wir auf beiden Seiten von (3.3.1) das Funktional $\varphi(s)$ an und integrieren über $[0,t]$, so erhalten wir $\mathbb{P}$-fast sicher

$$\int_0^t \langle \frac{d}{ds}u(s), \varphi(s)\rangle\, ds = \int_0^t \langle u(s), A(s)'\varphi(s)\rangle\, ds + \int_0^t B'\varphi(s)dW_H(s).$$

Partielle Integration liefert $\mathbb{P}$-fast sicher

$$\begin{aligned} \langle u(t), \varphi(t)\rangle - \langle u_0, \varphi(0)\rangle - &\int_0^t \langle u(s), \frac{d}{ds}\varphi(s)\rangle\, ds \\ &= \int_0^t \langle u(s), A(s)'\varphi(s)\rangle\, ds + \int_0^t B'\varphi(s)\, dW_H(s). \end{aligned} \tag{3.3.2}$$

Darauf aufbauend wird folgende Menge und Definition eingeführt. Für $t \in [0,T]$ sei

$$G_t := \{\varphi \in C^1([0,t];E') \mid \forall\, s \in [0,t] : \varphi(s) \in D(A(s)') \text{ und } A(\cdot)'\varphi(\cdot) \in C([0,t];E')\}.$$

Schließlich gelangen wir zu folgender Definition.

Definition 3.3.2. *Ein progressiv messbarer stochastischer Prozess $(u(t))_{t\in[0,T]}$ mit Werten in E heißt* schwache Lösung *von* (3.1.1)*, falls $[t \mapsto u(t)]$ $\mathbb{P}$-fast sicher in $L^1(0,T;E)$ ist und für jedes $t \in [0,T]$ und jedes $\varphi \in G_t$ die Gleichung* (3.3.2) *$\mathbb{P}$-fast sicher gilt.*

Um schwache und milde Lösung miteinander in Verbindung zu setzen, benötigt man eine große Anzahl solcher Funktionen φ. Deswegen wird folgende Bedingung eingeführt:

(C) Für jedes $t \in [0,T]$ gibt es einen $\sigma(E',E)$-folgendichten Unterraum F_t von E' so, dass für jedes $x' \in F_t$ die Funktion $[s \mapsto \varphi(s) := P(t,s)'x']$ in $C^1([0,t];E')$ ist, $\varphi(s) \in D(A(s)')$ für jedes $s \in [0,t]$ gilt und

$$\frac{d}{ds}\varphi(s) = -A(s)'\varphi(s) \tag{3.3.3}$$

erfüllt ist.

Bedingung (C) bedeutet, dass das Problem

$$\begin{aligned} \tfrac{d}{dr}v(r) &= A(t-r)'v(r), \qquad r \in (0,t], \\ v(0) &= A(t)'x' \end{aligned}$$

für jedes $x' \in E'$ eine strikte Lösung hat.

Bemerkung 3.3.3. *Wenn die Bedingungen (AT) und (AT2)' gelten, so ist (C) erfüllt mit* $F_t = D((A(t)')^2)$. *Dies folgt aus [3, Theorem 6.1]) und [4, Seite 1176]. Ist E reflexiv, so kann man* $F_t = D(A(t)')$ *wählen. Erfüllen die Operatoren* $(A(t), D(A(t)))_{t\in[0,T]}$ *die Bedingung (KT), so wird sie für reflexives E auch von* $(A(t)', D(A(t)'))_{t\in[0,T]}$ *erfüllt. Folglich ist hier für reflexives E die Bedingung (C) für* $F_t = D(A(t)')$ *erfüllt, siehe [125, Theorem 6.3]. Im nicht reflexiven Fall ist nicht klar, ob die Bedingung (C) noch unter der (KT)-Bedingung erfüllt ist. Hingegen ist eine schwache Lösung unter der (KT)-Bedingung nach [124, Theorem 5.3.2] immer eindeutig. Ist* $A = A(s)$ *unabhängig von s und erzeugt eine stark stetige Halbgruppe, so ist (C) erfüllt für* $F = F_t = D(A^{\odot})$, *wobei* $A^{\odot}$ *den Sonnendual von A bezeichnet (siehe [94]).*

Die folgende Proposition stellt den Zusammenhang zwischen schwachen und milden Lösungen von (3.1.1) her.

Proposition 3.3.4. *Es gelte die Bedingung (C). Für einen E-wertigen stochastischen Prozess* $u : [0,T] \times \Omega \to E$ *sind die beiden folgenden Aussagen äquivalent:*

1. *u ist eine milde Lösung von (3.1.1) und $\mathbb{P}$-fast sicher gilt* $u \in L^1(0,T;E)$.
2. *u ist eine schwache Lösung von (3.1.1).*

Insbesondere ist eine schwache Lösung eindeutig.

Die Bedingung (C) wird nur für die Richtung (2) $\Rightarrow$ (1) gebraucht.

Beweis: (1) $\Rightarrow$ (2): Es sei $t \in [0,T]$ und $\varphi \in G_t$ beliebig. Da u $\mathbb{P}$-fast sicher in $L^1(0,T;E)$ ist, wissen wir, dass $[s \mapsto \langle u(s), A(s)'\varphi(s)\rangle]$ integrierbar ist, und aus der Definition einer milden Lösung ergibt sich unmittelbar $\mathbb{P}$-fast sicher

$$\begin{aligned} \int_0^t \langle u(s), A(s)'\varphi(s)\rangle\, ds &= \int_0^t \langle P(s,0)u_0, A(s)'\varphi(s)\rangle\, ds \\ &\quad + \int_0^t \int_0^s B'P(s,r)'A(s)'\varphi(s)\, dW_H(r)\, ds. \end{aligned} \tag{3.3.4}$$

Da $(P(t,s))_{0\le s\le t\le T}$ eine Evolutionsfamilie ist, welche (1.5.1) löst, folgt mit Hilfe von Approximation

$$\begin{aligned} \langle P(t,0)u_0, \varphi(t)\rangle - \langle u_0, \varphi(0)\rangle &= \int_0^t \langle P(s,0)u_0, A(s)'\varphi(s)\rangle\, ds \\ &\quad + \int_0^t \langle P(s,0)u_0, \varphi'(s)\rangle\, ds. \end{aligned} \tag{3.3.5}$$

Vermittels des Satzes 1.7.15 und partieller Integration erhalten wir $\mathbb{P}$-fast sicher

$$\begin{aligned}\int_0^t \int_0^s B'P(s,r)'A(s)'\varphi(s)\,dW_H(r)\,ds &= \int_0^t \int_r^t B'P(s,r)'A(s)'\varphi(s)\,ds\,dW_H(r)\\ &= \int_0^t B'P(t,r)'\varphi(t) - B'\varphi(r)\,dW_H(r)\\ &\quad - \int_0^t \int_r^t B'P(s,r)'\varphi'(s)\,ds\,dW_H(r)\end{aligned}$$

Hieraus, aus (3.3.4) und aus (3.3.5) folgt dann

$$\begin{aligned}\int_0^t \langle u(s), A(s)'\varphi(s)\rangle\,ds &= \langle u(t),\varphi(t)\rangle - \int_0^t B'\varphi(r)\,dW_H(r) - \int_0^t \langle u(s),\varphi'(s)\rangle\,ds\\ &\quad -\langle u_0,\varphi(0)\rangle,\end{aligned}$$

sodass u eine schwache Lösung ist.
(2) $\Rightarrow$ (1): Es sei $t \in [0,T]$ beliebig, dann muss $\mathbb{P}$-fast sicher für jedes $x' \in E'$

$$\langle u(t), x'\rangle = \langle P(t,0)u_0, x'\rangle + \int_0^t B'P(t,s)'x'\,dW_H(s) \tag{3.3.6}$$

gezeigt werden. Dank [99, Theorem 4.2] genügt es, die Gleichung (3.3.6) für jedes x' aus einem $\sigma(E',E)$-folgendichten Teilraum F von E' zu zeigen. Sei $F = F_t$ mit F_t aus Bedingung (C); nun betrachten wir $\varphi(s) = P(t,s)'x'$. Dann folgt aus (3.3.2) und (3.3.3) $\mathbb{P}$-fast sicher

$$\begin{aligned}&\langle u(t), x'\rangle - \langle P(t,0)u_0, x'\rangle + \int_0^t \langle u(s), A(s)'P(t,s)'x'\rangle\,ds\\ &\qquad = \int_0^t \langle u(s), A(s)'P(t,s)'x'\rangle\,ds + \int_0^t B'P(t,s)'x'\,dW_H(s)\end{aligned}$$

und wir haben (3.3.6) gezeigt. □

3.3.2 Der Fall von unbeschränktem B

Es sei $B : D(B) \subset H \to E$ ein abgeschlossener, dicht definierter Operator. Für $t \in [0,T]$ definieren wir die folgende Teilklasse von G_t

$$G_{t,B} := \{\varphi \in G_t \,|\, \forall\, s \in [0,t)\ \varphi(s) \in D(B') \text{ und } s \mapsto B'\varphi(s) \in L^2(0,t;H)\}.$$

Definition 3.3.5. *Ein progressiv messbarer stochastischer Prozess $(u(t))_{t\in[0,T]}$ mit Werten in E heißt* schwache Lösung *von (3.1.1), falls $[t \mapsto u(t)]$ $\mathbb{P}$-fast sicher in $L^1(0,T;E)$ ist und für jedes $t \in [0,T]$ und jedes $\varphi \in G_{t,B}$ die Gleichung (3.3.2) $\mathbb{P}$-fast sicher gilt.*

Bemerkung 3.3.6. *Ist B beschränkt, so gilt $G_{t,B} = G_t$ und obige Definition stimmt der Definition aus Unterabschnitt 3.3.1 überein.*

Unter weiteren Annahmen stimmen auch hier wie im Fall beschränkter B schwache und milde Lösung überein.

Proposition 3.3.7. *Es gelten die Bedingungen (C) und (AT) und es gebe Konstanten $C > 0$ sowie $\delta < \frac{1}{2}$ so, dass für jedes $t \in [0,T]$ und jedes $h \in D(B)$*

$$\|(w - A(t))^{-\delta} Bh\| \leq C\|h\| \tag{3.3.7}$$

gilt. Für einen E-wertigen stochastischen Prozess $u : [0,T] \times \Omega \to E$ sind die beiden folgenden Aussagen äquivalent:

1. *u ist eine milde Lösung von* (3.1.1) *und $\mathbb{P}$-fast sicher gilt $u \in L^1(0,T;E)$.*
2. *u ist eine schwache Lösung von* (3.1.1).

Insbesondere ist eine schwache Lösung eindeutig.

Die Bedingung (C) wird wiederum nur für die Richtung 2. $\Rightarrow$ 1. gebraucht.
Man bemerke, dass die Bedingung (3.3.7) sicherstellt, dass die Inklusionskette

$$D(A(t)') \subset D(((w - A(t))^{\delta})') \subset D(B')$$

für jedes $t \in [0,T]$ gilt. Tatsächlich existiert für jedes $t \in [0,T]$ eine Konstante $C(t)$ derart, dass für jedes $x' \in D(((w - A(t))^{\delta})')$ und jedes $h \in D(B)$

$$|\langle Bh, x^* \rangle| = |\langle (w - A(t))^{-\delta} Bh, ((w - A(t))^{-\delta})' x' \rangle| \leq C(t)\|h\|\|x'\|$$

gilt. Im autonomen Fall zeigt dies, dass man unter der Bedingung (3.3.7) schwache Lösungen auch für unbeschränkte Operatoren B definieren kann, siehe [41]. Die Bedingung $\delta < \frac{1}{2}$ ergibt sich aus im Beweis auftretenden Integrierbarkeitsbedingungen.

Beweis: Es folgt aus (1.5.5) und (3.3.7), dass es eine Konstante $C > 0$ so gibt, dass für alle $0 \leq s < r \leq T$ und jedes $h \in D(B)$ gilt

$$\|P(s,r)Bh\| = \|P(s,r)(w - A(r))^{\delta}(w - A(r))^{-\delta} Bh\| \leq C(s - r)^{-\delta}\|h\|.$$

Somit hat jedes $P(s,r)B$ eine stetige Fortsetzung $P_B(s,r) \in \mathcal{B}(H,E)$ mit

$$\|P_B(s,r)\| \leq C(s - r)^{-\delta}. \tag{3.3.8}$$

1. $\Rightarrow$ 2.: Es sei $t \in [0,T]$ und $\varphi \in G_{t,B}$ beliebig. Da u $\mathbb{P}$-fast sicher in $L^1(0,T;E)$ ist, wissen wir, dass $[s \mapsto \langle u(s), A(s)'\varphi(s) \rangle]$ integrierbar ist, und aus der Definition einer milden Lösung ergibt sich unmittelbar $\mathbb{P}$-fast sicher

$$\begin{aligned} \int_0^t \langle u(s), A(s)'\varphi(s) \rangle \, ds = &\int_0^t \langle P(s,0)u_0, A(s)'\varphi(s) \rangle \, ds \\ &+ \int_0^t \int_0^s P_B(s,r)' A(s)' \varphi(s) \, dW_H(r) \, ds. \end{aligned} \tag{3.3.9}$$

Es folgt aus Satz 1.5.1, dass für beliebige $h \in D(B)$, $r \in [0,t]$ und $s \in (r,t]$ gilt

$$\begin{aligned} \frac{d}{ds}[h, P_B(s,r)'\varphi(s)] &= \frac{d}{ds}[P(s,r)Bh, \varphi(s)] \\ &= [A(s)P(s,r)Bh, \varphi(s)] + [P(s,r)Bh, \varphi'(s)]. \\ &= [h, P_B(s,r)'A(s)'\varphi(s)] + [h, P_B(s,r)'\varphi'(s)]. \end{aligned}$$

Als Funktion von s ist die rechte Seite stetig und Integration über $[r+\epsilon, t]$ liefert

$$\begin{aligned} [[h, P_B(t,r)'\varphi(t)] - [h, P_B(r+\varepsilon, r)'\varphi(r+\varepsilon)] &= \int_{r+\varepsilon}^t [h, P_B(s,r)'A(s)'\varphi(s)]\, ds \\ &\quad + \int_{r+\varepsilon}^t [h, P_B(s,r)'\varphi'(s)]\, ds. \end{aligned}$$

Lassen wir ε von oben gegen Null konvergieren, so ergibt sich

$$[h, P_B(t,r)'\varphi(t)] - [Bh, \varphi(r)] = \int_r^t [h, P_B(s,r)'A(s)'\varphi(s)] + [h, P_B(s,r)'\varphi'(s)]\, ds$$

und wir haben

$$\int_r^t P_B(s,r)'A(s)'\varphi(s)\, ds = P_B(t,r)'\varphi(t) - B'\varphi(r) - \int_r^t P_B(s,r)'\varphi'(s)\, ds. \tag{3.3.10}$$

Die Funktion $[r \mapsto P_B(t,r)'\varphi(t)]$ ist stark messbar nach dem Satz von Pettis, sodass $P_B(t,\cdot)'\varphi(t) \in L^2(0,t;H)$ aus (3.3.8) folgt.
Nun überprüfen wir, dass sowohl die Funktion $[(s,r) \mapsto P_B(s,r)'A(s)'\varphi(s)\mathbf{1}_{\{r\le s\}}]$ als auch die Funktion $[(s,r) \mapsto P_B(s,r)'\varphi'(s)\mathbf{1}_{\{r\le s\}}]$ in $L^2((0,t)^2;H)$ liegen. Wie im Beweis der Proposition 3.3.4 folgt dann aus dem Satz 1.7.15 und (3.3.10)

$$\begin{aligned} \int_0^t \int_0^s P_B(s,r)'A(s)'\varphi(s)\, dW_H(r)\, ds &= \int_0^t P_B(t,r)'\varphi(t)\, dW_H(r) \\ &\quad - \int_0^t B'\varphi(r)\, dW_H(r) \\ &\quad - \int_0^t \int_r^t P_B(s,r)'\varphi'(s)\, dW_H(r)\, ds. \end{aligned}$$

Hieraus, aus (3.3.5) und (3.3.9) folgt dann , dass u eine schwache Lösung ist.
2. $\Rightarrow$ 1.: Sei $t \in [0,T]$ beliebig. Wie zuvor im Beweis der Proposition 3.3.4 genügt es, für jedes $x' \in F_t$ die $\mathbb{P}$-fast sichere Gleichheit

$$\langle u(t), x'\rangle = \langle P(t,0)u_0, x'\rangle + \int_0^t P_B(t,s)'x'\, dW_H(s)$$

zu zeigen, wobei F_t aus Bedingung (C) ist. Für $\varphi(s) = P(t,s)'x'$ gilt dann wegen (3.3.8) für jedes $h \in D(B)$ und jedes $s \in [0,t]$

$$|\langle Bh, \varphi(s)\rangle| = |\langle P_B(t,s)h, x'\rangle| \le C(t-s)^{-\delta}\|h\|\|x'\|.$$

Dies zeigt, dass $\varphi(s) \in D(B')$ für jedes $s \in [0,t)$ und $B'\varphi \in L^2(0,t;H)$. Folglich gilt $\varphi \in G_{t,B}$ und wir wissen wegen (3.3.2) und (3.3.3), dass

$$\begin{aligned}\langle u(t),x'\rangle - \langle P(t,0)u_0,x'\rangle + &\int_0^t \langle u(s),A(s)'P(t,s)'x'\rangle\,ds \\ &= \int_0^t \langle U(s),A(s)'P(t,s)'x'\rangle\,ds + \int_0^t P_B(t,s)'x'\,dW_H(s)\end{aligned}$$

ist. Dies zeigt die Behauptung. □

3.4 Pfadregularität im linearen Fall

3.4.1 Allgemeine Existenz- und Regularitätsergebnisse

Dass stochastische Probleme ein qualitativ anderes Verhalten an den Tag legen als ihre deterministischen Gegenstücke, erkennt man an der Tatsache, dass (3.1.1) im Allgemeinen keine milde Lösung hat. Bereits im autonomen Fall und für eindimensionale Operatoren B tritt dieses Phänomen auf; in [40, 99] konstruieren die Autoren Beispiele in Räumen $C(K)$ und L_p mit $1 \leq p < 2$, welche keine milde Lösung besitzen.
Die folgende Charakterisierung der Existenz milder Lösungen folgt unmittelbar aus der Proposition 1.7.5.

Proposition 3.4.1. *Die folgenden Aussagen sind äquivalent:*

1. *Das Problem* (3.1.1) *hat eine milde Lösung.*
2. *Für jedes $t \in [0,T]$ ist die Funktion $[s \mapsto P(t,s)B]$ ein Element von $\gamma(0,t;H,E)$.*

In diesem Falle ist die milde Lösung u gegeben durch

$$u(t) = P(t,0)u_0 + \int_0^t P(t,s)B\,dW_H(s), \qquad t \in [0,T].$$

Hierbei ist unter $P(t,s)B$ im Fall $B \in \mathcal{L}(H,E) \setminus \mathcal{B}(H,E)$ stets die stetige Fortsetzung $P_B(t,s) \in \mathcal{B}(H,E)$ zu verstehen, siehe Abschnitt 3.3.
Der nächste Satz verallgemeinert [28, Theorem 1], [93, Theorem 2.2] und [117, Theorem 1.2] in dem hier betrachteten Spezialfall additiven Rauschens

Satz 3.4.2. *Es sei E ein separabler Banachraum, $(P(t,s))_{(t,s)\in\Delta_T}$ eine stark stetige Evolutionsfamilie, H ein separabler Hilbertraum, $B \in \mathcal{B}(H,E)$, $(\Omega,\mathcal{F},\mathbb{P},(\mathcal{F}_t)_{t\geq 0})$ ein filtrierter Wahrscheinlichkeitsraum und W_H ein H-zylindrischer $(\mathcal{F}_t)_{t\geq 0}$-Wienerprozess. Gilt*

$$\sup_{t\in[0,T]} \|[s \mapsto (t-s)^{-\alpha}P(t,s)B]\|_{\gamma(0,t;H,E)} < \infty$$

für ein $\alpha \in (0,\frac{1}{2})$, so ist die Abbildung $[0,t] \ni s \mapsto P(t,s)B$ für jedes $t \in [0,T]$ stochastisch integrierbar und

$$[0,T] \ni t \mapsto \int_0^t P(t,s)B\,dW_H(s)$$

besitzt eine Version mit stetigen Pfaden. Insbesondere gibt es eine milde Lösung von (3.1.1) *mit stetigen Pfaden.*

Bemerkung 3.4.3. *Der Fall* $A(t) \equiv 0$ *für jedes* $t \in [0,T]$ *und* $B \in \gamma(H,E)$ *zeigt mit Hilfe des Lemmas 1.6.6, dass obige Bedingung für* $\alpha \geq \frac{1}{2}$ *im Allgemeinen nicht erfüllbar ist.*

Beweis: Aus dem Beweis des Lemmas 2.4.1 folgt die Wohldefiniertheit von

$$\Phi_\alpha(t) := \int_0^t (t-s)^{-\alpha} P(t,s) B \, dW_H(s)$$

und

$$\zeta(t) = \int_0^t P(t,s) B \, dW_H(s).$$

Als Nächstes überzeugen wir uns von der Existenz einer stetigen Version von ζ. Dank des Lemmas 2.2.1 genügt es zu zeigen, dass für jedes $t \in [0,T]$ und $\mathbb{P}$-fast alle $\omega \in \Omega_0$ die folgende Gleichung gilt

$$\zeta(t,\omega) = \frac{\sin \pi\alpha}{\pi} (R_\alpha \Phi_\alpha(\cdot,\omega))(t), \tag{3.4.1}$$

das ist aber gerade die Aussage des Lemmas 2.4.1. □

Als Nächstes eine Veranschaulichung, wie man den Satz 3.4.2 anwenden kann, wenn der Rauschterm von einem Q-Wienerprozess W herrührt. Wir betrachten

$$\begin{aligned} du(t) &= A(t)u(t)\,dt + dW(t), \quad t \in [0,T] \\ u(0) &= u_0, \end{aligned} \tag{3.4.2}$$

wobei $(A(t), D(A(t)))_{t\in[0,T]}$ wie zuvor, W eine Q-Wienerprozess und $u_0 \in E$ sind.
Als Erstes bringen wir (3.4.2) auf die Form (3.1.1). Dazu sei H der reproduzierende Hilbertkern des Gauß'schen Zufallselements $W(1)$ und $B : H \to E$ sei der kanonische Inklusionsoperator; dann gilt $B \in \gamma(H,E)$, $Q = BB'$ und $W = BW_H$ (siehe [21, 99]). Wir können in diesem Zusammenhang Theorem 2 aus [28] auf die nichtautonome Situation verallgemeinern. Ohne großen Aufwand können wir den Beweis für Banachräume vom Rademachertyp 2 durchführen und erhalten

Korollar 3.4.4. *Es sei* E *ein separabler Banachraum vom Rademachertyp 2. Dann existiert eine milde Lösung des Problems* (3.4.2) *mit stetigen Pfaden.*

Beweis: Die Ungleichungen (1.6.3) und (1.6.4) implizieren, dass wir für beliebige $\alpha \in (0,\frac{1}{2})$ und $t \in [0,T]$ haben

$$\begin{aligned} \|s \mapsto (t-s)^{-\alpha} P(t,s) B\|^2_{\gamma(0,t;H,E)} &\leq C_2^2 \|s \mapsto (t-s)^{-\alpha} P(t,s) B\|^2_{L_2(0,t;\gamma(H,E))} \\ &\leq C_2^2 C^2 \|s \mapsto (t-s)^{-\alpha} B\|^2_{L_2(0,t;\gamma(H,E))} \\ &= C_2^2 \tilde{C}^2 t^{-2\alpha+1} \|B\|^2_{\gamma(H,E)} \\ &\leq C_2^2 \tilde{C}^2 T^{-2\alpha+1} \|B\|^2_{\gamma(H,E)}. \end{aligned}$$

Die Behauptung folgt nun aus dem Satz 3.4.2. □

Zusätzliche Regularitätseigenschaften der Evolutionsfamilie ermöglichen es, über Banachräume vom Rademachertyp 2 hinauszugelangen.

Korollar 3.4.5. *Es sei E ein separabler Banachraum. Für alle $0 \le s < t \le T$ habe $\frac{\partial P(t,s)}{\partial s}$ eine beschränkte Fortsetzung $Q(t,s)$ und es gebe eine Konstante $C > 0$ so, dass für beliebige $0 \le s < t \le T$*

$$\|Q(t,s)\| \le C(t-s)^{-1} \tag{3.4.3}$$

gilt. Dann existiert eine milde Lösung des Problems (3.4.2) mit stetigen Pfaden.

Beweis: Es seien H und $B \in \gamma(H,E)$ wie zuvor. Ferner sei $\alpha \in (0, \frac{1}{2})$ beliebig und wir wählen ein festes $\beta \in (\alpha, \frac{1}{2})$. Wir können annehmen, dass $C > 0$ bereits so gewählt ist, dass für beliebige s,t auch $\|P(t,s)\| \le C$ gilt. Dann folgt aus dem Lemma 1.3.3, dass die Menge $\mathcal{P}(t) := \{(t-s)^{-\alpha+\beta}P(t,s) : s \in [0,t]\}$ für jedes $t \in [0,T]$ R-beschränkt ist mit

$$\begin{aligned}
R(\mathcal{P}(t)) &\le \int_0^t (t-s)^{-\alpha+\beta-1}\|P(t,s)\| + (t-s)^{-\alpha+\beta}\|Q(t,s)\|\,ds + \|t^{-\alpha+\beta}P(t,0)\| \\
&\le 2C\int_0^t (t-s)^{-\alpha+\beta-1}\,ds + Ct^{-\alpha+\beta} = 2C(-\alpha+\beta)^{-1}T^{-\alpha+\beta} + CT^{-\alpha+\beta} \\
&=: C_1 < \infty.
\end{aligned}$$

Gemäß der Proposition 1.6.8 und (1.6.4) gilt dann

$$\begin{aligned}
\|[s \mapsto (t-s)^{-\alpha}P(t,s)B]\|^2_{\gamma(0,t;H,E)} &\le C_1^2\|[s \mapsto (t-s)^{-\beta}B]\|^2_{\gamma(0,t;H,E)} \\
&= C_1^2(-2\beta+1)^{-1}t^{-2\beta+1}\|B\|^2_{\gamma(H,E)} \\
&\le C_1^2(-2\beta+1)^{-1}T^{-2\beta+1}\|B\|^2_{\gamma(H,E)}.
\end{aligned}$$

Somit folgt die Behauptung aus dem Satz 3.4.2. □

Die Bedingung (3.4.3) ist in vielen Situationen erfüllt (siehe die Sätze 1.5.2 und 1.5.8 und [142, Theorem 1 und Remark]).
Zum Abschluss des Unterabschnitts als Beispiel der Fall beschränkter $A(t)$.

Beispiel 3.4.6. *Es gelte $A(t) \in \mathcal{B}(E)$ für jedes $t \in [0,T]$ und $t \mapsto A(t)$ sei stetig. Dann gibt es eine milde Lösung des Problems (3.4.2) mit stetigen Pfaden.*

Beweis: Man weiß anhand von [107, Section 5.1], dass $(A(t))_{t\in[0,T]}$ eine eindeutige Evolutionsfamilie $(P(t,s))_{0\le s\le t\le T}$ erzeugt, welche (1.5.1) auf E löst. Außerdem gilt

$$Q(t,s) := \frac{\partial P(t,s)}{\partial s} = P(t,s)A(s), \qquad 0 \le s \le t \le T,$$

und somit ist $\frac{\partial P(t,s)}{\partial s}$ gleichmäßig stetig auf $\{(t,s) \in [0,T] : s \le t\}$. Also folgt die Behauptung aus Korollar 3.4.5. □

3.4.2 Existenz und Regularität im analytischen Fall

In diesem Unterabschnitt werden Raum- und Zeitregularitätsaussagen im analytischen Fall untersucht. Fürderhin gelte die Bedingung (AT) aus dem Unterabschnitt 1.5.1 für die Familie $(A(t), D(A(t)))_{t\in[0,T]}$ mit Parametern μ und ν. Es sei an $\kappa_{\mu,\nu} = \mu+\nu-1 \in (0,1]$ erinnert, außerdem trifft die Bemerkung 1.2.11 auf diesen Unterabschnitt zu.
Um den Einfluss der stochastischen Faltung auf die Pfadregularität klar herauszustellen, wird 0 als Anfangswert gewählt, d.h. von nun an betrachten wir

$$\begin{aligned} du(t) &= A(t)u(t)\,dt + B\,dW_H(t), \quad t \in [0,T], \\ u(0) &= 0, \end{aligned} \tag{3.4.4}$$

wobei E, H, B und W_H wie zuvor seien.
Analytische Evolutionsfamilien eröffnen die Möglichkeit, die Regularität auf zweierlei Art und Weise zu verbessern: einerseits ermöglicht es die Glättungseigenschaft Raumregularitätsergebnisse zu zeigen, und andererseits ist es möglich, sogar die $\mathbb{P}$-fast sichere Hölderstetigkeit der Pfade zu zeigen.
Da wir uns später manchmal lediglich für stetige Pfade in Teilräumen interessieren und sich dieses Resultat analog zu den bisher bewiesenen Regularitätssätzen beweisen lässt, wird die Betrachtung der kombinierten Raum-Zeit-Regularität zunächst zurückgestellt.
Als Anwendung des Lemmas 2.2.4 auf stochastische Faltungen haben wir

Satz 3.4.7. *Es sei E ein separabler Banachraum, $(A(t), D(A(t)))_{t\in[0,T]}$ eine Familie von abgeschlossenen Operatoren, welche die (AT)-Bedingung erfüllt, H ein separabler Hilbertraum, $B \in \mathcal{L}(H,E)$, $(\Omega, \mathcal{F}, \mathbb{P}, (\mathcal{F}_t)_{t\geq 0})$ ein filtrierter Wahrscheinlichkeitsraum und W_H ein zylindrischer $(\mathcal{F}_t)_{t\geq 0}$-Wienerprozess. Gilt für ein $\alpha \in (0, \frac{1}{2})$*

$$\sup_{t\in[0,T]} \|[s \mapsto (t-s)^{-\alpha} P(t,s)B]\|_{\gamma(0,t;H,E)} < \infty,$$

so existiert eine milde Lösung u von (3.4.4) mit stetigen Pfaden, welche zusätzlich $[t \mapsto (w - A(t))^{\delta} u(t)] \in C([0,T]; E)$ erfüllt, wobei $\delta < \alpha$ beliebig ist.

Beweis: Wir definieren $\Phi_\alpha : [0,T] \times \Omega \to E$ ebenso wie im Beweis des Satzes 3.4.2. Ebenso wie dort sieht man, dass für jedes $p \in [1,\infty)$ und $\mathbb{P}$-fast alle $\omega \in \Omega$ gilt $\Phi_\alpha(\cdot,\omega) \in L_p(0,T;E)$.
Nun wählen wir ein beliebiges $\delta < \alpha$. Für $p \in [1,\infty)$ mit $0 < \alpha - \frac{1}{p} - \delta$ und geeignetes Ω_0 mit $\mathbb{P}(\Omega_0) = 1$ gilt dann $\Phi_\alpha(\cdot,\omega) \in L_p(0,T;E)$ für jedes $\omega \in \Omega_0$. Eine Anwendung des Lemmas 2.2.4 zeigt, dass $[t \mapsto \frac{\pi}{\sin(\pi\alpha)}(w - A(t))^{\delta}(R_\alpha\Phi_\alpha)(t,\omega)]$ eine stetige Funktion für jedes $\omega \in \Omega_0$ ist.
Ebenso wie im Beweis des Satzes 3.4.2 sieht man ein, dass $[0,t] \ni s \mapsto P(t,s)B$ stochastisch integrierbar ist. Definieren wir dann $\zeta : [0,T] \times \Omega \to E$ wie dort, so erkennt man, dass $\frac{\pi}{\sin(\pi\alpha)} R_\alpha \Phi_\alpha$ eine Modifikation von ζ ist. Dies zeigt die Behauptung. □

Für den Fall konstanter Definitionsbereiche können wir unter Rückgriff auf das Lemma 2.2.5 analog den folgenden Satz beweisen.

Satz 3.4.8. *Es sei E ein separabler Banachraum, H ein separabler Hilbertraum, $B \in \mathcal{L}(H,E)$, $(\Omega, \mathcal{F}, \mathbb{P}, (\mathcal{F}_t)_{t\geq 0})$ ein filtrierter Wahrscheinlichkeitsraum, W_H ein H-zylindrischer $(\mathcal{F}_t)_{t\geq 0}$-Wienerprozess und $((\cdot,\cdot)_\beta)_{\beta\in(0,1)}$ eine zulässige Interpolationsmethode. Außerdem erfülle die Familie $(A(t), D(A(t)))_{t\in[0,T]}$ die (KD)-Bedingung und für ein $\alpha \in (0, \frac{1}{2})$ gelte*

$$\sup_{t\in[0,T]} \|[s \mapsto (t-s)^{-\alpha} P(t,s)B]\|_{\gamma(0,t;H,E)} < \infty. \tag{3.4.5}$$

Dann besitzt die stochastische Faltung $W_{A(\cdot)}$ Pfade $\mathbb{P}$-fast sicher in $C^\lambda([0,T];E_\delta)$ für beliebige $\lambda + \delta < \alpha$, wobei $E_\delta = (E,D)_\delta$.

Im Fall nichtkonstanter Definitionsbereiche erweist es sich als besser, auf Definitionsbereiche gebrochener Potenzen als Zwischenräume auszuweichen.

Satz 3.4.9. *Es sei E ein separabler Banachraum, $(A(t), D(A(t)))_{t\in[0,T]}$ eine Familie von Operatoren, welche die (AT)-Bedingung erfüllt, H ein separabler Hilbertraum, $B \in \mathcal{L}(H,E)$, $(\Omega, \mathcal{F}, \mathbb{P}, (\mathcal{F}_t)_{t\geq 0})$ ein filtrierter Wahrscheinlichkeitsraum und W_H ein zylindrischer $(\mathcal{F}_t)_{t\geq 0}$-Wienerprozess. Gilt für ein $\alpha \in (0, \frac{1}{2})$*

$$\sup_{t\in[0,T]} \|[s \mapsto (t-s)^{-\alpha} P(t,s)B]\|_{\gamma(0,t;H,E)} < \infty,$$

so existiert eine milde Lösung u von (3.4.4) mit stetigen Pfaden, welche zusätzlich $[t \mapsto (w - A(t))^\delta u(t)] \in C^\lambda([0,T];E)$ erfüllt, wobei man $\lambda > 0$ und $\delta \geq 0$ gemäß

$$\alpha - \delta \leq \kappa_{\mu,\nu} \quad \textit{und} \quad \lambda + \delta < \alpha, \tag{3.4.6}$$

oder

$$\alpha - \delta > \kappa_{\mu,\nu} \quad \textit{and} \quad \lambda \leq \kappa_{\mu,\nu} \tag{3.4.7}$$

wählen kann.

Die Bedingung (3.4.7) ist dabei einschränkender als (3.4.6). In dem Fall $\kappa_{\mu,\nu} \geq \frac{1}{2}$ ist die Bedingung $\alpha - \delta \leq \kappa_{\mu,\nu}$ in (3.4.6) immer erfüllt.

Bemerkung 3.4.10. *Wenn man die vollständige Verallgemeinerung von Theorem 3 aus [28] erhalten möchte, so ist man gezwungen den zusätzlichen Parameter γ in die Bedingungen aufzunehmen.*
Ist man an deterministischen Anfangswerten ungleich Null interessiert, so folgt aus der Proposition 1.5.4, dass für $u_0 \in (E, D(A(0)))^0_{\alpha,\infty}$ die Aussagen des obigen Satzes für $\delta = 0$ ebenfalls gelten.

Beweis von Satz 3.4.9: Zunächst definieren wir $\Phi_\alpha : [0,T] \times \Omega \to E$ wie bisher gemäß

$$\Phi_\alpha(t) = \int_0^t (t-s)^{-\alpha} P(t,s)B \, dW_H(s).$$

Dann wissen wir bereits, dass für jedes $p \in [1, \infty)$ und $\mathbb{P}$-fast alle $\omega \in \Omega$ $\Phi_\alpha(\cdot, \omega) \in L_p(0, T; E)$ gilt.
Nun wählen wir $\delta \geq 0$ und $\lambda > 0$ gemäß (3.4.6). Für $p \in [1, \infty)$ mit $\lambda < \alpha - \frac{1}{p} - \delta$ und ein Ω_0 mit $\mathbb{P}(\Omega_0) = 1$ gilt dann $\Phi_\alpha(\cdot, \omega) \in L_p(0, T; E)$ für jedes $\omega \in \Omega_0$. Anwendung des ersten Teils des Lemmas 2.2.6 liefert, dass $[t \mapsto \frac{\pi}{\sin(\pi\alpha)}(w - A(t))^\delta R_\alpha \Phi_\alpha(t, \omega)]$ eine λ-hölderstetige Funktion für jedes $\omega \in \Omega_0$ ist.
Ebenso wie im Beweis des Satzes 3.4.2 sieht man ein, dass $[0, t] \ni s \mapsto P(t, s)B$ stochastisch integrierbar ist. Definieren wir dann $\zeta : [0, T] \times \Omega \to E$ gemäß

$$\zeta(t) = \int_0^t P(t, s)B \, dW_H(s),$$

so erkennt man wie im Beweis des Satzes 3.4.2, dass $\frac{\pi}{\sin(\pi\alpha)} R_\alpha \Phi_\alpha$ eine Modifikation von ζ ist.
Als Nächstes wählen wir $\delta \geq 0$ und $\lambda > 0$ gemäß (3.4.7). Für $p \in [1, \infty)$ mit $\alpha - \delta - \frac{1}{p} > \kappa_{\mu,\nu}$ können wir dann das obige Raisonnement mit Rückgriff auf den zweiten Teil des Lemmas 2.2.6 wiederholen. □

Insbesondere können wir [28, Proposition 2] auf die nichtautonome Situation in Banachräumen vom Rademachertyp 2 verallgemeinern.

Korollar 3.4.11. *Es sei E vom Rademachertyp 2 und $B \in \gamma(H, E)$. Dann existiert eine milde Lösung u von (3.4.4) mit stetigen Pfaden, für welche die Pfade von $((w - A(t))^\delta u(t))_{t \geq 0}$ in $C^\lambda([0, T]; E)$ liegen für jede Wahl von $\lambda > 0$ und $\delta \geq 0$ gemäß*

$$\lambda + \delta < \tfrac{1}{2}, \text{ falls } \kappa_{\mu,\nu} \geq \tfrac{1}{2} \tag{3.4.8}$$

oder

$$\delta < \frac{1}{2} - \kappa_{\mu,\nu} \text{ und } \lambda \leq \kappa_{\mu,\nu}, \text{ falls } \kappa_{\mu,\nu} < \tfrac{1}{2}. \tag{3.4.9}$$

Man sieht, dass in (3.4.9) die Raumregularität $0 < \delta < \frac{1}{2}$ beliebig nahe an $\frac{1}{2}$ gewählt werden kann, da (AT1) und (AT2) auch für kleinere μ und ν gelten. Hingegen wird die Zeitregularität beschränkt durch die Werte von μ und ν.

Beweis: Dank des Korollars 3.4.4 wissen wir bereits, dass

$$\sup_{t \in [0,T]} \|[s \mapsto (t - s)^{-\alpha} P(t, s)B]\|_{\gamma(0,t;H,E)} < \infty \tag{3.4.10}$$

für jedes $\alpha \in (0, \frac{1}{2})$ gilt.
Für festes $t \in [0, T]$ folgt dann aus (1.6.3) und (1.6.4), dass

$$\begin{aligned}
\|(t - \cdot)^{-\alpha} P(t, \cdot)B\|^2_{\gamma(0,t;H,E)} &\leq C_2^2 \int_0^t (t - s)^{-2\alpha} \|P(t, s)B\|^2_{\gamma(H,E)} \, ds \\
&\leq C_2^2 \sup_{s \in [0,t]} \|P(t, s)\|^2 \|B\|^2_{\gamma(H,E)} \int_0^t (t - s)^{-2\alpha} \, ds \\
&\leq C_2^2 \sup_{t \in [0,T]} \sup_{s \in [0,t]} \|P(t, s)\|^2 \|B\|^2_{\gamma(H,E)} \frac{1}{1 - 2\alpha} T^{1-2\alpha}
\end{aligned}$$

gilt. (3.4.8) und (3.4.9) sind nun Folgerungen aus dem Satz 3.4.9. □

Unter zusätzlichen Annahmen an die Regularität der Evolutionsfamilie erhalten wir ein ähnliches Raum-Zeit-Regularitätsergebnis in allgemeinen Banachräumen. Es gilt

Korollar 3.4.12. *Es gelten die Voraussetzungen des Korollars 3.4.5 und $B \in \gamma(H,E)$. Dann existiert eine milde Lösung u von (3.4.4) mit stetigen Pfaden, für welche die Pfade von $((w-A(t))^\delta u(t))_{t\geq 0}$ in $C^\lambda([0,T];E)$ liegen für jede Wahl von $\lambda > 0$ und $\delta \geq 0$ gemäß*

$$\lambda + \delta < \tfrac{1}{2}, \text{ falls } \kappa_{\mu,\nu} \geq \tfrac{1}{2}$$

oder

$$\delta < \frac{1}{2} - \kappa_{\mu,\nu} \text{ und } \lambda \leq \kappa_{\mu,\nu}, \text{ falls } \kappa_{\mu,\nu} < \tfrac{1}{2}.$$

Mit Hilfe der Proposition 3.3.4 erkennt man, dass ein solches u auch die eindeutige schwache Lösung von (3.4.4) ist.

Beweis: Im Laufe des Beweises des Korollars 3.4.5 wurde gezeigt, dass (3.4.10) für jedes $\alpha \in (0, \frac{1}{2})$ erfüllt ist; also folgt die Behauptung aus dem Satz 3.4.9. □

Bemerkung 3.4.13. *Die Aussagen des Satzes 3.4.9 und des Korollars 3.4.11 können auch unter anderen als den (AT)-Bedingungen bewiesen werden. Man kann nämlich in jeder Theorie für Evolutionsfamilien, in der die Aussagen des Satzes 1.5.1 und* (1.5.4) *für ein gewisses $\kappa_{\mu,\nu} = \mu + \nu - 1 > 0$ gelten, das Lemma 2.2.6 beweisen. Ebendieses Lemma ist aber gerade der wesentliche Bestandteil der Beweise.*
Fehlt eine der Abschätzungen (1.5.2), (1.5.3) *oder* (1.5.4), *so ist es möglich, Zeit- oder Raumregularität vermittels einer Modifizierung des Lemmas 2.2.6 zu zeigen.*
Wie bereits in der Bemerkung 2.2.7 erwähnt, gibt es für den Satz 3.4.9 und die Korollare 3.4.11, 3.4.12 Versionen unter den Bedingungen (P) aus [117].

3.4.3 Beispiele

In diesem Unterabschnitt werden Anwendungen der Resultate aus dem Unterabschnitt 3.4.2 auf stochastische partielle Differentialgleichungen behandelt.
Wie bereits im Unterabschnitt 1.5.1 erwähnt, gibt es eine Fülle von Operatoren, welche den Bedingungen der Korollare 3.4.11 und 3.4.12 genügen. Die ersten beiden Beispiele sind stochastische Verallgemeinerungen deterministischer Gleichungen aus [1, 116, 143] und Anwendungen der Korollare 3.4.11 und 3.4.12. Das letzte Beispiel ist eine Anwendung des Satzes 3.4.9 und veranschaulicht eine Herangehensweise an solche Probleme für unbeschränkte B.
Da die auftretenden Banachräume als reell und die Operatoren als $\mathbb{R}$-linear zu verstehen sind, wird an einigen Stellen zu Komplexifizierungen übergegangen ohne dies explizit deutlich zu machen, vgl. dazu die Bemerkung 1.2.11.
Die auftretenden Sobolev-Räume seien dabei definiert wie in [131].

Beispiel 3.4.14. *Wir betrachten*

$$(3.4.11)\qquad \begin{cases} du(t,x) = A(t,x,D)u(t,x) + dw(x,t), & t \in (0,T], x \in G, \\ C(t,x,D)u(t,x) = 0, & t \in (0,T], x \in \partial G \\ u(0,x) = 0, & x \in G. \end{cases}$$

Hierbei sei G ein beschränktes Gebiet des $\mathbb{R}^n$, dessen Rand von der Klasse C^2 sei und lokal auf einer Seite von G liege. Ferner nehmen wir an, dass ∂G die disjunkte Vereinigung zweier abgeschlossener (möglicherweise leerer) Mengen Γ_0 und Γ_1 sei und dass

$$A(t,x,D) = \sum_{i,j=1}^{n} a_{ij}(t,x)D_iD_j + \sum_{i=1}^{n} a_i(t,x)D_i + a_0(t,x)$$

sowie

$$C(t,x,D) = \sum_{i=1}^{n} c_i(t,x)D_i + c_0(t,x)$$

gelte. Die Koeffizienten seien reellwertig und mögen der folgenden Bedingung genügen

$$a_{ij}, a_i, a_0 \in C^\mu([0,T]; C(\overline{G})), c_i, c_0 \in C^\mu([0,T]; C^1(\overline{G}))$$

für $i,j,k = 1,\dots,n$ und eine Konstante $\mu \in (\frac{1}{2}, 1]$. Außerdem sei die Matrix $(a_{ij})_{i,j}$ symmetrisch und gleichmäßig elliptisch, d.h. es gebe eine Konstante $\kappa > 0$ so, dass

$$(3.4.12)\qquad \sum_{i,j=1}^{n} a_{ij}(t,x)\xi_i\xi_j \geq \kappa|\xi|^2, \quad x \in \overline{G}, t \in [0,T], \xi \in \mathbb{R}^n.$$

Schließlich gelte $c_0 = 1$ und $c_i = 0$ auf Γ_0 für jedes $i = 1,\dots,n$ und es gebe ein $\beta > 0$ so, dass für beliebige $x \in \Gamma_1$ und $t \in [0,T]$ gilt $\sum_{i=1}^{n} c_k(t,x)n_k(x) \geq \beta$, wobei $n(x) = (n_1(x),\dots,n_n(x))$ den äußeren Normalenvektor in x bezeichne.
Der Rauschterm sei definiert durch

$$(3.4.13)\qquad w(t,x) = \sum_{k\geq 1} b_k(x)\beta_k(t),$$

wobei $b_k : G \to \mathbb{R}$ für $k \geq 1$ messbare Funktionen mit der Eigenschaft

$$(3.4.14)\qquad \int_G \Big(\sum_{k\geq 1} b_k^2(x)\Big)^{\frac{q}{2}} dx < \infty$$

für festes $q \in [2,\infty)$ und $(\beta_k)_{k\in\mathbb{N}}$ eine stochastisch unabhängige Folge reeller Brown'scher Bewegungen seien. Besitzt $A(t,x,D) = A(x,D)$ etwa eine Darstellung $A(x,D)f = \sum_{k\in\mathbb{N}} \alpha_k(f)f_k$, so kann man unter obiger zusätzlicher Bedingung $b_k = f_k$ wählen; in diesem Fall operieren die stochastischen Terme in den gleichen „Koordinaten" wie $A(x,D)$. Das Problem (3.4.11) können wir auf $E_p = L_p(G)$ für $2 \leq p \leq q$ als ein Problem der Art (3.4.2) modellieren. Hierbei sei $A_p(t)$ die Realisierung auf E_p von $A(t,x,D)$ mit Definitionsbereich

$$D(A_p(t)) = \{f \in W_p^2(G) \,|\, C(t,\cdot,D)f = 0 \text{ auf } \partial G\}.$$

Dann genügt $(A_p(t), D(A_p(t)))$ der Bedingung (AT) mit Konstanten μ wie oben und $\nu = \frac{1}{2}$, siehe [1, 116, 143].
Wählen wir $H = l^2$ mit Standardbasis $(e_k)_{k\in\mathbb{N}}$ und definieren $B : H \to E_p$ gemäß $Bh = \sum_{k\geq 1}[h, e_k]b_k$, so ist $B \in \mathcal{B}(H, E_p)$, da für jedes $h \in H$ gilt

$$\begin{aligned}\|Bh\|^p_{L_p(G)} &= \int_G \Big|\sum_{k\geq 1}[h, h_k]b_k(x)\Big|^p dx \\ &\leq \int_G \Big(\sum_{k\geq 1}[h, h_k]^2\Big)^{\frac{p}{2}} \Big(\sum_{k\geq 1} b_k^2(x)\Big)^{\frac{p}{2}} dx \\ &= \|h\|^p \int_G \Big(\sum_{k\geq 1} b_k^2(x)\Big)^{\frac{p}{2}} dx.\end{aligned}$$

Es gilt zudem

$$\begin{aligned}\|B\|_{\gamma(H,E_p)} &= \left(\mathbb{E}(\|\sum_{k\in\mathbb{N}} g_k Be_k\|^2_{E_p})\right)^{\frac{1}{2}} \\ &\overset{(i)}{\leq} K_{2,p}\left(\mathbb{E}(\|\sum_{k\in\mathbb{N}} g_k Be_k\|^p_{E_p})\right)^{\frac{1}{p}} \\ &= K_{2,p}\left(\int_G \mathbb{E}(|\sum_{k\in\mathbb{N}} g_k b_k(x)|^p)\, dx\right)^{\frac{1}{p}} \\ &= K_{2,p}(\mathbb{E}(|g_1|^p))^{\frac{1}{p}} \left(\int_G (\sum_{k\in\mathbb{N}} |b_k(x)|^2)^{\frac{p}{2}}\, dx\right)^{\frac{1}{p}} < \infty,\end{aligned}$$

wobei in (i) die Hinčin-Kahane-Ungleichung, $p \leq q$ und (3.4.14) *benutzt wurden, also haben wir sogar $B \in \gamma(H, E_p)$.*
Wir befinden uns somit in der Situation des Korollars 3.4.11 2. und wissen, dass (3.4.11) *eine milde Lösung u hat, für die die Abbildung $[t \mapsto (w - A_p(t))^\delta u(t,\omega)]$ für $\mathbb{P}$-fast alle $\omega \in \Omega$ in $C^\lambda([0,T]; E_p)$ liegt für jede Wahl von $\lambda > 0$ und $\delta \geq 0$ mit $\delta < \frac{1}{2} - \eta$ und $\lambda \leq \eta$, wobei $0 < \eta < \mu - \frac{1}{2}$ beliebig ist. Aufgrund der Proposition 3.3.4 ist u auch eine schwache Lösung.*
Im Fall $\Gamma_1 = \emptyset$ können wir sogar $\mu \in (0,1]$ und $\nu = 1$ wählen, da wir es nun mit konstanten Definitionsbereichen zu tun haben. Ist nun $\mu \in (0, \frac{1}{2})$, so zeigt das Korollar 3.4.11 2. die Existenz einer milden Lösung u mit

$$u \in C^\lambda([0,T]; D((w - A_p(0))^\delta)) \tag{3.4.15}$$

für jede Wahl von $\lambda > 0$ und $\delta \geq 0$ mit $\delta < \frac{1}{2} - \mu$ und $\lambda \leq \mu$. Für $\delta < \frac{1}{2p}$ gilt nach (1.4.1) *und dem Theorem 4.3.3 aus [131]*

$$C^\lambda([0,T]; D((w - A_p(0))^\delta)) \hookrightarrow C^\lambda([0,T]; (E_p, D(A_p(0)))_{\delta,\infty}) = C^\lambda([0,T]; B^{2\delta}_{p,\infty}(G)).$$

Ist $\mu \in [\frac{1}{2}, 1]$, so zeigt das Korollar 3.4.11 1. die Existenz einer Lösung u, für die (3.4.15) *für $\lambda, \delta > 0$ mit $\lambda + \delta < \frac{1}{2}$ gilt.*

Als Nächstes betrachten wir folgende Anwendung des Korollars 3.4.12.

Beispiel 3.4.15. *Es sei*

$$\begin{cases} du(t,x) = A(t,x,D)u(t,x) + dw(x,t), & t \in (0,T], x \in G, \\ C(t,x,D)u(t,x) = 0, & t \in (0,T], x \in \partial G \\ u(0,x) = 0, & x \in G. \end{cases} \tag{3.4.16}$$

Hierbei sei $G \subset \mathbb{R}^n$ ein beschränktes Gebiet, dessen Rand von der Klasse C^2 sei und lokal auf einer Seite von G liege und

$$A(t,x,D) = \sum_{i,j=1}^{n} D_i\Big(a_{ij}(t,x)D_j\Big) + a_0(t,x), \quad C(t,x,D) = \sum_{i,j=1}^{n} a_{ij}(t,x)n_i(x)D_j,$$

wobei $n(x) = (n_1(x), \dots, n_n(x))$ der äußere Normalenvektor sei. Die Koeffizienten seien wiederum reellwertig und mögen den folgenden Bedingungen genügen

$$\begin{aligned} a_{ij} \in C^\mu([0,T]; C(\overline{G})), \ a_{ij}(t,\cdot) \in C^1(\overline{G}), \ D_k a_{ij} \in C([0,T] \times \overline{G}), \\ a_0 \in C^\mu([0,T], L_n(G)) \cap C([0,T]; C(\overline{G})) \end{aligned}$$

für $i,j,k = 1,\dots,n$, $t \in [0,T]$ und eine Konstante $\mu \in (\frac{1}{2}, 1]$. Außerdem sei (a_{ij}) symmetrisch und genüge (3.4.12). *Der Rauschterm sei wie in* (3.4.13) *für ein $q \in [2,\infty)$. Das Problem* (3.4.16) *werde auf $E = L_p(G)$ für $1 < p \le q$ wie in Beispiel 3.4.14 betrachtet. Dann genügt $(A_p(t), D(A_p(t)))$ den Bedingungen (AT) und (AT2)′ mit Konstanten μ wie zuvor und beliebigem $\nu \in (1-\mu, \frac{1}{2})$, siehe [1, 116, 143].*
Nun können wir das Korollar 3.4.12 2. anwenden und wissen, dass (3.4.16) *eine milde Lösung u besitzt, für deren Pfade $\mathbb{P}$-fast sicher $[t \mapsto (w - A(t))^\delta u(t)] \in C^\lambda([0,T]; E)$ gilt für jede Wahl von $\lambda > 0$ und $\delta \ge 0$ mit $\delta < \frac{1}{2} - \eta$ und $\lambda \le \eta$, wobei $\eta \in (0, \mu - \frac{1}{2})$ beliebig sei. Aufgrund der Proposition 3.3.4 ist u auch die eindeutige schwache Lösung.*

Bemerkung 3.4.16. *Ersetzt man im Beispiel 3.4.15 die Randbedingungen durch Dirichletrandbedingungen, so gelten ähnliche Ergebnisse: in diesem Fall kann man $\mu \in (0,1]$ und $\nu = 1$ wählen.*

Das nächste Beispiel beschäftigt sich mit weißem Rauschen in Raum und Zeit, welches Motivation für die Formulierung der Ergebnisse in den Unterabschnitten 3.4.1 und 3.4.2 für unbeschränkte B ist. Das betrachtete Beispiel ist die nichtautonome Verallgemeinerung von Beispielen in [29, Theorem 5.20] und [41, Section 5]. In [29, Theorem 5.20] benutzen die Autoren Eigenfunktionen und -werte für den Fall, dass A selbstadjungiert auf einem Hilbertraum ist; in [41, Section 5] wird eine Methode vorgestellt, die auch für gewisse Operatoren anwendbar ist, die nicht notwendigerweise selbstadjungiert sind. Dort stößt man auf das Problem für gegebene B, H und E einen Raum $\tilde{E}$ so zu finden, dass der Operator B definiert auf H Werte in $\tilde{E}$ annimmt und zu $\gamma(H, \tilde{E})$ gehört. In

[41, Section 5] wird dies gelöst, indem man $\tilde{E}$ als geeigneten Extrapolationsraum von E wählt. Es ist nicht klar, ob diese Methode auch auf den nichtautonomen Fall übertragen werden kann, da der Extrapolationsraum zunächst von t abhängt. Dahingegen ist es möglich, $B : H \supset D(B) \to E$ als einen unbeschränkten Operator aufzufassen und auf diese Art und Weise das autonome Beispiel aus [41] wie folgt zu verallgemeinern.

Beispiel 3.4.17. *Wir betrachten die folgende Gleichung, welche durch weißes Rauschen in Raum und Zeit gestört werde, formal also:*

$$\begin{cases} \frac{\partial u}{\partial t}(t,x) = L(t,x)u(t,x) + \frac{\partial w}{\partial t}(t,x), & x \in [0,1], t \in [0,T] \\ u(0,x) = 0, \quad x \in [0,1] \\ u(t,0) = u(t,1) = 0, \end{cases} \tag{3.4.17}$$

wobei

$$L(t,x,D) = a_2(t,x)D^2 + a_1(t,x)D + a_0(t,x)$$

und der formale Ausdruck $\frac{\partial w}{\partial t}(t,x)$ als distributionelle Ableitung zu verstehen ist, siehe auch die Bemerkung 3.4.18. Hierbei seien die Koeffizienten reellwertig und mögen der folgenden Bedingung genügen $a_2, a_1, a_0 \in C^{\mu}([0,T]; C([0,1]))$ für ein $\mu \in (\frac{1}{4}, 1]$. Außerdem gebe es ein $\kappa > 0$ so, dass $a_2 \geq \kappa$ gilt, und ein $\varepsilon > 0$ so, dass $a_2 \in C^{\varepsilon}([0,1]; C([0,T]))$ gilt.
Diese Gleichung wird wie (3.1.1) nur für unbeschränktes B auf $E_p = L_p(0,1)$ mit $p \in [2,\infty)$, $A_p(t) = L(t,\cdot)$, $D(A_p(t)) = W_p^2(0,1) \cap W_p^1(0,1)$, $H = L_2(0,1)$, $D(B) = L_p(0,1)$ und $Bf = f$ betrachtet. Wie im Beispiel 3.4.14 gilt, dass $(A_p(t), D(A_p(t)))_{t\in[0,T]}$ der (KD)-Bedingung genügt mit Parameter μ, also insbesondere der (AT)-Bedingung mit μ und $\nu = 1$, siehe [3, Section 7].
Zunächst überprüfen wir die Voraussetzungen des Satzes 3.4.9. Es sei $0 \leq s < t \leq T$ und $\eta \in (0,\mu)$ beliebig aber fest. Dann folgt aus (1.5.5), dass $P(t,s)(w - A_p(s))^{\eta}$ zu einem beschränkten Operator $P_\eta(t,s)$ mit $\|P_\eta(t,s)\| \leq C(\mu-\eta)^{-1}(t-s)^{-\eta}$ fortgesetzt werden kann.
Bezeichnet Δ_D den Laplace-Operator mit Dirichletrandbedingungen, so sieht man wie in [41, Section 5], dass $B \in \gamma(H, (E_p)_{-\eta}^{\Delta_D})$ für jedes $\eta > \frac{1}{4}$ gilt. Bezeichnet $B_1 : W_2^2(0,1) \to D((-\Delta_D)^{1-\eta})$ die Identität, so wurde in [41] gezeigt, dass $(-\Delta_D)^{1-\eta}B_1 \in \gamma(W_2^2(0,1), E)$ gilt.
Da $(A_p(t), D(A_P(t)))$ der (KD)-Bedingung genügt, folgt aus [124, Section 5.2], dass $\{(w - A_p(t))(w - A_p(s))^{-1} : s,t \in [0,T]\}$ gleichmäßig beschränkt in $\mathcal{B}(E_p)$ und $\mathcal{B}(H)$ ist. Insbesondere impliziert dies $D(A_p(t)) = D(A_p(0))$ mit äquivalenten Normen gleichmäßig in $t \in [0,T]$. Wegen $D(A_p(0)) = D(\Delta_D)$ mit äquivalenten Normen können wir auf $D(A_p(t)) = D(\Delta_D)$ mit äquivalenten Normen gleichmäßig in $t \in [0,T]$ schließen.
Aufgrund der ε-Hölderstetigkeitsannahme gilt wegen der Ergebnisse aus [34], dass jedes $w - A_p(t)$ beschränkte imaginäre Potenzen besitzt und Konstanten $C, \gamma > 0$ so existieren, dass für jedes $t \in [0,T]$ die Abschätzung $\|(w - A_p(t))^{\tau i}\| \leq Ce^{\gamma|\tau|}$ gültig ist; natürlich hat $-\Delta_D$ ebenfalls beschränkte imaginäre Potenzen. Eine genaue Analyse des Beweises von [86, Theorem 4.2.6] liefert dann

$$D((w - A_p(t))^{1-\eta}) \simeq [E_p, D(A_p(t))]_{1-\eta} \simeq [E_p, D(\Delta_D)]_{1-\eta} \simeq D((-\Delta_D)^{1-\eta})$$

mit äquivalenten Normen gleichmäßig in $t \in [0,T]$. *Daher gilt*

$$\|(w - A_p(t))^{1-\eta} B_1\|_{\gamma(W_2^2(0,1),E_p)} \simeq \|(-\Delta_D)^{1-\eta} B_1\|_{\gamma(W_2^2(0,1),E_p)},$$

mit Konstanten gleichmäßig in $t \in [0,T]$. *Da* γ*-radonifizierende Operatoren die Rechtsideal-Eigenschaft besitzen, erhalten wir*

$$\begin{aligned} &\|(w - A_p(t))^{-\eta} B\|_{\gamma(H,E_p)} \\ = \;& \|(w - A_p(t))^{1-\eta} B_1 (w - A_p(t))^{-1}\|_{\gamma(H,E_p)} \\ \leq \;& \|(w - A_p(t))^{-1}\|_{\mathcal{B}(H,W_2^2(0,1))} \|(w - A_p(t))^{1-\eta} B_1\|_{\gamma(W_2^2(0,1),E_p)}. \end{aligned}$$

Da $\|(w - A_p(t))^{-1}\|_{\mathcal{B}(H,W_2^2(0,1))}$ *gleichmäßig beschränkt in* $t \in [0,T]$ *ist, haben wir gezeigt, dass für jedes* $t \in [0,T]$ *der Operator* B *in* $\gamma(H,(E_p)_{-\eta}^{A(t)-w})$ *liegt mit* $C_{B,\eta} := \sup_{t\in[0,T]} \|(w - A_p(t))^{-\eta} B\|_{\gamma(H,E_p)} < \infty$.
Aus den obigen Resultaten folgt, dass für beliebige $0 \leq s < t \leq T$ *der Operator* $P(t,s)B$ *zu einem beschränkten Operator von* H *nach* E_p *fortgesetzt werden kann. Da* E_p *vom Rademachertyp 2 ist, erhalten wir außerdem für* $\eta, \alpha > 0$ *mit* $\eta \in (\frac{1}{4}, \mu)$ *und* $\eta + \alpha < \frac{1}{2}$

$$\begin{aligned} &\|[s \mapsto (t-s)^{-\alpha} P(t,s)B]\|_{\gamma(0,t;H,E_p)} \\ \leq \;& C_2 \|[s \mapsto (t-s)^{-\alpha} P(t,s)B]\|_{L_2(0,t;\gamma(H,E_p))} \\ = \;& C_2 \|[s \mapsto (t-s)^{-\alpha} P(t,s)(w - A_p(s))^{\eta}(w - A_p(s))^{-\eta} B]\|_{L_2(0,t;\gamma(H,E_p))} \\ \leq \;& C(\mu - \eta)^{-1} C_{B,\eta} \|[s \mapsto (t-s)^{-\eta-\alpha}]\|_{L_2(0,t)} \leq C_{\mu,\eta,\alpha,T} < \infty \end{aligned}$$

für jedes $t \in [0,T]$.
Folglich können wir den Satz 3.4.9 1. für den Fall eines unbeschränkten B *mit beliebigem* $\alpha \in (0, \frac{1}{4})$ *anwenden und erhalten eine milde Lösung* u *mit*

$$u \in C^{\lambda}([0,T]; D((w - A_p(0))^{\delta})) = C^{\lambda}([0,T]; H_p^{2\delta}(0,1))$$

für jede Wahl von $\lambda > 0$ *und* $\delta \geq 0$ *mit* $\lambda + \delta < \frac{1}{4}$. *Es folgt aus der Proposition 3.3.7, dass* u *auch schwache Lösung ist. Wählen wir* p *hinreichend groß, so können wir mit Hilfe Sobolev'scher Einbettungssätze schließen, dass* $u \in C^{\lambda}([0,T]; C^{2\delta}([0,1]))$, *wobei* $\lambda > 0$ *und* $\delta \geq 0$ *wie zuvor sind. Wie in [41] erhalten wir dann, dass* (3.4.17) *eine milde Lösung* $u \in C^{\lambda}([0,T] \times [0,1])$ *besitzt für jedes* $\lambda \in (0, \frac{1}{4})$ *mit* $u(\cdot,0) \equiv u(\cdot,1) \equiv 0$.

Bemerkung 3.4.18. *Mehr Details über weißes Rauschen kann man beispielsweise dem Artikel [115] von* KAY-UWE SCHAUMLÖFFEL *entnehmen.*

3.4.4 Maximale Regularität

In dem Fall, dass $A(t)$ unabhängig von t ist, haben zahlreiche Autoren Probleme maximaler Regularität in Verbindung mit (3.1.1) untersucht. In [28, 29] wurden für den Fall, dass E ein Hilbertraum ist, hinreichende Bedingungen dafür angegeben, dass die milde Lösung u von (3.4.4) für jedes $t \in [0,T]$ ihre Werte $\mathbb{P}$-fast sicher in $D((-A)^{\frac{1}{2}})$

annimmt und $(-A)^{\frac{1}{2}}u$ stetig im zweiten Moment ist. Solche Regularitätsaussagen bereiten den Weg, um nichtlineare stochastische partielle Differentialgleichungen im Falle additiven Rauschens zu betrachten. In [41] wurden diese Resultate auf eine große Klasse von Banachräumen verallgemeinert unter der Annahme, dass $-A$ einen beschränkten H^∞-Funktionalkalkül besitzt, für eine Erläuterung dieses Begriffs sei auf Unterabschnitt 1.3.3 verwiesen.
Hier werden wir der Frage nach maximaler Regularität in dem Fall nachgehen, dass die Familie $(A(t), D(A(t)))$ den Bedingungen der Kato-Tanabe-Theorie genügen, siehe Unterabschnitt 1.5.1. Im weiteren Verlauf erweisen sich folgende Annahmen als nützlich:

(H^∞) Es gibt eine Konstante $C > 0$ und $\phi \in [0, \frac{\pi}{2})$ so, dass für jedes $t \in [0, T]$ der Operator $(w - A(t))$ einen beschränkten H^∞-Funktionalkalkül auf Σ_ϕ besitzt, dessen Schranke folgender Abschätzung genügt

$$\sup\big(\{\|f(w - A(t))\| : \|f\|_{H^\infty(\Sigma_\phi)} \leq 1\}\big) \leq C.$$

(H^∞_γ) Es gibt eine Konstante $C > 0$ und $\phi \in [0, \frac{\pi}{2})$ so, dass für jedes $t \in [0, T]$ der Operator $(w - A(t))$ einen γ-beschränkten H^∞-Funktionalkalkül auf Σ_ϕ besitzt, dessen γ-Schranke folgender Abschätzung genügt

$$\gamma\big(\{f(w - A(t)) : \|f\|_{H^\infty(\Sigma_\phi)} \leq 1\}\big) \leq C.$$

(H^∞_γ) impliziert stets (H^∞). Hat E Pisiers (α)-Eigenschaft, so sind (H^∞) und (H^∞_γ) äquivalent, siehe [64, Theorem 5.3].
Nun können wir ein erstes maximale Regularitätsresultat zeigen.

Satz 3.4.19. *Der separable Banachraum E sei vom Rademachertyp 2 und die Familie von Operatoren $(A(t), D(A(t)))_{t\in[0,T]}$ genüge den Bedingungen (KT) und (H^∞_γ). Ist $B \in \gamma(H, E)$, so existiert eine milde Lösung u von (3.4.4) mit stetigen Pfaden und für jedes $p \in [1, \infty)$ existiert eine Konstante $C > 0$ so, dass für jedes $t \in [0, T]$ gilt*

$$\mathbb{E}\|(w - A(t))^{\frac{1}{2}}u(t)\|^p \leq C\|B\|_{\gamma(H,E)}.$$

Außerdem gehört die Funktion $[(t, \omega) \mapsto (w - A(t))^{\frac{1}{2}}u(t, \omega)]$ zu $Bo_b([0, T]; L_p(\Omega; E))$ für jedes $p \in [1, \infty)$ und sie ist stark progressiv messbar.

Es folgt aus der Proposition 3.3.4 und den vorangehenden Überlegungen, dass u auch die eindeutige schwache Lösung von (3.4.4) ist.

Beweis: Der Satz 1.5.8 und das Korollar 3.4.5 zeigen, dass (3.4.4) die milde Lösung

$$u(t) = \int_0^t P(t, s)B\, dW_H(s)$$

besitzt. Um die erste Behauptung zu zeigen, genügt es nach der Proposition 1.7.5 und der Hinčin-Kahane-Ungleichung, die Existenz einer von t unabhängigen Konstante $C > 0$ mit

$$\|[s \mapsto (w - A(t))^{\frac{1}{2}}P(t, s)B]\|_{\gamma(0,t;H,E)} \leq C\|B\|_{\gamma(H,E)}$$

nachzuweisen. Dazu benutzen wir (1.5.8) und erhalten

$$\begin{aligned}&\|[s \mapsto (w - A(t))^{\frac{1}{2}} P(t,s)B]\|_{\gamma(0,t;H,E)}\\ &\leq \|[s \mapsto (w - A(t))^{\frac{1}{2}} e^{(t-s)A(t)} B]\|_{\gamma(0,t;H,E)} + \|[s \mapsto (w - A(t))^{\frac{1}{2}} V(t,s)B]\|_{\gamma(0,t;H,E)}.\end{aligned}$$

Da der Banachraum E vom Rademachertyp 2 ist, hat er insbesondere endlichen Rademacherkotyp, und aus der Annahme (H_γ^∞) und [41, Theorem 6.2 und Remark 6.3] folgt dann, dass es eine Konstante $C > 0$ so gibt, dass für jedes $t \in [0,T]$ gilt

$$\|[s \mapsto (w - A(t))^{\frac{1}{2}} e^{(t-s)A(t)} B]\|_{\gamma(0,t;H,E)} \leq C \|B\|_{\gamma(H,E)}.$$

Um nun den anderen Ausdruck abzuschätzen, beachte man, dass E vom Rademachertyp 2 ist und somit gilt

$$\|[s \mapsto (w - A(t))^{\frac{1}{2}} V(t,s)B]\|_{\gamma(0,t;H,E)} \leq C_2 \|[s \mapsto (w - A(t))^{\frac{1}{2}} V(t,s)B]\|_{L_2(0,t;\gamma(H,E))}.$$

Also folgt aus (1.5.9)

$$\|(w - A(t))^{\frac{1}{2}} e^{(t-\tau)A(t)} R(\tau,s)\| \leq \hat{C}(t-\tau)^{-\frac{1}{2}} (\tau - s)^{\rho-1},$$

wobei $\hat{C} > 0$ eine von t, s, τ unabhängige Konstante ist. Die Definition von V liefert

$$\begin{aligned}&\|(w - A(t))^{\frac{1}{2}} V(t,\cdot)B\|^2_{L_2(0,t;\gamma(H,E))}\\ &= \int_0^t \left\| \int_s^t (w - A(t))^{\frac{1}{2}} e^{(t-\tau)A(t)} R(\tau,s)B \, d\tau \right\|^2_{\gamma(H,E)} ds\\ &\leq \int_0^t \Big(\int_s^t \|(w - A(t))^{\frac{1}{2}} e^{(t-\tau)A(t)} R(\tau,s)B\|_{\gamma(H,E)} \, d\tau \Big)^2 ds\\ &\leq \int_0^t \Big(\int_s^t C(t-\tau)^{-\frac{1}{2}} (\tau - s)^{\rho-1} \|B\|_{\gamma(H,E)} \, d\tau \Big)^2 ds\\ &= \int_0^t \Big(C(t-s)^{\rho-\frac{1}{2}} \frac{\Gamma(\frac{1}{2})\Gamma(\rho)}{\Gamma(\rho+\frac{1}{2})} \|B\|_{\gamma(H,E)} \Big)^2 ds\\ &\leq \tilde{C} T^{2\rho} \|B\|^2_{\gamma(H,E)}\end{aligned}$$

für eine gewisse Konstante $\tilde{C} > 0$. Dies zeigt die gewünschte Abschätzung. Die andere Behauptung folgt hieraus und aus dem Lemma 1.7.7. □

In allgemeineren Banachräumen können wir ein ähnliches Resultat zeigen, wenn wir die Wahl des Parameters ρ in (KT2) einschränken.

Satz 3.4.20. *Es sei E ein separabler Banachraum von endlichem Rademacherkotyp und die Familie $(A(t), D(A(t)))_{t\in[0,T]}$ genüge der Bedingung (KT) mit $\rho \in (\frac{1}{2}, 1)$ und (H_γ^∞). Ist $B \in \gamma(H,E)$, so existiert eine milde Lösung u von (3.4.4) mit stetigen Pfaden und für jedes $p \in [1,\infty)$ gibt es eine Konstante $C > 0$ so, dass für jedes $t \in [0,T]$ gilt*

$$\mathbb{E}\|(w - A(t))^{\frac{1}{2}} u(t)\|^p \leq C \|B\|_{\gamma(H,E)}.$$

Außerdem liegt die Funktion $[(t,\omega) \mapsto (w - A(t))^{\frac{1}{2}} u(t,\omega)]$ in $Bo_b([0,T]; L_p(\Omega;E))$ für jedes $p \in [1,\infty)$ und sie ist stark progressiv messbar.

Es folgt aus der Proposition 3.3.4 und den vorangehenden Überlegungen, dass u die eindeutige schwache Lösung von (3.4.4) ist.

Beweis: Der Beweis verläuft analog zu dem Beweis des Satzes 3.4.19, ein anderes Vorgehen wird lediglich für die Abschätzung der γ-Norm von $[s \mapsto (w - A(t))^{\frac{1}{2}} V(t,s)B]$ gewählt.

Zunächst schätzen wir R aus der Definition von V ab. Wie in [124, Section 5.3] können wir $R(t,s)B = \sum_{m\geq 1} R_m(t,s)B$ schreiben, wobei wir induktiv

$$R_1(t,s) = \frac{1}{2\pi i}\int_\Gamma e^{\lambda(t-s)} \frac{\partial}{\partial t} R(\lambda, A(t))\, d\lambda, \qquad R_m(t,s) = \int_s^t R_1(t,\tau) R_{m-1}(\tau,s)\, d\tau$$

definieren. Dann folgt aus (1.6.4) und der Bedingung (KT3), dass

$$\begin{aligned}
&\|[s \mapsto R_1(t,s)B]\|_{\gamma(0,t;H,E)} \\
\leq\ & \sum_{k\in\{-1,1\}} \frac{1}{2\pi}\int_0^\infty \|e^{r(t-s)\cos(k\phi)} \frac{\partial}{\partial t} R(re^{k\phi i}, A(t))B\|_{\gamma(0,t;H,E)} dr \\
\leq\ & \sum_{k\in\{-1,1\}} \frac{1}{2\pi}\int_0^\infty \Big(\int_0^t e^{2r(t-s)\cos(k\phi)}\, ds\Big)^{\frac{1}{2}} \|\frac{\partial}{\partial t} R(re^{k\phi i}, A(t))\| \|B\|_{\gamma(H,E)}\, dr \\
\leq\ & \frac{\|B\|_{\gamma(H,E)}}{\pi}\int_0^\infty \left(\frac{1-e^{2rt\cos(\phi)}}{-2r\cos(\phi)}\right)^{\frac{1}{2}} \frac{1}{1+r^\rho}\, dr \\
=\ & \frac{\|B\|_{\gamma(H,E)}}{\pi}\int_0^\infty \left(\frac{1-e^{2x\cos(\phi)}}{-2x\cos(\phi)}\right)^{\frac{1}{2}} \frac{t^{\rho-\frac{1}{2}}}{t^\rho + x^\rho}\, dx \\
\leq\ & \|B\|_{\gamma(H,E)}\int_0^1 \frac{t^{\rho-\frac{1}{2}}}{t^\rho + x^\rho}\, dx + \frac{\|B\|_{\gamma(H,E)}}{(-2\cos(\phi))^{\frac{1}{2}}}\int_1^\infty x^{-\frac{1}{2}}\frac{t^{\rho-\frac{1}{2}}}{t^\rho + x^\rho}\, dx.
\end{aligned}$$

Da $\rho < 1$ ist, gilt

$$\int_0^1 \frac{t^{\rho-\frac{1}{2}}}{t^\rho + x^\rho}\, dx \leq \int_0^1 \frac{t^{\rho-\frac{1}{2}}}{x^\rho}\, dx = \frac{t^{\rho-\frac{1}{2}}}{1-\rho}.$$

Wegen $\rho > \frac{1}{2}$ können wir den anderen Term abschätzen gemäß

$$\int_1^\infty x^{-\frac{1}{2}}\frac{t^{\rho-\frac{1}{2}}}{t^\rho + x^\rho}\, dx \leq \int_1^\infty x^{-\frac{1}{2}}\frac{t^{\rho-\frac{1}{2}}}{x^\rho}\, dx = \frac{t^{\rho-\frac{1}{2}}}{\rho - \frac{1}{2}}.$$

Also wissen wir

$$\|[s \mapsto R_1(t,s)B]\|_{\gamma(0,t;H,E)} \leq Ct^{\rho-\frac{1}{2}},$$

wobei $C = \frac{1}{1-\rho} + \frac{1}{\rho-\frac{1}{2}}$.

Für $m \geq 1$ gilt

$$\|[s \mapsto R_m(t,s)B]\|_{\gamma(0,t;H,E)} \leq C^m t^{m\rho-\frac{1}{2}} \frac{\Gamma^{m-1}(\rho)\Gamma(\rho+\frac{1}{2})}{\Gamma(m\rho+\frac{1}{2})}.$$

In der Tat wurde dies bereits für $m = 1$ gezeigt. Für $m \geq 1$ folgt per Induktion und wegen (1.5.9)

$$\begin{aligned}
\|[s \mapsto R_{m+1}(t,s)B]\|_{\gamma(0,t;H,E)} &\leq \int_0^t \|R_1(t,\tau)\| \|R_m(\tau,s)B\|_{\gamma(0,\tau;H,E)}\, d\tau \\
&\leq \int_0^t C(t-\tau)^{\rho-1} C^m \tau^{m\rho-\frac{1}{2}} \frac{\Gamma^{m-1}(\rho)\Gamma(\rho+\frac{1}{2})}{\Gamma(m\rho+\frac{1}{2})}\, d\tau \\
&= C^{m+1} t^{(m+1)\rho-\frac{1}{2}} \frac{\Gamma(\rho)\Gamma(m\rho+\frac{1}{2})}{\Gamma((m+1)\rho+\frac{1}{2})} \frac{\Gamma^{m-1}(\rho)\Gamma(\rho+\frac{1}{2})}{\Gamma(m\rho+\frac{1}{2})} \\
&= C^{m+1} t^{(m+1)\rho-\frac{1}{2}} \frac{\Gamma^{m}(\rho)\Gamma(\rho+\frac{1}{2})}{\Gamma((m+1)\rho+\frac{1}{2})}.
\end{aligned}$$

Dies zeigt die Behauptung.
Daher gilt dann

$$\begin{aligned}
\|[s \mapsto R(t,s)B]\|_{\gamma(0,t;H,E)} &\leq \sum_{m\geq 1} \|[s \mapsto R_m(t,s)B]\|_{\gamma(0,t;H,E)} \\
&\leq t^{\rho-\frac{1}{2}} \Gamma(\rho+\frac{1}{2}) \sum_{m\geq 1} C^m T^{(m-1)\rho} \frac{\Gamma^{m-1}(\rho)}{\Gamma(m\rho+\frac{1}{2})} =: \tilde{C} t^{\rho-\frac{1}{2}}
\end{aligned}$$

für eine Konstante $\tilde{C} > 0$. Folglich existiert eine Konstante $\overline{C} > 0$ so, dass für jedes $t \in [0,T]$ gilt

$$\begin{aligned}
&\|[s \mapsto (w-A(t))^{\frac{1}{2}} V(t,s)B]\|_{\gamma(0,t;H,E)} \\
&\qquad = \int_0^t \|(w-A(t))^{\frac{1}{2}} e^{(t-\tau)A(t)}\| \, \|[s \mapsto R(\tau,s)B]\|_{\gamma(0,\tau;H,E)}\, d\tau \\
&\qquad \leq \overline{C} \int_0^t (t-\tau)^{-\frac{1}{2}} \tau^{\rho-\frac{1}{2}}\, d\tau \leq \overline{C} t^{\rho} \frac{\Gamma(\frac{1}{2})\Gamma(\rho+\frac{1}{2})}{\Gamma(\rho+1)}.
\end{aligned}$$

Dies war zu zeigen. □

3.5 Nichtlineare Gleichungen unter Lipschitzbedingungen

Die in den voranstehenden Abschnitten erhaltenen Resultate ermöglichen es nun, stochastische nichtlineare Evolutionsgleichungen der folgenden Art zu betrachten

$$\text{(3.5.1)} \qquad \begin{aligned} du(t) &= (A(t)u(t) + F(t,u(t)))\, dt + B\, dW_H(t), \\ u(0) &= u_0, \end{aligned}$$

wobei wiederum der Familie von Operatoren $(A(t), D(A(t)))$ auf eindeutige Art und Weise eine Evolutionsfamilie $(P(t,s))_{(t,s)\in\Delta_T}$ zugeordnet sei, $B \in \mathcal{B}(H,E)$, W_H ein H-zylindrischer $(\mathcal{F}_t)_{t\geq 0}$-Wienerprozess, $u_0 \in E$ und $F : [0,\infty) \times E \supset \mathcal{D}(F) \longrightarrow E$ seien.

Wie bereits bei reellen stochastischen Differentialgleichungen ist (3.5.1) lediglich eine symbolische Schreibweise, sodass es einer Definition bedarf, was man unter einer Lösung von (3.5.1) zu verstehen hat. Als Erweiterung von Definition 3.3.1 haben wir

Definition 3.5.1. *Es sei E ein separabler Banachraum. Ein $(\mathcal{F}_t)_{t\geq 0}$-progressiv messbarer E-wertiger stochastischer Prozess $(u(t))_{t\in[0,T]}$ heißt milde Lösung von* (3.5.1) *auf* $[0,T]$, *falls*

1. $\mathbb{P}$-*fast sicher für jedes* $t \in [0,T]$ $(s, u(s)) \in \mathcal{D}(F)$ *für jedes* $s \leq t$ *und* $\mathbb{P}$-*fast sicher* $[s \mapsto P(t,s)F(s,u(s))] \in L_1(0,t;E)$,
2. *für jedes* $t \in [0,T]$ *die Abbildung* $[s \mapsto P(t,s)B]$ *ein Element von* $\gamma(L_2(0,t;H),E)$ *definiert und*
3. $\mathbb{P}$-*fast sicher für jedes* $t \in [0,T]$ *die folgende Gleichheit erfüllt ist*

$$u(t) = P(t,0)u_0 + \int_0^t P(t,s)F(s,u(s))\,ds + \int_0^t P(t,s)B\,dW_H(s).$$

Der eingeschlagene Weg orientiert sich an [117] für den Fall additiven Rauschens und erweitert für diesen Fall die dortigen Hilbertraumresultate auf Banachräume.

Bemerkung 3.5.2. *Man kann obige Definition genauso wie im Abschnitt 3.2 auch für unbeschränkte Operatoren $(B, D(B))$ formulieren, wenn man dann unter $P(t,s)B$ wiederum die stetige Fortsetzung versteht.*

3.5.1 Allgemeine Existenz- und Regularitätsergebnisse

Im Folgenden sei E stets ein separabler Banachraum und $(P(t,s))_{(t,s)\in\Delta_T}$ eine beliebige stark stetige Evolutionsfamilie auf E. Da im Allgemeinen Evolutionsfamilien keine Glättungseigenschaften besitzen, können wir lediglich Inhomogenitäten F betrachten, welche auf ganz $[0,\infty) \times E$ definiert sind, d.h. $\mathcal{D}(F) = [0,\infty) \times E$.
Wir sagen, dass eine stetige Abbildung $F : [0,\infty) \times E \to E$ die *(Lip_0)-Eigenschaft* besitzt, falls es eine Konstante $K_{Lip,F} > 0$ so gibt, dass für beliebige $x, y \in E$ und beliebiges $t \geq 0$ gilt

$$(Lip_0) \qquad \|F(t,x) - F(t,y)\|_E \leq K_{Lip,F}\|x-y\|_E.$$

Zudem definieren wir, dass die Funktion F die Wachstumseigenschaft (W_0) besitzt, falls es eine Konstante $K_{W,F} > 0$ und eine wachsende Funktion $\rho : [0,\infty) \to [0,\infty)$ so gibt, dass für beliebiges $x \in E$ und beliebiges $t \geq 0$ gilt

$$(W_0) \qquad \|F(t,x)\|_E \leq K_{W,F}\rho(t)(1 + \|x\|_E).$$

Zunächst haben wir das folgende Eindeutigkeitslemma.

Lemma 3.5.3. *Es sei* $u_0 \in L_0(\Omega, \mathcal{F}_0; E)$ *und* $F : [0,\infty) \times E \longrightarrow E$ *habe die* (*Lip*$_0$)*-Eigenschaft. Dann existiert bis auf Modifikation höchstens eine milde Lösung des Problems* (3.5.1) *in dem Raum* $L_0(\Omega; L_2(0,T;E))$.

Beweis: Seien u_1, u_2 zwei milde Lösungen des Problems (3.5.1) auf $[0,T]$ mit der Eigenschaft $u_i \in L_0(\Omega; L_2(0,T;E))$ für $i = 1,2$. Für beliebiges $n \in \mathbb{N}$ definieren wir

$$\tau_n(\omega) := \inf\{t \in [0,T] \mid \int_0^t \|u_1(s,\omega)\|^2\, ds + \int_0^t \|u_2(s,\omega)\|^2\, ds \geq n\}$$

und

$$\xi_n(t,\omega) := \mathbf{1}_{[0,\tau_n(\omega)]}(t).$$

Dann gilt für jedes $t \in [0,T]$ $\mathbb{P}$-fast sicher

$$\xi_n(t)(u_1(t) - u_2(t)) \;=\; \xi_n(t)\int_0^t P(t,s)(F(s,u_1(s)) - F(s,u_2(s)))\, ds,$$

also wegen $\xi_n(t,\omega) \leq \xi_n(s,\omega)$ für $s \leq t$ und beliebiges $\omega \in \Omega$ auch $\mathbb{P}$-fast sicher

$$\begin{aligned}&\|\xi_n(t)\int_0^t P(t,s)(F(s,u_1(s)) - F(s,u_2(s)))\, ds\| \\ &\qquad \leq \int_0^t \xi_n(s)\|P(t,s)(F(s,u_1(s)) - F(s,u_2(s)))\|\, ds \\ &\qquad \leq CK_{Lip,F}\int_0^t \xi_n(s)\|u_1(s) - u_2(s)\|\, ds.\end{aligned}$$

Somit haben wir für jedes $t \in [0,T]$

$$\mathbb{E}(\xi_n(t)\|u_1(t) - u_2(t)\|^2) \;\leq\; C^2K_{Lip,F}^2 T\int_0^t \mathbb{E}(\xi_n(s)\|u_1(s) - u_2(s)\|^2)\, ds.$$

Die Definition von ξ_n impliziert

$$\int_0^T \mathbb{E}(\xi_n(t)\|u_1(t) - u_2(t)\|^2)\, dt \leq 2n < \infty,$$

also ist $\mathbb{E}(\|\xi_n(\cdot)(u_1(\cdot) - u_2(\cdot))\|^2)$ ein nichtnegatives Element von $L_1(0,T)$ und Anwendung des Lemmas 1.8.6 zeigt

$$\sup_{t\in[0,T]} \mathbb{E}(\xi_n(t)\|u_1(t) - u_2(t)\|^2) = 0.$$

Wegen $\tau_n \to T$ $\mathbb{P}$-fast sicher für $n \to \infty$ folgt dann für jedes $t \in [0,T]$

$$\mathbb{P}(u_1(t) = u_2(t)) = 1.$$

□

Bemerkung 3.5.4. *Das obige Lemma zeigt, dass die geforderte Lipschitzbedingung bereits Eindeutigkeit in einer sehr großen Klasse stochastischer Prozesse impliziert. Im Fall $E = \mathbb{R}$ bedeutet dies, dass die Lösung eindeutig ist in der größtmöglichen Klasse, deren Elemente man sinnvoll bezüglich einer Brown'schen Bewegung integrieren kann, siehe Problem 3.4.11 auf Seite 178 in [65].*

Unter Beachtung der im Satz 3.4.2 bewiesenen Pfadstetigkeit haben wir

Satz 3.5.5. *Es gelte*

$$\sup_{t\in[0,T]} \|[s \mapsto (t-s)^{-\alpha}P(t,s)B]\|_{\gamma(0,t;H,E)} < \infty$$

für ein $\alpha \in (0, \frac{1}{2})$ und ein $T > 0$ sowie $u_0 \in L_p(\Omega, \mathcal{F}_0; E)$ für ein $p \in (\frac{1}{\alpha}, \infty)$. Außerdem habe $F : [0,\infty) \times E \longrightarrow E$ die (Lip_0)- und die (W_0)-Eigenschaft. Dann hat das Problem (3.5.1) auf $[0,T]$ eine bis auf Modifikation eindeutige milde Lösung u in $L_p(\Omega; C([0,T]; E))$ und es existiert ein $C > 0$ mit

$$\|u\|_{L_p(\Omega;C([0,T];E))} \leq C(1 + \|u_0\|_{L_p(\Omega;E)}). \tag{3.5.2}$$

Beweis: Der Satz 3.4.2 und sein Beweis zeigen, dass mit

$$\zeta_1(t,\omega) := \left(\int_0^t (t-s)^{-\alpha}P(t,s)B\, dW_H(s)\right)(\omega)$$

für $p \in (\frac{1}{\alpha}, \infty)$ gilt

$$\begin{aligned}
\left(\mathbb{E}(\sup_{t\in[0,T]} \|W_{A(\cdot)}(t)\|^p)\right)^{\frac{1}{p}} &= \left(\mathbb{E}(\|\frac{\sin(\pi\alpha)}{\pi}(R_\alpha\zeta_1)\|^p_{C([0,T];E)})\right)^{\frac{1}{p}} \\
&\leq \frac{\sin(\pi\alpha)}{\pi}C_{\alpha,p}\left(\mathbb{E}(\|\zeta_1\|^p_{L_p(0,T;E)})\right)^{\frac{1}{p}} \\
&= \frac{\sin(\pi\alpha)}{\pi}C_{\alpha,p}\left(\int_0^T \mathbb{E}(\|\zeta_1(t)\|^p)\, dt\right)^{\frac{1}{p}} \\
&\leq \tilde{C}\left(\int_0^T \|[s \mapsto (t-s)^{-\alpha}P(t,s)B]\|^p_{\gamma(0,t;H,E)}\, dt\right)^{\frac{1}{p}} \\
&\leq \tilde{C}T^{\frac{1}{p}} \sup_{t\in[0,T]} \|[s \mapsto (t-s)^{-\alpha}P(t,s)B]\|_{\gamma(0,t;H,E)}.
\end{aligned}$$

Außerdem gilt für $u \in L_p(\Omega; C([0,T]; E))$

$$\begin{aligned}
&\Big(\int_\Omega \sup_{t\le T} \| \int_0^t P(t,s)F(s,u(s,\omega))\,ds\|^p\,\mathbb{P}(d\omega)\Big)^{\frac{1}{p}} \\
\le\ & \sup_{(t,s)\in\Delta} \|P(t,s)\| \Big(\int_\Omega \Big[\int_0^T \|F(s,u(s,\omega))\|\,ds\Big]^p\,\mathbb{P}(d\omega)\Big)^{\frac{1}{p}} \\
\le\ & \sup_{(t,s)\in\Delta} \|P(t,s)\| \Big(\int_\Omega \Big[K_{W,F}T(1+\sup_{s\in[0,T]}\|u(s,\omega)\|)\Big]^p\,\mathbb{P}(d\omega)\Big)^{\frac{1}{p}} \\
\le\ & \sup_{(t,s)\in\Delta} \|P(t,s)\| K_{W,F}T(1+\Big(\int_\Omega \sup_{s\in[0,T]}\|u(s,\omega)\|^p\,\mathbb{P}(d\omega)\Big)^{\frac{1}{p}}) \\
=\ & \sup_{(t,s)\in\Delta} \|P(t,s)\| K_{W,F}T(1+\|u\|_{L_p(\Omega;C([0,T];E))}).
\end{aligned}$$

Folglich definiert dann

$$(\mathcal{K}(u))(t,\omega) := P(t,0)u_0(\omega) + \int_0^t P(t,s)F(s,u(s,\omega))\,ds + W_{A(\cdot)}(t,\omega)$$

ein Element $\mathcal{K}(u)$ von $L_{p,\mathcal{F}_\cdot}(\Omega; C([0,T]; E))$ für jedes $u \in L_{p,\mathcal{F}_\cdot}(\Omega; C([0,T]; E))$, da Pfadstetigkeit und $(\mathcal{F}_t)_{t\ge 0}$-progressive Messbarkeit leicht zu überprüfen sind und man für $\tilde{E} := L_p(\Omega; C([0,T]; E)$ die folgende Abschätzung hat

$$\begin{aligned}
\|\mathcal{K}u\|_{\tilde{E}} \le\ & \|P(\cdot,0)u_0\|_{\tilde{E}} + \| \int_0^\cdot P(\cdot,s)F(s,u(s))\,ds\|_{\tilde{E}} + \|W_{A(\cdot)}\|_{\tilde{E}} \\
\le\ & \sup_{t\in[0,T]} \|P(t,0)\|\|u_0\|_{L_p(\Omega;E)} + \sup_{(t,s)\in\Delta_T} \|P(t,s)\|K_{W,F}\rho(T)T(1+\|u\|_F) \\
& + \tilde{C}T^{\frac{1}{p}} \sup_{t\in[0,T]} \|[s\mapsto (t-s)^{-\alpha}P(t,s)B]\|_{\gamma(0,t;H,E)}.
\end{aligned}$$

Nun gilt für beliebige $u, v \in L_{p,\mathcal{F}_\cdot}(\Omega; C([0,T]; E))$

$$
\begin{aligned}
&\|\mathcal{K}u - \mathcal{K}v\|_{L_p(\Omega;C([0,T];E))} \\
&= \left(\mathbb{E}(\sup_{t\le T} e^{-qpt}\| \int_0^t P(t,s)[F(s,u(s)) - F(s,v(s))]\,ds\|^p)\right)^{\frac{1}{p}} \\
&\le \underbrace{\sup_{(t,s)\in\Delta_T} \|P(t,s)\|}_{=:\tilde{C}} \left(\mathbb{E}(\sup_{t\le T} e^{-qpt}[\int_0^t \|F(s,u(s)) - F(s,v(s))\|\,ds]^p)\right)^{\frac{1}{p}} \\
&\le \tilde{C} K_{Lip,F} \left(\mathbb{E}(\sup_{t\le T} e^{-qpt}[\int_0^t \|u(s) - v(s)\|\,ds]^p)\right)^{\frac{1}{p}} \\
&= \tilde{C} K_{Lip,F} \left(\mathbb{E}(\sup_{t\le T} e^{-qpt}[\int_0^t e^{qs}e^{-qs}\|u(s) - v(s)\|\,ds]^p)\right)^{\frac{1}{p}} \\
&\le \tilde{C} K_{Lip,F} \left(\mathbb{E}(\sup_{t\le T}[\int_0^t e^{-q(t-s)} \sup_{r\in[0,T]} e^{-qr}\|u(r) - v(r)\|\,ds]^p)\right)^{\frac{1}{p}} \\
&= \tilde{C} K_{Lip,F} \left(\mathbb{E}(\sup_{t\le T}[\frac{1-e^{-qt}}{q} \sup_{s\in[0,T]} e^{-qs}\|u(s) - v(s)\|]^p)\right)^{\frac{1}{p}} \\
&= \tilde{C} K_{Lip,F} \frac{1-e^{-qT}}{q} \|u - v\|_{L_p(\Omega;C([0,T];E))},
\end{aligned}
$$

wobei man $C([0,T]; E)$ mit der äquivalenten Norm

$$
\|u\|_{C([0,T];E)} := \sup_{t\in[0,T]} e^{-qt}\|u(t)\|, \quad q > 0,
$$

versieht. Ist q hinreichend groß, so existiert ein $C_q \in (0,1)$ mit

$$
\|\mathcal{K}u - \mathcal{K}v\|_{\tilde{E}} \le C_q \|u - v\|_{\tilde{E}}
$$

für beliebige $u, v \in L_{p,\mathcal{F}_\cdot}(\Omega; C([0,T]; E))$. Also existiert nach dem Fixpunktsatz von Banach genau ein $u \in L_{p,\mathcal{F}_\cdot}(\Omega; C([0,T]; E))$ mit $\mathcal{K}u = u$. Dieses u ist die gesuchte milde Lösung auf $[0,T]$.

Für die noch zu beweisende Abschätzung beachte man, dass $\mathbb{P}$-fast sicher für jedes $t \in [0,T]$ gilt

$$
\begin{aligned}
\|u(t)\| &\le \|P(t,0)\|\|u_0\| + \tilde{C} K_{W,F} \int_0^t \rho(s)(1 + \|u(s)\|)\,ds + \|W_{A(\cdot)}(t)\| \\
&\le \|P(t,0)\|\|u_0\| + \tilde{C}(K_{W,F}\rho(t))(t + \int_0^t \|u(s)\|\,ds) + \|W_{A(\cdot)}(t)\|,
\end{aligned}
$$

also $\mathbb{P}$-fast sicher für jedes $t \in [0,T]$

$$\begin{aligned} \|u(t)\|^p &\leq 4^{p-1}C_T(\|u_0\|^p + \|W_{A(\cdot)}(t)\|^p + 1 + \left(\int_0^t \|u(s)\|\,ds\right)^p) \\ &\leq 4^{p-1}C_T(\|u_0\|^p + \|W_{A(\cdot)}(t)\|^p + 1 + t^{\frac{p}{p'}} \int_0^t \|u(s)\|^p\,ds). \end{aligned}$$

Somit folgt aus dem Lemma 1.8.6 $\mathbb{P}$-fast sicher

$$\begin{aligned} \sup_{t\in[0,T]} \|u(t)\|^p &\leq C \sup_{t\in[0,T]} (\|u_0\|^p + \|W_{A(\cdot)}(t)\|^p + 1) \\ &\leq C(\sup_{t\in[0,T]} \|W_{A(\cdot)}(t)\|^p + T + \|u_0\|^p), \end{aligned}$$

also

$$\mathbb{E}(\sup_{t\in[0,T]} \|u(t)\|^p) \leq \tilde{C}(1 + \mathbb{E}(\|u_0\|^p)).$$

□

Bemerkung 3.5.6. *In der hier betrachteten Situation kann man obigen Satz auch anders beweisen, indem man das zu lösende stochastische Problem auf ein pfadweise zu lösendes deterministisches Problem zurückführt; dabei garantiert die Methode der sukzessiven Approximationen die Messbarkeit der pfadweise bestimmten Lösung, siehe etwa Kapitel 7 in [29]. Da aber im weiteren auch explodierende Lösungen betrachtet werden, bei welchen die Messbarkeit der Explosionszeit im Rahmen des eben beschriebenen Vorgehens nicht klar ist, wurde das im Beweis verwendete Vorgehen gewählt. Weiter unten werden wir für den Fall konstanter Definitionsbereiche die eingangs geschilderte Beweismethode verwenden.*

Um allgemeinere Anfangsbedingungen zu betrachten, möchten wir mehr über die Abhängigkeit der milden Lösung von dem Anfangswert wissen.

Lemma 3.5.7. *Die Funktion $F : [0,\infty) \times E \to E$ habe die (Lip_0)-Eigenschaft. Außerdem seien $u_{0,1}$, $u_{0,2} \in L_0(\Omega, \mathcal{F}_0; E)$ und u_1, u_2 zwei milde Lösungen von* (3.5.1) *mit Anfangswert $u_{0,1}$ bzw. $u_{0,2}$ sowie stetigen Pfaden. Dann gilt*

$$\mathbb{P}(\sup_{t\leq T} \mathbf{1}_A \|u_1(t) - u_2(t)\| = 0) = 1,$$

wobei $A := \{\omega \in \Omega \,|\, u_{0,1}(\omega) = u_{0,2}(\omega)\}$. Außerdem existiert eine Konstante $L > 0$ so, dass für jedes $\epsilon > 0$ gilt

$$\mathbb{P}(\sup_{t\leq T} \mathbf{1}_{A^C} \|u_1(t) - u_2(t)\| > \epsilon) \leq \mathbb{P}(\mathbf{1}_{A^C}\|u_{0,1} - u_{0,2}\| > \frac{\epsilon}{L}).$$

Beweis: Gemäß der Definition milder Lösungen gilt $\mathbb{P}$-fast sicher für jedes $t \in [0,T]$

$$u_1(t) - u_2(t) = P(t,0)(u_{0,1} - u_{0,2}) + \int_0^t P(t,s)(F(s,u_1(s)) - F(s,u_2(s)))\,ds.$$

Wegen $\mathbf{1}_A(u_{0,1} - u_{0,2}) \equiv 0$ und der (Lip_0)-Eigenschaft von F gilt somit $\mathbb{P}$-fast sicher für jedes $t \leq T$

$$\|\mathbf{1}_A(u_1(t) - u_2(t))\| \leq C K_{Lip,F} \int_0^t \|\mathbf{1}_A(u_1(s) - u_2(s))\| \, ds,$$

also nach dem Lemma 1.8.6

$$\mathbb{P}(\sup_{t \leq T} \|\mathbf{1}_A(u_1(t) - u_2(t))\| = 0) = 1.$$

Andererseits gilt $\mathbb{P}$-fast sicher für jedes $t \in [0,T]$

$$\|\mathbf{1}_{A^C}(u_1(t) - u_2(t))\| \leq C \mathbf{1}_{A^C} \|u_{0,1} - u_{0,2}\| + C K_{Lip,F} \int_0^t \|\mathbf{1}_{A^C}(u_1(s) - u_2(s))\| \, ds,$$

somit dank des Lemmas 1.8.6 zunächst $\mathbb{P}$-fast sicher

$$\sup_{t \leq T} \|\mathbf{1}_{A^C}(u_1(t) - u_2(t))\| \leq L \sup_{t \leq T} \mathbf{1}_{A^C} \|u_{0,1} - u_{0,2}\| = L \mathbf{1}_{A^C} \|u_{0,1} - u_{0,2}\|,$$

also für beliebiges $\epsilon > 0$

$$\mathbb{P}(\sup_{t \leq T} \|\mathbf{1}_{A^C}(u_1(t) - u_2(t))\| > \epsilon) \leq \mathbb{P}(\mathbf{1}_{A^C} \|u_{0,1} - u_{0,2}\| > \frac{\epsilon}{L}).$$

□

Damit können wir den folgenden Satz beweisen.

Satz 3.5.8. *Es gelte*

$$\sup_{t \in [0,T]} \|[s \mapsto (t-s)^{-\alpha} P(t,s) B]\|_{\gamma(0,t;H,E)} < \infty$$

für ein $\alpha \in (0, \frac{1}{2})$ *und ein* $T > 0$ *sowie* $u_0 \in L_0(\Omega, \mathcal{F}_0; E)$. *Außerdem habe* $F : [0, \infty) \times E \longrightarrow E$ *die* (Lip_0)*- und die* (W_0)*-Eigenschaft. Dann hat das Problem* (3.5.1) *auf* $[0,T]$ *eine bis auf Modifikation eindeutige milde Lösung in* $L_0(\Omega; C([0,T]; E))$.

Beweis: Wir definieren für beliebiges $n \in \mathbb{N}$

$$u_{0,n}(\omega) := \mathbf{1}_{B_E(0,n)}(u_0(\omega)) u_0(\omega),$$

dann gilt $u_{0,n} \in L_\infty(\Omega, \mathcal{F}_0; E)$ und wir können den Satz 3.5.5 anwenden. Somit gibt es für beliebige $n \in \mathbb{N}$ und $p \in (\frac{1}{\alpha}, \infty)$ genau eine milde Lösung u_n in $L_p(\Omega; C([0,T]; E)) \subset L_0(\Omega; C([0,T]; E))$ des Problems

$$\begin{aligned} du_n(t) &= (A(t) u_n(t) + F(t, u_n(t)))\, dt + B \, dW_H(t), \\ u_n(0) &= u_{0,n}. \end{aligned}$$

Wegen

$$u_{0,n} \overset{n\to\infty}{\longrightarrow} u_0 \qquad P\text{-fast sicher}$$

und des Lemmas 3.5.7 konvergiert dann auch u_n in $L_0(\Omega; C([0,T]; E))$ gegen ein u. Dieses u erfüllt $\mathbb{P}$-fast sicher für jedes $t \in [0,T]$ die Gleichheit

$$u(t) = P(t,0)u_0 + \int_0^t P(t,s)F(s,u(s))\,ds + \int_0^t P(t,s)B\,dW_H(s).$$

Diese Lösung ist eindeutig dank des Lemmas 3.5.3. □

Bemerkung 3.5.9. *Kombiniert man die Aussagen des Lemmas 3.5.3, des Satzes 3.5.5, des Lemmas 3.5.7 und des Satzes 3.5.8, so erhält man ein Analogon für den Banachraumfall von Theorem 1.4 aus [117] in der hier betrachteten Situation.*

Lokale Bedingungen

In Fällen, in denen wir keine globalen Lipschitzbedingungen zur Verfügung haben, können wir uns mit der folgenden Bedingung behelfen.

Für die stetige Abbildung $F : [0,\infty) \times E \to E$ gilt

$$(LLip_0) \qquad \begin{array}{l} \forall n \in \mathbb{N} \quad \exists K_n < \infty \quad \forall t \in [0,\infty) \quad \forall x,y \in E,\ \|x\|,\|y\| \le n \\ \|F(t,x) - F(t,y)\|_E \le K_n \|x-y\|_E. \end{array}$$

Da in diesem Fall Lösungen in endlicher Zeit explodieren können, ist es angezeigt, Definition 3.5.1 wie folgt zu modifizieren.

Definition 3.5.10. *Ein Paar (u,ϵ), wobei ϵ eine $(\mathcal{F}_t)_{t\in[0,T]}$-Stoppzeit mit der Eigenschaft $\mathbb{P}(\epsilon \in (0,T]) = 1$ und $(u(t))_{t<\epsilon}$ ein E-wertiger, $(\mathcal{F}_t)_{t\in[0,T]}$-progressiv messbarer stochastischer Prozess ist, heißt lokale milde Lösung von* (3.5.1) *mit Explosionszeit ϵ auf* $[0,T]$, *falls*

1. *für $\mathbb{P}$-fast jedes $\omega \in \Omega$ und jedes $t \in [0,\epsilon(\omega))$ gilt $(s,u(s)) \in \mathcal{D}(F)$ für jedes $s \le t$ und $[s \mapsto P(t,s)F(s,u(s,\omega))] \in L_1(0,t;E)$,*
2. *für jedes $t \in [0,T]$ die Abbildung $[s \mapsto P(t,s)B]$ ein Element von $\gamma(L_2(0,t;H),E)$ definiert,*
3. $\limsup_{t\to\epsilon(\omega)} \|u(t,\omega)\|_e = +\infty$ *auf der Menge $\{\omega \in \Omega \mid \epsilon(\omega) < T\}$ bezüglich einer der Inhomogenität F angepassten Norm $\|\cdot\|_e$ und*
4. *für $\mathbb{P}$-fast jedes $\omega \in \Omega$ und jedes $t \in [0,\epsilon(\omega))$ gilt*

$$\begin{aligned} u(t,\omega) &= P(t,0)u_0(\omega) + \int_0^t P(t,s)F(s,u(s,\omega))\,ds \\ &\quad + \left(\int_0^t P(t,s)B\,dW_H(s)\right)(\omega). \end{aligned}$$

Bemerkung 3.5.11. *Auch im deterministischen autonomen Fall ist es so, dass die Menge* $\{u(t) \,|\, t < \epsilon\}$ *im Allgemeinen bezüglich einer stärkeren Norm als der Norm von* E *unbeschränkt ist, siehe [30].*
Die Definition 3.5.10 unterscheidet sich von der entsprechenden Definition in [117], dies ist dem Umstand geschuldet, dass für Gleichungen mit additivem Rauschen die stochastische Faltung keinerlei Einfluss auf das Explosionsverhalten hat. Die hier verwendete Definition orientiert sich vielmehr an Definition IV.2.1 aus [59].

Zunächst zeigen wir das folgende Eindeutigkeitslemma.

Lemma 3.5.12. *Es seien* F_1, $F_2 : [0,\infty) \times E \to E$ *messbare Funktionen, welche der* (Lip_0)*-Bedingung genügen, und* $D \subset E$ *eine offene Menge mit*

$$F_1(t,x) = F_2(t,x) \qquad \forall\, t \in [0,T] \text{ und } x \in D.$$

Außerdem seien $u_{1,0}, u_{2,0} \in L_p(\Omega, \mathcal{F}_0; E)$, $p \in [1,\infty)$, *und für die Menge* $\Psi := \{\omega \in \Omega \,|\, u_{1,0}(\omega) \in D$ *oder* $u_{2,0}(\omega) \in D\}$ *gelte*

$$\mathbb{P}(\mathbf{1}_\Psi(u_{1,0} - u_{2,0}) = 0) = 1. \tag{3.5.3}$$

Dann gelten für stetige milde Lösungen der Probleme

$$\begin{aligned} du_i(t) &= (A(t)u_i(t) + F_i(t,u_i(t)))\,dt + B\,dW_H(t),\\ u_i(0) &= u_{i,0}, \end{aligned}$$

$i = 1,2,$ *sowohl*

$$\mathbb{P}(\tau_1 = \tau_2) = 1$$

als auch

$$\mathbb{P}(\sup_{t\in[0,\tau_1]} \|u_1(t) - u_2(t)\| = 0) = 1,$$

wobei

$$\tau_i(\omega) := \inf\{t \in [0,T] \,|\, u_i(t,\omega) \notin D\}$$

sei.

Beweis: Wir definieren

$$\xi(t,\omega) := \inf_{s\in[0,t]} \{\mathbf{1}_D(u_1(s,\omega))\}.$$

Dann gilt gemäß Definition einer milden Lösung für jedes $t \in [0,T]$ $\mathbb{P}$-fast sicher

$$\begin{aligned} \xi(t)(u_1(t) - u_2(t)) &= \xi(t)P(t,0)(u_{1,0} - u_{2,0})\\ &\quad + \xi(t)\int_0^t P(t,s)(F_1(s,u_1(s)) - F_2(s,u_1(s)))\,ds\\ &\quad + \xi(t)\int_0^t P(t,s)(F_2(s,u_1(s)) - F_2(s,u_2(s)))\,ds\\ &= \xi(t)P(t,0)(u_{1,0} - u_{2,0}) + I_1 + I_2. \end{aligned}$$

Wegen (3.5.3) gilt $\mathbb{P}$-fast sicher $\xi(t)(u_{1,0} - u_{2,0}) = 0$. Ist nun $\xi(t,\omega) = 1$, so gilt für jedes $s \in [0,t]$ die Gleichheit $F_1(s, u_1(s,\omega)) - F_2(s, u_1(s,\omega)) = 0$, also $I_1 = 0$. Wegen $\xi(t) \leq \xi(s)$ für $t \geq s$ hat man für jedes $\omega \in \Omega$

$$\begin{aligned}
\|I_2(\omega)\|_E &\leq \xi(t,\omega) \int_0^t \|P(t,s)\| \|(F_2(s, u_1(s,\omega)) - F_2(s, u_2(s,\omega)))\| \, ds \\
&\leq \int_0^t C\xi(s,\omega) \|(F_2(s, u_1(s,\omega)) - F_2(s, u_2(s,\omega)))\| \, ds \\
&\leq CK_{Lip,F} \int_0^t \xi(s,\omega) \|u_1(s,\omega) - u_2(s,\omega)\| \, ds.
\end{aligned}$$

Somit gilt nach dem Lemma 1.8.6 für jedes $t \in [0,T]$ und jedes $\omega \in \Omega$

$$\sup_{t\in[0,T]} \xi(t,\omega)\|u_1(t,\omega) - u_2(t,\omega)\| = 0.$$

Also aufgrund der vorausgesetzten Pfadstetigkeit

$$\mathbb{P}(\sup_{t\in[0,T]} \xi(t)\|u_1(t) - u_2(t)\| = 0) = 1.$$

Somit auch

$$\mathbb{P}(\sup_{s\in[0,\tau_1]} \|u_1(s) - u_2(s)\| = 0) = 1.$$

Aufgrund der symmetrischen Rollen von u_1 und u_2 gilt ebenfalls

$$\mathbb{P}(\tau_1 = \tau_2) = 1.$$

□

Damit können wir den Satz 3.5.5 wie folgt verallgemeinern.

Satz 3.5.13. *Es gelte*

$$\sup_{t\leq T} \|[s \mapsto (t-s)^{-\alpha} P(t,s)B]\|_{\gamma(0,t;H,E)} < \infty$$

für ein $\alpha \in (0, \frac{1}{2})$ *und ein* $T > 0$ *sowie* $u_0 \in L_p(\Omega, \mathcal{F}_0; E)$ *für ein* $p \in (\frac{1}{\alpha}, \infty)$. *Außerdem erfülle* $F : [0,\infty) \times E \to E$ *die Bedingung* ($LLip_0$) *und es existiere ein* $C_w > 0$ *mit*

$$\sup_{t\in[0,T]} \|F(t,0)\|_E \leq C_w < \infty.$$

Dann existiert eine bis auf Modifikation eindeutige lokale milde Lösung (u, ϵ) *von* (3.5.1) *so, dass* $u(\cdot,\omega) \in C([0,\epsilon(\omega)); E)$ *für* $\mathbb{P}$*-fast alle* $\omega \in \Omega$.
Erfüllt F *sogar die Bedingung* (W_0), *so ist die gefundene Lösung* u *eine globale Lösung mit* $u \in L_p(\Omega; C([0,T]; E))$ *und es existiert ein* $C > 0$ *mit*

$$\|u\|_{L_p(\Omega;C([0,T];E))} \leq C(1 + \|u_0\|_{L_p(\Omega;E)}). \tag{3.5.4}$$

Beweis: Für $N \in \mathbb{N}$ definieren wir

$$F_N(t,x) = \begin{cases} F(t,x), & t \geq 0,\ \|x\| \leq N, \\ F(t,x)(2 - \frac{\|x\|}{N}), & t \geq 0,\ N < \|x\| \leq 2N, \\ 0, & \text{sonst.} \end{cases}$$

Nun gilt für beliebige $x, y \in E$ mit $\|x\| \leq N$ und $\|y\| \leq N$

$$\|F_N(t,x) - F_N(t,y)\| \leq C_N\|x-y\|,$$

und für beliebige $x, y \in E$ mit $N < \|x\| \leq 2N$ und $N < \|y\| \leq 2N$ mit $\|y\| \geq \|x\|$ gilt

$$\begin{aligned} \|F_N(t,x) - F_N(t,y)\| &\leq \|F(t,x)\|\frac{\|y\| - \|x\|}{N} + (2 - \frac{\|y\|}{N})\|F(t,x) - F(t,y)\| \\ &\leq \frac{1}{N}\|F(t,x)\|\|x-y\| + 2C_{2N}\|x-y\| \\ &\leq \|x-y\|\left(\frac{1}{N}[\|F(t,0)\| + \|F(t,x) - F(t,0)\|] + 2C_{2N}\right) \\ &\leq \|x-y\|\left(\frac{1}{N}[C_w + C_{2N}2N] + 2C_{2N}\right). \end{aligned}$$

Also haben wir aufgrund der Stetigkeit von F_N auf ganz $[0,T] \times E$ für beliebige $x, y \in E$ mit $\|x\| \leq N$ und $N < \|y\| \leq 2N$

$$\begin{aligned} \|F_N(t,x) - F_N(t,y)\| &\leq \|F_N(t,x) - F_N(t,z)\| \\ &\quad + \|F_N(t,z) - F_N(t,y)\| \\ &\leq C(\|x-z\| + \|z-y\|) \\ &\leq \tilde{C}\|x-y\|, \end{aligned}$$

wobei $z \in \overline{xy}$ beliebig mit $\|z\| = N$. Somit erfüllt F_N die (Lip_0)-Bedingung für jedes $N \in \mathbb{N}$. Außerdem gilt für beliebiges $x \in E$

$$\begin{aligned} \|F_N(t,x)\| &\leq \sup_{t \in [0,T]} \|F(t,0)\|_E + \|F_N(t,x) - F_N(t,0)\| \\ &\leq C_w + C\|x\|, \end{aligned}$$

sodass F_N auch der Bedingung (W_0) für jedes $N \in \mathbb{N}$ genügt. Somit existiert nach dem Satz 3.5.5 für jedes $N \in \mathbb{N}$ eine eindeutige milde Lösung u_N des Problems

$$\begin{aligned} &du_N(t) = (A(t)u_N(t)\,dt + F_N(t, u_N(t)))\,dt + B\,dW_H(t) \\ &u_N(0) = u_0, \end{aligned} \tag{3.5.5}$$

mit $u_N \in L_p(\Omega; C([0,T]; E))$. Nun definieren wir für jedes $N \in \mathbb{N}$

$$\tau_N(\omega) := \inf\{t \in [0,T] \mid \|u_N(t,\omega)\| \geq N\}.$$

Dann gilt wegen des Lemmas 3.5.12

$$\mathbb{P}(\{\sup_{M\geq N}\sup_{0\leq t\leq \tau_N}\|u_M(t)-u_N(t)\|=0\})=1.$$

Außerdem ist $(\tau_N)_{N\in\mathbb{N}}$ eine $\mathbb{P}$-fast sicher nicht fallende Folge und wegen der Pfadstetigkeit von u_N sogar für fast alle N $\mathbb{P}$-fast sicher positiv. Somit ist $\epsilon(\omega):=\lim_{N\to\infty}\tau_N(\omega)$ auch $\mathbb{P}$-fast sicher positiv. Definieren wir nun

$$u(t,\omega):=\lim_{N\to\infty}u_N(t,\omega)\qquad \text{für } 0\leq t<\epsilon(\omega),$$

so erhalten wir einen stochastischen Prozess u mit $[t\mapsto u(t,\omega)]\in C([0,\epsilon(\omega));E)$ für $\mathbb{P}$-fast alle $\omega\in\Omega$. Nun sei $\omega\in\Omega$ gerade so gewählt, dass $[t\mapsto u(t,\omega)]\in C([0,\epsilon(\omega));E)$ und $\epsilon(\omega)<T$ gelten. Definitionsgemäß haben wir dann

$$\|u(\tau_N(\omega),\omega)\|=\|u_N(\tau_N(\omega),\omega)\|=N$$

und $\tau_N(\omega)\to\epsilon(\omega)$ für $N\to\infty$; somit auch

$$\limsup_{t\to\epsilon}\|u(t)\|_E=+\infty\qquad P\text{-fast sicher auf } \{\omega\,|\,\epsilon(\omega)<T\},$$

d.h. ϵ ist die gesuchte Explosionszeit von u.
Aufgrund der Definition und der Pfadstetigkeit existiert eine $\mathbb{P}$-Nullmenge $\mathcal{N}\in\mathcal{F}$ mit

$$u_N(t,\omega)=P(t,0)u_0(\omega)+\int_0^t P(t,s)F_N(s,u_N(s,\omega))\,ds+W_{A(\cdot)}(t,\omega)$$

für jedes $t\in[0,T]$, jedes $\omega\in\mathcal{N}^C$ und jedes $N\in\mathbb{N}$. Somit haben wir auch

$$\begin{aligned}u_N(t\wedge\tau_N(\omega),\omega) &= P(t\wedge\tau_N(\omega),0)u_0(\omega)\\ &\quad+\int_0^{t\wedge\tau_N(\omega)}P(t\wedge\tau_N(\omega),s)F_N(s,u_N(s,\omega))\,ds\\ &\quad+W_{A(\cdot)}(t\wedge\tau_N(\omega),\omega)\end{aligned}$$

für jedes $t\in[0,T]$, jedes $\omega\in\mathcal{N}^C$ und jedes $N\in\mathbb{N}$. Wegen $u_N(s,\omega)=u(s,\omega)$ und $F_N(s,u_N(s,\omega))=F(s,u(s,\omega))$ für $0\leq s\leq\tau_N(\omega)$ gilt $\mathbb{P}$-fast sicher

$$\begin{aligned}u(t\wedge\tau_N(\omega),\omega) &= P(t\wedge\tau_N(\omega),0)u_0(\omega)\\ &\quad+\int_0^{t\wedge\tau_N(\omega)}P(t\wedge\tau_N(\omega),s)F(s,u(s,\omega))\,ds\\ &\quad+W_{A(\cdot)}(t\wedge\tau_N(\omega),\omega)\end{aligned}$$

für jedes $N\in\mathbb{N}$ und jedes $t\in[0,T]$. Wegen $\tau_N\to\epsilon$, der Pfadstetigkeit und der starken Stetigkeit von $(P(t,s))_{(t,s)\in\Delta}$ gilt dann für $\mathbb{P}$-fast jedes $\omega\in\Omega$ und jedes $t\in[0,\epsilon(\omega))$

$$u(t,\omega)=P(t,0)u_0(\omega)+\int_0^t P(t,s)F(s,u(s,\omega))\,ds+W_{A(\cdot)}(t,\omega).$$

Folglich löst (u, ϵ) das Problem (3.5.1) im Sinn der Definition 3.5.10 und die Pfade haben die gewünschte Eigenschaft.
Ist nun (W_0) erfüllt, so gilt

$$\sup_{N\in\mathbb{N}} \|F_N(t,x)\| \leq 2K_{W,F}\rho(t)(1+\|x\|).$$

Definieren wir $\Omega_N := \{\omega \,|\, \tau_N(\omega) = T\}$ für jedes $N \in \mathbb{N}$, so liefert Ungleichung (3.5.2) ein $C > 0$ so, dass für alle $N \in \mathbb{N}$ gilt

$$\begin{aligned}
\mathbb{P}(\Omega \setminus \Omega_N) &= \mathbb{P}(\{\omega \in \Omega \,|\, \sup_{t\in[0,T]} \|u_N(t,\omega)\| \geq N\}) \\
&\leq \frac{\mathbb{E}(\sup_{t\in[0,T]} \|u_N(t)\|^p)}{N^p} \\
&\leq 2^{p-1}C^p \frac{1+\mathbb{E}(\|u_0\|^p)}{N^p}.
\end{aligned}$$

Folglich löst u das Problem (3.5.1) im Sinn der Definition 3.5.1 und die Pfade haben die gewünschte Eigenschaft. Somit muss nur noch die Abschätzung (3.5.4) gezeigt werden. Wir wissen bereits aus dem Satz 3.5.5, dass für die Lösung u_N von (3.5.5) gilt

$$\|u_N\|_{L_p(\Omega;C([0,T];E))} \leq C(1+\|u_0\|_{L_p(\Omega;E)}),$$

wobei C nicht von $N \in \mathbb{N}$ abhängt. Oben wurde gezeigt, dass $\mathbb{P}$-fast sicher

$$\sup_{t\in[0,T]} \|u_N(t)\| \to \sup_{t\in[0,T]} \|u(t)\| \qquad \text{für} \qquad N \to \infty$$

gilt. Also haben wir nach dem Lemma von Fatou und dem Satz 3.5.5

$$\begin{aligned}
\mathbb{E}(\sup_{t\in[0,T]} \|u(t)\|^p) &= \mathbb{E}(\lim_{N\to\infty} \sup_{t\in[0,T]} \|u_N(t)\|^p) \\
&\leq \liminf_{N\to\infty} \mathbb{E}(\sup_{t\in[0,T]} \|u_N(t)\|^p) \\
&\leq (C(1+\|u_0\|_{L_p(\Omega;E)}))^p.
\end{aligned}$$

□

Wie im Falle globaler Lipschitzbedingungen (vgl. Lemma 3.5.7) möchten wir wissen, wie lokale milde Lösungen von den Anfangswerten abhängen.

Lemma 3.5.14. *Es gelte $u_{0,1}, u_{0,2} \in L_0(\Omega, \mathcal{F}_0; E)$ und $F : [0,\infty) \times E \to E$ erfülle die $(LLip_0)$-Eigenschaft. Zudem sei für $i = 1,2$ (u_i, ϵ_i) eine lokale milde Lösung von (3.5.1) zum Anfangswert $u_{0,i}$ so, dass $u_i(\cdot,\omega) \in C([0,\epsilon_i(\omega)); E)$ für $\mathbb{P}$-fast alle $\omega \in \Omega$ gilt. Definiert man nun $A := \{\omega \in \Omega \,|\, u_{0,1}(\omega) = u_{0,2}(\omega)\}$, so gelten*

$$\mathbb{P}(\mathbf{1}_A(\epsilon_1 - \epsilon_2) = 0) = 1$$

und

$$\mathbb{P}(\sup_{t\in[0,\epsilon_1\wedge\epsilon_2)} \mathbf{1}_A\|u_1(t) - u_2(t)\| = 0) = 1.$$

Sind u_1, u_2 insbesondere globale Lösungen mit $\mathbb{P}$-fast allen Pfaden in $C([0,T];E)$, so gilt

$$\mathbb{P}(\sup_{t\in[0,T]} \mathbf{1}_A\|u_1(t)-u_2(t)\| = 0) = 1.$$

Beweis: Wir definieren für jedes $n \in \mathbb{N}$ folgende Stoppzeiten

$$\begin{aligned}\tau_{n,1}(\omega) &:= \inf\{t\in[0,T] \mid \|u_1(t,\omega)\| \geq n\} \wedge \epsilon_1(\omega),\\ \tau_{n,2}(\omega) &:= \inf\{t\in[0,T] \mid \|u_2(t,\omega)\| \geq n\} \wedge \epsilon_2(\omega) \quad \text{und}\\ \tau_n(\omega) &:= \tau_{n,1}(\omega)\wedge\tau_{n,2}(\omega).\end{aligned}$$

Außerdem setzen wir $\xi_n(t,\omega) := \mathbf{1}_{[0,\tau_n(\omega))}(t)$. Dann gilt $\mathbb{P}$-fast sicher für jedes $t\in[0,T]$

$$\mathbf{1}_A\xi_n(t)\|u_1(t)-u_2(t)\| \leq C\xi_n(t)\int_0^t \mathbf{1}_A\|F(s,u_1(s))-F(s,u_2(s))\|\,ds.$$

Für $\omega\in\Omega$ mit $\xi_n(t,\omega)=1$ gilt definitionsgemäß für alle $s\leq t$

$$\|F(s,u_1(s,\omega))-F(s,u_2(s,\omega))\| \leq K_n\|u_1(s,\omega)-u_2(s,\omega)\|$$

und somit wegen $\xi_n(t,\omega)\leq\xi_n(s,\omega)$ für $t\geq s$ und beliebiges $\omega\in\Omega$ $\mathbb{P}$-fast sicher für jedes $t\in[0,T]$

$$\mathbf{1}_A\xi_n(t)\|u_1(t)-u_2(t)\| \leq CK_n\xi_n(t)\int_0^t \mathbf{1}_A\xi_n(s)\|u_1(s)-u_2(s)\|\,ds.$$

Also gilt nach Lemma 1.8.6 $\mathbb{P}$-fast sicher

$$\sup_{t\leq T}\mathbf{1}_A\xi_n(t)\|u_1(t)-u_2(t)\| = 0.$$

Folglich gilt wegen $[\xi_n(t,\omega)=1 \iff t\leq\tau_n(\omega)]$ für jedes $n\in\mathbb{N}$

$$\mathbb{P}(\sup_{t\in[0,\tau_n]}\mathbf{1}_A\|u_1(t)-u_2(t)\|=0)=1.$$

Der Grenzübergang $n\to\infty$ führt dann zu

(3.5.6) $$\mathbb{P}(\sup_{t\in[0,\epsilon_1\wedge\epsilon_2)}\mathbf{1}_A\|u_1(t)-u_2(t)\|=0)=1.$$

Also existiert eine Nullmenge $\mathcal{N}\in\mathcal{F}$ so, dass für jedes $\omega\in\Omega\setminus\mathcal{N}$ und jedes $t\in[0,\epsilon_1(\omega)\wedge\epsilon_2(\omega))$ gilt

(3.5.7) $$\mathbf{1}_A(\omega)(u_1(t,\omega)-u_2(t,\omega))=0.$$

Angenommen es existierte ein $\omega\in\Omega\setminus\mathcal{N}$ so, dass $u_1(\cdot,\omega)$ und $u_2(\cdot,\omega)$ stetig sind und $\epsilon_1(\omega)<\epsilon_2(\omega)$. Dann gäbe es $n_0\in\mathbb{N}$ mit $\epsilon_1(\omega)<\tau_{n_0,2}(\omega)$. Die Gleichung (3.5.7) implizierte dann $u_1(s,\omega)=u_2(s,\omega)$ für $0\leq s\leq\tau_{n_0+1,1}(\omega)=\tau_{n_0+1}(\omega)<\epsilon_1(\omega)$. Dies führte zu $n_0+1=\|u_1(\tau_{n_0+1,1}(\omega),\omega)\|=\|u_2(\tau_{n_0+1,1}(\omega),\omega)\|\leq n_0$. Also gilt $\mathbb{P}(\mathbf{1}_A(\epsilon_1-\epsilon_2)=0)=1$. Sind u_1, u_2 globale Lösungen, so impliziert (3.5.6) $\mathbb{P}(\sup_{t\in[0,T)}\mathbf{1}_A\|u_1(t)-u_2(t)\|=0)=1$, also aufgrund der $\mathbb{P}$-fast sicheren Pfadstetigkeit auch $\mathbb{P}(\mathbf{1}_A\|u_1(T)-u_2(T)\|=0)=1$. □

Mit Hilfe dieses Lemmas können wir von integrierbaren Anfangsbedingungen zu allgemeinen Anfangsbedingungen fortschreiten und erhalten

Satz 3.5.15. *Es gelte*

$$\sup_{t\le T} \|[s \mapsto (t-s)^{-\alpha} P(t,s)B]\|_{\gamma(0,t;H,E)} < \infty$$

für ein $\alpha \in (0, \frac{1}{2})$ *und ein* $T > 0$ *sowie* $u_0 \in L_0(\Omega, \mathcal{F}_0; E)$. *Außerdem erfülle* $F : [0,\infty) \times E \to E$ *die Bedingung* ($LLip_0$) *und es existiere ein* $C_w > 0$ *mit*

$$\sup_{t\in[0,T]} \|F(t,0)\|_E \le C_w < \infty.$$

Dann existiert eine bis auf Modifikation eindeutige lokale milde Lösung (u,ϵ) *von* (3.5.1) *so, dass für* $\mathbb{P}$*-fast alle* $\omega \in \Omega$ *gilt* $u(\cdot,\omega) \in C([0,\epsilon(\omega)); E)$.
Erfüllt F *sogar die Bedingung* (W_0), *so ist die gefundene Lösung* u *eine globale Lösung mit* $u \in L_0(\Omega; C([0,T]; E))$.

Beweis: Wir definieren für beliebiges $n \in \mathbb{N}$

$$u_{0,n}(\omega) := \mathbf{1}_{B_E(0,n)}(u_0(\omega))u_0(\omega),$$

dann gilt $u_{0,n} \in L_\infty(\Omega, \mathcal{F}_0; E)$ und wir können den Satz 3.5.13 anwenden. Somit existiert auf $[0,T]$ für beliebiges $n \in \mathbb{N}$ bis auf Modifikation genau eine lokale milde Lösung (u_n, ϵ_n) des Problems

$$\begin{aligned} du_n(t) &= (A(t)u_n(t) + F(t,u_n(t)))\,dt + B\,dW_H(t),\\ u_n(0) &= u_{0,n}. \end{aligned}$$

so, dass für $\mathbb{P}$-fast alle $\omega \in \Omega$ gilt $u_n(\cdot,\omega) \in C([0,\epsilon_n(\omega)); E)$. Wegen

$$u_{0,n} \overset{n\to\infty}{\longrightarrow} u_0 \qquad \mathbb{P}\text{-fast sicher},$$

$\epsilon_n \longrightarrow \epsilon := \sup_{n\in\mathbb{N}} \epsilon_n$ und des Lemmas 3.5.14 konvergiert dann auch $(u_n)_{n\in\mathbb{N}}$ für $\mathbb{P}$-fast jedes $\omega \in \Omega$ in $C([0,\epsilon(\omega)); E)$ gegen ein u, wobei für $\mathbb{P}$-fast alle $\omega \in \Omega$ und jedes $t \in [0,\epsilon(\omega))$ gilt

$$u(t,\omega) = P(t,0)u_0(\omega) + \int_0^t P(t,s)F(s,u(s,\omega))\,ds + \left(\int_0^t P(t,s)B\,dW_H(s)\right)(\omega),$$

also ist (u,ϵ) eine lokale milde Lösung. Diese Lösung ist im entsprechenden Sinn eindeutig dank des Lemmas 3.5.14.
Erfüllt F nun auch die (W_0)-Bedingung, so sind nach dem Satz 3.5.13 die Lösungen u_n globale Lösungen mit den entsprechenden Eigenschaften, also ist $u(t) := \lim_{n\to\infty} u_n(t)$ die gesuchte globale milde Lösung, welche nach dem Lemma 3.5.14 eindeutig ist. □

Bemerkung 3.5.16. *In [117] werden auch andere Ungleichungen für den Fall* $p \ge 2$ *bewiesen, sie übertragen sich nicht ohne weiteres auf den allgemeinen Banachraumfall, da nicht klar ist, dass die stochastische Faltung stetig von* $[0,T]$ *nach* $L_p(\Omega; E)$ *ist. Setzt man allerdings voraus, dass* E *vom Rademachertyp 2 ist, so weiß man, dass die stochastische Faltung stetig ist von* $[0,T]$ *nach* $L_p(\Omega; E)$ *für beliebiges* $p \in [1,\infty)$, *und kann die verbliebenen Ungleichungen aus [117] ebenfalls zeigen.*

3.5.2 Existenz und Regularität im analytischen Fall

Die im Unterabschnitt 3.5.1 gezeigten Resultate für beliebige stark stetige Evolutionsfamilien lassen sich im Falle analytischer Evolutionsfamilien natürlich verbessern.
Das Vorgehen ist dabei analog zum Unterabschnitt 3.5.1, da sich die Beweise jedoch in Einzelheiten unterscheiden, werden sie ausführlich dargestellt. Einzig der Beweis des Satzes 3.5.19 unterscheidet sich wesentlich von seinem Gegenstück aus Unterabschnitt 3.5.1, Satz 3.5.5.

Anwendungen der (AT)-Theorie

Wiederum sei E stets ein separabler Banachraum. Zudem mögen die Bedingungen der (AT)-Theorie gelten. Da in diesem Fall die Evolutionsfamilie eine glättende Wirkung hat, können wir auch Inhomogenitäten F betrachten, welche lediglich auf Teilmengen von $[0,\infty) \times E$ definiert sind, d.h. $F : [0,\infty) \times E \supset \mathcal{D}(F) \longrightarrow E$, z.B. $F(t,x) := f(t,(w-A(t))^\theta x)$ für eine geeignete Funktion $f : [0,\infty) \times E \rightarrow E$. Dann sagen wir, dass die Abbildung F die (Lip_θ)-Eigenschaft für ein $\theta \in [0,1)$ besitzt, falls $D_\theta := \{(t,x) \in [0,\infty) \times E \,|\, x \in D((w-A(t))^\theta)\} \subset \mathcal{D}(F)$ gilt und es eine Konstante $K_{Lip_\theta,F} > 0$ und eine wachsende Funktion $\rho : [0,\infty) \rightarrow [0,\infty)$ so gibt, dass für beliebige $x, y \in E$ und beliebiges $t \geq 0$ gilt

$$(Lip_\theta) \qquad \|F(t,(w-A(t))^{-\theta}x) - F(t,(w-A(t))^{-\theta}y)\|_E \leq K_{Lip_\theta,F}\,\rho(t)\|x-y\|_E.$$

Wir definieren, dass die Abbildung F der Wachstumseigenschaft (W_θ) genügt, falls $D_\theta \subset \mathcal{D}(F)$ gilt und es eine Konstante $K_{W_\theta,F} > 0$ so gibt, dass für beliebiges $x \in E$ und beliebiges $t \geq 0$ gilt

$$(W_\theta) \qquad \|F(t,(w-A(t))^{-\theta}x)\|_E \leq K_{W_\theta,F}(1+\|x\|_E).$$

Bemerkung 3.5.17. *Die obigen Bedingungen mögen auf den ersten Blick ungewöhnlich aussehen, sie sind jedoch kanonische Verallgemeinerungen der Bedingungen aus [117] auf den Fall nichtkonstanter Definitionsbereiche. Wie dort kann man nachrechnen, dass für $\theta_1 \geq \theta_2$ die Bedingung (Lip_{θ_2}) die Bedingung (Lip_{θ_1}) bzw. die Bedingung (W_{θ_2}) die Bedingung (W_{θ_1}) impliziert.*

Zunächst haben wir das folgende Eindeutigkeitslemma.

Lemma 3.5.18. *Es gelte die (AT)-Bedingung. Zudem sei $u_0 \in L_0(\Omega,\mathcal{F}_0;E)$ und die Abbildung $F : \mathcal{D}(F) \longrightarrow E$ habe die (Lip_β)-Eigenschaft für ein $\beta \in [0,\frac{1}{2})$. Dann existiert genau eine milde Lösung u des Problems* (3.5.1) *mit $(w-A(\cdot))^\beta u(\cdot) \in L_0(\Omega;L_2(0,T;E))$.*

Beweis: Seien u_1, u_2 zwei milde Lösungen des Problems (3.5.1) mit $(w-A(\cdot))^\beta u_i(\cdot) \in L_0(\Omega;L_2(0,T;E))$ für $i=1,2$. Für beliebiges $n \in \mathbb{N}$ definieren wir

$$\tau_n(\omega) := \inf\{t \in [0,T] \,|\, \int_0^t \|A_w(s)^\beta u_1(s,\omega)\|^2\,ds + \int_0^t \|A_w(s)^\beta u_2(s,\omega)\|^2\,ds \geq n\}$$

und

$$\xi_n(t,\omega) := \mathbf{1}_{[0,\tau_n(\omega)]}(t).$$

Dann gilt $\mathbb{P}$-fast sicher für jedes $t \in [0,T]$

$$\xi_n(t)A_w(t)^\beta(u_1(t)-u_2(t)) = \xi_n(t)\int_0^t A_w(t)^\beta P(t,s)(F(s,u_1(s))-F(s,u_2(s)))\,ds,$$

also wegen $\xi_n(t) \le \xi_n(s)$ für $s \le t$, (W_θ) und (1.5.2) auch $\mathbb{P}$-fast sicher

$$\begin{aligned}
&\|\xi_n(t)\int_0^t (w-A(t))^\beta P(t,s)(F(s,u_1(s))-F(s,u_2(s)))\,ds\| \\
\le\ & \int_0^t \xi_n(s)\|(w-A(t))^\beta P(t,s)(F(s,u_1(s))-F(s,u_2(s)))\|\,ds \\
\le\ & C_\beta K\int_0^t \xi_n(s)(t-s)^{-\beta}\|(w-A(s))^\beta(u_1(s)-u_2(s))\|\,ds.
\end{aligned}$$

Somit haben wir wegen der Hölder-Ungleichung

$$\begin{aligned}
&\mathbb{E}(\xi_n(t)\|(w-A(t))^\beta(u_1(t)-u_2(t))\|^2) \\
\le\ & C_\beta^2K^2\frac{1}{1-2\beta}t^{1-2\beta}\int_0^t \mathbb{E}(\xi_n(s)\|(w-A(s))^\beta(u_1(s)-u_2(s))\|^2)\,ds.
\end{aligned}$$

Die Definition von ξ_n impliziert

$$\int_0^T \mathbb{E}(\xi_n(t)\|(w-A(t))^\beta(u_1(t)-u_2(t))\|^2)\,dt \le 2n < \infty,$$

also gehört $\mathbb{E}(\xi_n(\cdot)\|(w-A(\cdot))^\beta(u_1(\cdot)-u_2(\cdot))\|^2)$ zu $L_1(0,T)$ und Anwendung von Lemma 1.8.6 zeigt für jedes $t \in [0,T]$

$$\mathbb{E}(\xi_n(t)\|(w-A(t))^\beta(u_1(t)-u_2(t))\|^2) = 0.$$

Dann existiert eine $\mathbb{P}$-Nullmenge $\mathcal{N}_n$ so, dass für jedes (t,ω) mit $\omega \in \mathcal{N}_n^C$ und $t \le \tau_n(\omega)$ die Gleichheit $(w-A(t))^\beta u_1(t,\omega) = (w-A(t))^\beta u_2(t,\omega)$ gilt, also auch $u_1(t,\omega) = u_2(t,\omega)$. Wegen $\tau_n \to T$ $\mathbb{P}$-fast sicher für $n \to \infty$ folgt dann

$$\mathbb{P}(\|u_1(t)-u_2(t)\|_{L_2(0,T;E)} = 0) = 1$$

bzw. für jedes $t \in [0,T]$

$$\mathbb{P}(u_1(t) = u_2(t)) = 1.$$

□

Unter Beachtung der im Satz 3.4.7 bewiesenen Pfadstetigkeit haben wir

Satz 3.5.19. *Es gelten die (AT)-Bedingung und*

$$\sup_{t\in[0,T]} \|[s \mapsto (t-s)^{-\alpha}P(t,s)B]\|_{\gamma(0,t;H,E)} < \infty$$

für ein $\alpha \in (0, \frac{1}{2})$ *und ein* $T > 0$. *Außerdem habe* $F : \mathcal{D}(F) \longrightarrow E$ *die* (Lip_β)*- und die* (W_β)*-Eigenschaft für ein* $\beta \in [0, \alpha)$ *und es sei* $(w - A(0))^\beta u_0 \in L_p(\Omega, \mathcal{F}_0; E)$ *für ein* $p \in (\frac{1}{\alpha-\beta}, \infty)$. *Dann hat das Problem (3.5.1) auf* $[0,T]$ *eine bis auf Modifikation eindeutige milde Lösung in* $L_p(\Omega; C([0,T]; E))$ *und für ein* $C > 0$ *gilt*

$$\|(w - A(\cdot))^\beta u\|_{L_p(\Omega;C([0,T];E))} \leq C(1 + \|(w - A(0))^\beta u_0\|_{L_p(\Omega;E)}). \tag{3.5.8}$$

Zudem liegen die Pfade des stochastischen Prozesses $((w - A(t))^\gamma (u(t) - P(t,0)u_0))_{t\in[0,T]}$ $\mathbb{P}$*-fast sicher in* $C^\lambda([0,T]; E)$ *für* γ, $\lambda \geq 0$ *gemäß*

$$\alpha - \gamma \leq \kappa_{\mu,\nu} \quad \text{und} \quad \lambda + \gamma < \alpha$$

bzw.

$$\alpha - \gamma > \kappa_{\mu,\nu} \quad \text{und} \quad \lambda \leq \kappa_{\mu,\nu}.$$

Der Beweis orientiert sich sowohl an der Proposition 4.1 aus [117] als auch am Theorem 6.3.1 aus [107]

Beweis: Der Satz 3.4.7 und sein Beweis zeigen, dass mit

$$\zeta_1(t,\omega) := \left(\int_0^t (t-s)^{-\alpha}P(t,s)B\,dW_H(s)\right)(\omega)$$

für $\beta \in [0, \alpha)$ und $p \in (\frac{1}{\alpha-\beta}, \infty)$ gilt

$$\begin{aligned}
&\left(\mathbb{E}(\sup_{t\in[0,T]} \|(w - A(t))^\beta \int_0^t P(t,s)B\,dW_H(s)\|^p)\right)^{\frac{1}{p}} \\
= &\left(\mathbb{E}(\|\frac{\sin(\pi\alpha)}{\pi}(w - A(\cdot))^\beta (R_\alpha\zeta_1)\|^p_{C([0,T];E)})\right)^{\frac{1}{p}} \\
\leq &\frac{\sin(\pi\alpha)}{\pi} C_{\alpha,\beta,p} \left(\mathbb{E}(\|\zeta_1\|^p_{L_p(0,T;E)})\right)^{\frac{1}{p}} \\
= &\frac{\sin(\pi\alpha)}{\pi} C_{\alpha,\beta,p} \left(\int_0^T \mathbb{E}(\|\int_0^t (t-s)^{-\alpha}P(t,s)B\,dW_H(s)\|^p)\,dt\right)^{\frac{1}{p}} \\
\leq &\tilde{C}\left(\int_0^T \|[s \mapsto (t-s)^{-\alpha}P(t,s)B]\|^p_{\gamma(0,t;H,E)}\,dt\right)^{\frac{1}{p}} \\
\leq &\tilde{C}T^{\frac{1}{p}} \sup_{t\in[0,T]} \|[s \mapsto (t-s)^{-\alpha}P(t,s)B]\|_{\gamma(0,t;H,E)}.
\end{aligned}$$

Weiter gilt für jedes $t > 0$ und $\mathbb{P}$-fast alle $\omega \in \Omega$

$$\|(w - A(t))^\beta P(t,0)u_0(\omega)\| \leq C\|(w - A(0))^\beta u_0(\omega)\|,$$

also

$$\mathbb{E}(\sup_{t\in[0,T]} \|(w-A(t))^\beta P(t,0)u_0\|^p) \le C^p \mathbb{E}(\|(w-A(0))^\beta u_0\|^p).$$

Außerdem gilt für $u \in L_p(\Omega; C([0,T];E))$

$$\begin{aligned}
&\left(\mathbb{E}(\sup_{t\in[0,T]} \|\int_0^t (w-A(t))^\beta P(t,s)F(s,(w-A(t))^{-\beta}u(s))\,ds\|^p)\right)^{\frac{1}{p}} \\
\le\;& \left(\mathbb{E}(\sup_{t\le T}(\int_0^t \|(w-A(t))^\beta P(t,s)F(s,(w-A(t))^{-\beta}u(s))\|_E\,ds)^p)\right)^{\frac{1}{p}} \\
\le\;& \left(\mathbb{E}(\sup_{t\le T}(\int_0^t C(t-s)^{-\beta}K_{W_\beta,F}\rho(s)(1+\|u(s)\|_E)\,ds)^p)\right)^{\frac{1}{p}} \\
\overset{(*)}{\le}\;& \left(\mathbb{E}(\sup_{t\le T}(\int_0^t C(t-s)^{-\beta}K_{W_\beta,F}\rho(s)(1+\sup_{s\le T}\|u(s)\|_E)\,ds)^p)\right)^{\frac{1}{p}} \\
=\;& CK_{W_\beta,F}\left(\mathbb{E}((1+\sup_{s\le T}\|u(s)\|_E)^p \sup_{t\le T}(\int_0^t (t-s)^{-\beta}\rho(s)\,ds)^p)\right)^{\frac{1}{p}} \\
\le\;& CK_{W_\beta,F}\rho(T)\left(\mathbb{E}((1+\sup_{s\le T}\|u(s)\|_E)^p(\frac{1}{1-\beta}T^{1-\beta})^p)\right)^{\frac{1}{p}} \\
\le\;& CK_{W_\beta,F}\rho(T)\frac{1}{1-\beta}T^{1-\beta}(1+\|u\|_{L_p(\Omega;C([0,T];E))}).
\end{aligned}$$

Dann definieren wir für $u \in L_p(\Omega; C([0,T];E))$

$$\begin{aligned}
(\mathcal{K}u)(t,\omega) \;:=\;& (w-A(t))^\beta P(t,0)u_0 \\
&+\int_0^t (w-A(t))^\beta P(t,s)F(s,(w-A(t))^{-\beta}u(s,\omega))\,ds \\
&+(w-A(t))^\beta W_{A(\cdot)}(t,\omega).
\end{aligned}$$

Obige Überlegungen zeigen nun $\mathcal{K}u \in L_p(\Omega; \ell^\infty([0,T];E))$ für $u \in L_p(\Omega; C([0,T];E))$. Wir können sogar mehr zeigen. Es sei $\omega \in \Omega$ so gewählt, dass $h(\cdot,\omega) \in C([0,T];E)$ ist. Für $0 \le u < v$ gilt dann

$$\begin{aligned}
&(\mathcal{K}h)(v,\omega) - (\mathcal{K}h)(u,\omega) \\
=\;& [(w-A(v))^\beta P(v,0) - (w-A(u))^\beta P(u,0)]u_0(\omega) \\
&+\int_0^u \left((w-A(v))^\beta P(v,s) - (w-A(u))^\beta P(u,s)\right) F(s,(w-A(s))^{-\beta}h(s,\omega))\,ds \\
&+\int_u^v (w-A(v))^\beta P(v,s)F(s,(w-A(s))^{-\beta}h(s,\omega))\,ds \\
&+(w-A(v))^\beta W_{A(\cdot)}(v,\omega) - (w-A(u))^\beta W_{A(\cdot)}(u,\omega) \\
=:\;& T_1+T_2+T_3+(w-A(v))^\beta W_{A(\cdot)}(v,\omega) - (w-A(u))^\beta W_{A(\cdot)}(u,\omega).
\end{aligned}$$

Außerdem beachten wir:

1. Wegen
$$\begin{aligned}
&\|A_w(v)^\beta P(v,0) - A_w(u)^\beta P(u,0)A_w(0)^{-\beta}x\| \\
&= \| \left[A_w(v)^\beta P(v,u)A_w(u)^{-\beta} - Id\right] A_w(u)^\beta P(u,0)A_w(0)^{-\beta}x\| \\
&\leq \| \left[A_w(v)^\beta P(v,u)A_w(u)^{-\beta} - e^{-(v-u)A(u)}\right] \\
&\quad A_w(u)^\beta P(u,0)A_w(0)^{-\beta}x\| \\
&\quad +\| \left[e^{-(v-u)A(u)} - Id\right] A_w(u)^\beta P(u,0)A_w(0)^{-\beta}x\| \\
&\leq C(v-u)^{\kappa_{\mu,\nu}}\|A_w(u)^\beta P(u,0)A_w(0)^{-\beta}x\| \\
&\quad +\| \left[e^{-(v-u)A(u)} - Id\right] A_w(u)^\beta P(u,0)A_w(0)^{-\beta}x\| \to 0 \qquad \text{für } v \to u.
\end{aligned}$$
haben wir für den Term T_1 die Eigenschaft $T_1 \to 0$ für $v \to u$.

2. Das gleiche Argument zeigt, dass in T_2 der Integrand gegen Null konvergiert, also nach dem Satz über dominierte Konvergenz auch das Integral.

3. Für T_3 beachten wir
$$\|T_3\|_E \leq C\int_u^v (v-s)^{-\beta}\,ds = \tilde{C}(v-u)^{1-\beta} \to 0 \text{ für } v \to u.$$

4. Von dem die stochastische Faltung enthaltenden Teil wissen wir bereits, siehe Satz 3.4.7, dass sie $\mathbb{P}$-fast sicher stetig ist für $\beta < \alpha$.

Also ist $\mathcal{K}$ eine Selbstabbildung von $L_p(\Omega; C([0,T];E)) =: \tilde{E}_q$ mit Norm $\|u\|^p_{\tilde{E}_q} := \mathbb{E}(\sup_{t\in[0,T]} e^{-qtp}\|u(t)\|^p_E)$ für ein $q \geq 0$. Um die Kontraktivität von $\mathcal{K}$ zu zeigen, rechnen wir für h_1, $h_2 \in \tilde{E}_q$ nach:

$$\begin{aligned}
&\|\mathcal{K}h_1 - \mathcal{K}h_2\|^p_{\tilde{E}_q} \\
&= \mathbb{E}(\sup_{t\in[0,T]} e^{-qpt}\|(\mathcal{K}h_1)(t) - (\mathcal{K}h_2)(t)\|^p_E) \\
&= \mathbb{E}(\sup_{t\in[0,T]} e^{-qpt}\| \int_0^t A_w(t)^\beta P(t,s)[F(s,A_w(s)^{-\beta}h_1(s)) - F(s,A_w(s)^{-\beta}h_2(s))]\,ds\|^p_E) \\
&\leq \mathbb{E}(\sup_{t\in[0,T]} e^{-qpt}(\int_0^t C(t-s)^{-\beta}Ke^{qs}e^{-qs}\|h_1(s)-h_2(s)\|\,ds)^p) \\
&\leq C^pK^p\mathbb{E}(\sup_{t\in[0,T]} e^{-qpt}(\int_0^t (t-s)^{-\beta}e^{qs}\sup_{s\leq T} e^{-qs}\|h_1(s)-h_2(s)\|\,ds)^p_E) \\
&\leq C^pK^p\mathbb{E}(\sup_{s\leq T} e^{-qps}\|h_1(s)-h_2(s)\|^p_E)\sup_{t\in[0,T]} e^{-qpt}(\int_0^t (t-s)^{-\beta}e^{qs}\,ds)^p) \\
&= C^pK^p\|h_1-h_2\|^p_{\tilde{E}_q}\sup_{t\in[0,T]} e^{-qpt}(\int_0^t (t-s)^{-\beta}e^{qs}\,ds)^p) \\
&\leq C^pK^p\|h_1-h_2\|^p_{\tilde{E}_q}q^{(\beta-1)p}(\Gamma(1-\beta))^p.
\end{aligned}$$

Wählen wir q hinreichend groß, so ist $\mathcal{K}$ eine Kontraktion auf $\tilde{E}_q$ und wir können den Fixpunktsatz von Banach anwenden. Also existiert genau ein $h \in \tilde{E}_q$ so, dass $\mathbb{P}$-fast sicher für jedes $t \in [0,T]$ gilt

$$\begin{aligned} h(t) &= A_w(t)^\beta P(t,0)u_0 + \textstyle\int_0^t A_w(t)^\beta P(t,s)F(s, A_w(s)^{-\beta}h(s))\,ds \\ &\quad + \textstyle\int_0^t A_w(t)^\beta P(t,s)B\,dW_H(s). \end{aligned}$$

Als Nächstes betrachten wir

$$\begin{aligned} dv(t) &= (A(t)v(t) + F(t,(w-A(t))^{-\beta}h(t)))\,dt + B\,dW_H(t), \\ v(0) &= u_0. \end{aligned} \tag{3.5.9}$$

Das Problem (3.5.9) besitzt nun bis auf Modifikation genau eine milde Lösung mit stetigen Pfaden

$$v(t) = P(t,0)u_0 + \int_0^t P(t,s)F(s,(w-A(s))^{-\beta}h(s))\,ds + \int_0^t P(t,s)B\,dW_H(s)$$

mit $v(t) \in D((w-A(t))^\beta)$ $\mathbb{P}$-fast sicher für jedes $t \in [0,T]$ und $\beta < \alpha$. Also können wir $\mathbb{P}$-fast sicher für jedes $t > 0$ den Operator $(w-A(t))^\beta$ anwenden und bekommen

$$\begin{aligned} A_w(t)^\beta v(t) &= A_w(t)^\beta P(t,0)u_0 + \int_0^t A_w(t)^\beta P(t,s)F(s,A_w(s)^{-\beta}h(s))\,ds \\ &\quad + \int_0^t A_w(t)^\beta P(t,s)B\,dW_H(s). \end{aligned}$$

Somit gilt $\mathbb{P}$-fast sicher für jedes $t > 0$

$$(w-A(t))^\beta v(t) = h(t),$$

d.h. $\mathbb{P}$-fast sicher für jedes $t > 0$

$$v(t) = (w-A(t))^{-\beta}h(t).$$

Folglich gilt $\mathbb{P}$-fast sicher für jedes $t > 0$

$$v(t) = P(t,0)u_0 + \int_0^t P(t,s)F(s,v(s))\,ds + \int_0^t P(t,s)B\,dW_H(s),$$

d.h. v ist eine milde Lösung des Problems (3.5.1). Mit h ist dann auch v eindeutig bestimmt in $\tilde{E}_q$.
Die Aussagen zur Hölderregularität der Pfade der Lösung erhält man aus dem Satz 3.4.9, da der deterministische Integralterm keinerlei Probleme bereitet.
Schließlich kommen wir zum Nachweis der Abschätzung (3.5.8). Wählen wir bei (∗) ein

anderes Vorgehen, so erhalten wir

$$\begin{aligned}
&\| \int_0^t A_w(t)^\beta P(t,s)F(s,v(s))\,ds\|_{\tilde{E}_0} \\
\le\ & \left(\mathbb{E}(\sup_{t\le T}(\int_0^t C(t-s)^{-\beta}K_{W_\beta,F}\rho(s)(1+\|A_w(s)^\beta v(s)\|_E)\,ds)^p)\right)^{\frac{1}{p}} \\
\le\ & \left(\mathbb{E}(\sup_{t\le T} C^p(\int_0^t (t-s)^{-\beta p'}\,ds)^{\frac{p}{p'}} K^p_{W_\beta,F}(\rho(t))^p(\int_0^t (1+\|A_w(s)^\beta v(s)\|_E)^p\,ds))\right)^{\frac{1}{p}} \\
\le\ & CK_{W_\beta,F}\rho(T)\left(\int_0^T s^{-\beta p'}\,ds\right)^{\frac{1}{p'}}\left(\mathbb{E}(\int_0^T (1+\|A_w(s)^\beta v(s)\|_E)^p\,ds)\right)^{\frac{1}{p}} \\
\le\ & CK_{W_\beta,F}\rho(T)\left(\frac{1}{1-\beta p'}T^{1-\beta p'}\right)^{\frac{1}{p'}}\left(2^{p-1}\int_0^T (1+\mathbb{E}(\|A_w(s)^\beta v(s)\|^p))\,ds\right)^{\frac{1}{p}}.
\end{aligned}$$

Dann gilt

$$\begin{aligned}
&\mathbb{E}(\sup_{t\in[0,T]}\|A_w(t)^\beta v(t)\|^p) \\
\le\ & C\|u_0\|^p_{L_p(\Omega;D(A_w(0)^\beta))} + C\int_0^T (1+\mathbb{E}(\sup_{r\in[0,s]}\|A_w(r)^\beta v(r)\|^p))\,ds,
\end{aligned}$$

folglich liefert eine Anwendung des Lemmas 1.8.6

$$\begin{aligned}
&\mathbb{E}(\sup_{t\in[0,T]}\|(w-A(t))^\beta v(t)\|^p) \\
\le\ & C(\|u_0\|^p_{L_p(\Omega;D((w-A(0))^\beta))}+T) + C\int_0^T C(\|u_0\|^p_{L_p(\Omega;D((w-A(0))^\beta))}+t)e^{C(T-t)}\,dt \\
\le\ & \|u_0\|^p_{L_p(\Omega;D(w-A(0)^\beta))}(C+C^2\frac{1}{C}(e^T-1)) + CT + C^2\int_0^T te^{C(T-t)}\,dt \\
\le\ & C(T)(1+\|u_0\|^p_{L_p(\Omega;D((w-A(0))^\beta))}).
\end{aligned}$$

Dies ist die noch zu zeigende Abschätzung. □

Um allgemeinere Anfangsbedingungen zu betrachten, möchten wir mehr über die Abhängigkeit der milden Lösung von dem Anfangswert wissen.

Lemma 3.5.20. *Es gelte die (AT)-Bedingung und die Abbildung $F: D(F) \to E$ habe die (Lip_β)-Eigenschaft für ein $\beta \in [0, \frac{1}{2})$. Zudem seien u_1 bzw. u_2 zwei milde Lösungen von (3.5.1) auf $[0,T]$ mit Anfangswert $u_{0,1}$ bzw. $u_{0,2}$, $u_{0,1}, u_{0,2} \in L_0(\Omega, \mathcal{F}_0; D((w-A(0))^\beta))$, so, dass die Prozesse $((w-A(t))^\beta u_i(t))_{t\in[0,T]}$ $\mathbb{P}$-fast sicher stetige Pfade haben. Dann gilt*

$$\mathbb{P}(\sup_{t\in[0,T]} \mathbf{1}_A\|u_1(t)-u_2(t)\| = 0) = 1,$$

wobei $A := \{\omega \in \Omega \,|\, u_{0,1}(\omega) = u_{0,2}(\omega)\}$. Außerdem existieren Konstanten $C, L > 0$ so, dass für jedes $\epsilon > 0$ gilt

$$\begin{aligned}\mathbb{P}(\sup_{t\in[0,T]} \mathbf{1}_{A^C}\|(u_1(t)-u_2(t))\| > \epsilon) &\leq \mathbb{P}(\sup_{t\in[0,T]} \mathbf{1}_{A^C}\|(w-A(t))^\beta(u_1(t)-u_2(t))\| > \frac{\epsilon}{C})\\ &\leq \mathbb{P}(\mathbf{1}_{A^C}\|(w-A(0))^\beta(u_{0,1}-u_{0,2})\| > \frac{\epsilon}{L}).\end{aligned}$$

Beweis: Gemäß der Definition milder Lösungen gilt für festes $t \in [0,T]$ und beliebiges $\omega \in \Omega \setminus \mathcal{N}$, $\mathcal{N}$ eine geeignete Nullmenge,

$$\begin{aligned}&u_1(t,\omega) - u_2(t,\omega)\\ &= P(t,0)(u_{0,1}(\omega) - u_{0,2}(\omega)) + \int_0^t P(t,s)(F(s,u_1(s,\omega)) - F(s,u_2(s,\omega)))\,ds.\end{aligned}$$

Wegen $\mathbf{1}_A(\omega)(u_{0,1}(\omega) - u_{0,2}(\omega)) = 0$ gilt somit

$$\begin{aligned}&\mathbf{1}_A(\omega)\|A_w(t)^\beta(u_1(t,\omega) - u_2(t,\omega))\|\\ &\leq C_\beta K_{Lip_\beta,F}\int_0^t (t-s)^{-\beta}\mathbf{1}_A(\omega)\|A_w(s)^\beta(u_1(s,\omega) - u_2(s,\omega))\|\,ds.\end{aligned}$$

Wegen (AT1) gilt dann nach dem Lemma 1.8.6

$$\sup_{t\in[0,T]} \mathbf{1}_A(\omega)\|u_1(t,\omega) - u_2(t,\omega)\| \leq \sup_{t\leq T} \mathbf{1}_A(\omega)\|A_w(t)^\beta(u_1(t,\omega) - u_2(t,\omega))\| = 0,$$

also insgesamt

$$\mathbb{P}(\sup_{t\in[0,T]} \mathbf{1}_A\|u_1(t) - u_2(t)\| = 0) = 1.$$

Andererseits haben wir wegen $\mathbb{P}$-fast sicher ($v(t) := u_1(t) - u_2(t)$)

$$\begin{aligned}&\mathbf{1}_{A^C}\|A_w(t)^\beta v(t)\|\\ &\leq C\mathbf{1}_{A^C}\|A_w(0)^\beta v(0)\| + C_\beta K_{Lip_\beta,F}\int_0^s (t-s)^{-\beta}\mathbf{1}_{A^C}\|A_w(s)^\beta v(s)\|\,ds\end{aligned}$$

gemäß des Lemmas 1.8.6 zunächst $\mathbb{P}$-fast sicher

$$\sup_{t\in[0,T]} \mathbf{1}_{A^C}\|v(t)\| \leq C \sup_{t\in[0,T]} \mathbf{1}_{A^C}\|A_w(t)^\beta v(t)\| \leq L\mathbf{1}_{A^C}\|A_w(0)^\beta(u_{0,1} - u_{0,2})\|,$$

also für beliebiges $\epsilon > 0$

$$\mathbb{P}(\sup_{t\in[0,T]} \mathbf{1}_{A^C}\|u_1(t) - u_2(t)\| > \epsilon) \leq \mathbb{P}(\mathbf{1}_{A^C}\|(w-A(0))^\beta(u_{0,1} - u_{0,2})\| > \frac{\epsilon}{L}).$$

□

Nun haben wir

Satz 3.5.21. *Es gelten die (AT)-Bedingung und*

$$\sup_{t\in[0,T]} \|[s \mapsto (t-s)^{-\alpha}P(t,s)B]\|_{\gamma(0,t;H,E)} < \infty$$

für ein $\alpha \in (0, \frac{1}{2})$ *und ein* $T > 0$. *Außerdem habe* $F : \mathcal{D}(F) \longrightarrow E$ *die* (Lip_β)*- und die* (W_β)*-Eigenschaft für ein* $\beta \in [0, \alpha)$ *und es sei* $(w - A(0))^\beta u_0 \in L_0(\Omega, \mathcal{F}_0; E)$. *Dann hat das Problem* (3.5.1) *auf* $[0,T]$ *eine eindeutige milde Lösung in* $L_0(\Omega; C([0,T]; E))$. *Zudem liegen die Pfade des stochastischen Prozesses* $((w-A(t))^\gamma(u(t)-P(t,0)u_0))_{t\in[0,T]}$ $\mathbb{P}$*-fast sicher in* $C^\lambda([0,T]; E)$ *für* γ, $\lambda \geq 0$ *gemäß*

$$\alpha - \gamma \leq \kappa_{\mu,\nu} \quad \textit{und} \quad \lambda + \gamma < \alpha$$

bzw.

$$\alpha - \gamma > \kappa_{\mu,\nu} \quad \textit{und} \quad \lambda \leq \kappa_{\mu,\nu}.$$

Beweis: Wir definieren für beliebiges $n \in \mathbb{N}$

$$u_{0,n}(\omega) := \mathbf{1}_{B_E(0,n)}((w - A(0))^\beta u_0(\omega))u_0(\omega),$$

dann gilt $(w - A(0))^\beta u_{0,n} \in L_\infty(\Omega, \mathcal{F}_0; E)$ und wir können den Satz 3.5.19 anwenden. Somit haben wir für beliebiges $n \in \mathbb{N}$ und $p \in (\frac{1}{\alpha-\beta}, \infty)$ bis auf Modifikation genau eine milde Lösung u_n in $L_p(\Omega; C([0,T]; E)) \subset L_0(\Omega; C([0,T]; E))$ des Problems

$$\begin{aligned} du_n(t) &= (A(t)u_n(t) + F(t, u_n(t)))\,dt + B\,dW_H(t), \\ u_n(0) &= u_{0,n}, \end{aligned}$$

welche zudem die geforderten Pfadeigenschaften besitzt. Dank

$$(w - A(0))^\beta u_{0,n} \overset{n\to\infty}{\longrightarrow} (w - A(0))^\beta u_0 \qquad \mathbb{P}\text{-fast sicher}$$

und des Lemmas 3.5.20 konvergiert dann auch u_n in $L_0(\Omega; C([0,T]; E))$ gegen ein u und $F(\cdot, u_n(\cdot))$ in $L_0(\Omega; C([0,T]; E))$ gegen $F(\cdot, u(\cdot))$. Für dieses u gilt aber $\mathbb{P}$-fast sicher für jedes $t \in [0,T]$

$$u(t) = P(t,0)u_0 + \int_0^t P(t,s)F(s,u(s))\,ds + \int_0^t P(t,s)B\,dW_H(s).$$

Diese Darstellung zeigt auch die behauptete Hölderstetigkeit, da der deterministische Integralterm keinerlei Probleme bereitet. Diese Lösung ist eindeutig wegen des Lemmas 3.5.20. □

Bemerkung 3.5.22. *Kombiniert man die Aussagen des Lemmas 3.5.18, des Satzes 3.5.19, des Lemmas 3.5.20 und des Satzes 3.5.21, so erhält man große Teile des Theorems 1.3 aus [117] in der hier betrachteten Situation. Die verbleibenden Teile lassen sich zum Beispiel in Banachräumen vom Rademachertyp 2 ebenfalls beweisen, vgl. hierzu die Bemerkung 3.5.16.*

Lokale Bedingungen

Entsprechend wie im Unterabschnitt 3.5.1 können wir die folgende abgeschwächte Bedingung betrachten

$(LLip_\theta)$ Es sei $\theta \in [0,1)$ und für stetiges F gelte $\{(t,x) \in [0,\infty) \times E \mid x \in D((w-A(t))^\theta\} \subset \mathcal{D}(F)$ und

$$\begin{aligned}&\forall n \in \mathbb{N} \quad \exists K_n < \infty \quad \forall t \in [0,T] \quad \forall x,y \in E,\ \|x\|,\|y\| \leq n \\ &\|F(t,(w-A(t))^{-\theta}x) - F(t,(w-A(t))^{-\theta}y)\| \leq K_n \|x-y\|_E.\end{aligned}$$

Zunächst zeigen wir das folgende Eindeutigkeitslemma.

Lemma 3.5.23. *Es gelte die (AT)-Bedingung; F_1, F_2 seien messbare Funktionen, welche der (Lip_β)-Bedingung für ein $\beta \in [0,\frac{1}{2})$ genügen, und $D \subset E$ sei eine offene Menge mit*

$$F_1(t,(w-A(t))^{-\beta}x) = F_2(t,(w-A(t))^{-\beta}x) \qquad \forall t \in [0,T] \text{ und } x \in D.$$

Außerdem seien $u_{1,0}$, $u_{2,0} \in L_p(\Omega,\mathcal{F}_0; D((w-A(0))^\beta)$ für ein $p \in [1,\infty)$ und für die Menge $\Psi := \{\omega \in \Omega \mid (w-A(0))^\beta u_{1,0}(\omega) \in D$ oder $(w-A(0))^\beta u_{2,0}(\omega) \in D\}$ gelte $\mathbb{P}$-fast sicher

$$\mathbf{1}_\Psi u_{1,0} = \mathbf{1}_\Psi u_{2,0}. \tag{3.5.10}$$

Dann gelten für milde Lösungen der Probleme

$$\begin{aligned}du_i(t) &= (A(t)u_i(t) + F_i(t,u_i(t)))\,dt + B\,dW_H(t)\\ u_i(0) &= u_{i,0},\end{aligned}$$

$i=1,2$, mit $(w-A(\cdot))^\beta u_i \in C([0,T];E)$ sowohl

$$\mathbb{P}(\tau_1 = \tau_2) = 1$$

als auch

$$\mathbb{P}(\sup_{t\in[0,\tau_1]} \|(w-A(t))^\beta(u_1(t)-u_2(t))\| = 0) = 1,$$

wobei

$$\tau_i(\omega) := \inf\{t \in [0,T] \mid (w-A(t))^\beta u_i(t,\omega) \notin D\}$$

sei.

Beweis: Wir definieren

$$\xi(t,\omega) := \inf_{s\in[0,t]}\{\mathbf{1}_D((w-A(s))^\beta u_1(s,\omega))\}.$$

Dann gilt gemäß der Definition einer milden Lösung für jedes $t \in [0,T]$ $\mathbb{P}$-fast sicher

$$\begin{aligned}\xi(t)A_w(t)^\beta(u_1(t)-u_2(t)) &= \xi(t)A_w(t)^\beta P(t,0)A_w(0)^{-\beta}A_w(0)^\beta(u_{1,0}-u_{2,0})\\ &\quad +\xi(t)\int_0^t A_w(t)^\beta P(t,s)(F_1(s,u_1(s))-F_2(s,u_1(s)))\,ds\\ &\quad +\xi(t)\int_0^t A_w(t)^\beta P(t,s)(F_2(s,u_1(s))-F_2(s,u_2(s)))\,ds\\ &= \xi(t)A_w(t)^\beta P(t,0)A_w(0)^{-\beta}A_w(0)^\beta(u_{1,0}-u_{2,0})+I_1+I_2.\end{aligned}$$

Wegen (3.5.10) gilt $\mathbb{P}$-fast sicher $\xi(t)(w-A(0))^\beta(u_{1,0}-u_{2,0})=0$. Ist nun $\xi(t,\omega)=1$, so gilt $F_1(s,u_1(s,\omega))-F_2(s,u_1(s,\omega))=0$ für jedes $s\in[0,t]$, also $I_1=0$. Wegen $\xi(t)\le\xi(s)$ für $t\ge s$ hat man für jedes $\omega\in\Omega$

$$\begin{aligned}\|I_2(\omega)\|_E &\le \xi(t,\omega)\int_0^t \|(w-A(t))^\beta P(t,s)\|\|(F_2(s,u_1(s,\omega))-F_2(s,u_2(s,\omega)))\|\,ds\\ &\le \int_0^t C_\beta(t-s)^{-\beta}\xi(s,\omega)\|(F_2(s,u_1(s,\omega))-F_2(s,u_2(s,\omega)))\|\,ds\\ &\le C_\beta\int_0^t (t-s)^{-\beta}\xi(s,\omega)\|(w-A(s))^\beta(u_1(s,\omega)-u_2(s,\omega))\|\,ds.\end{aligned}$$

Somit gilt nach dem Lemma 1.8.6 für jedes $t\in[0,T]$ $\mathbb{P}$-fast sicher

$$\xi(t)\|(w-A(t))^\beta(u_1(t)-u_2(t))\| = 0.$$

Also aufgrund der vorausgesetzten Pfadstetigkeit

$$\mathbb{P}(\sup_{t\in[0,T]}\xi(t)\|(w-A(t))^\beta(u_1(t)-u_2(t))\|=0)=1.$$

Somit auch

$$\mathbb{P}(\sup_{s\in[0,\tau_1]}\|(w-A(s))^\beta(u_1(s)-u_2(s))\|=0)=1.$$

Aufgrund der symmetrischen Rollen von u_1 und u_2 gilt zudem

$$\mathbb{P}(\tau_1=\tau_2)=1.$$

□

Damit können wir den Satz 3.5.19 wie folgt verallgemeinern.

Satz 3.5.24. *Es gelten die (AT)-Bedingung und*

$$\sup_{t\le T}\|[s\mapsto(t-s)^{-\alpha}P(t,s)B]\|_{\gamma(0,t;H,E)}<\infty$$

für ein $\alpha\in(0,\frac{1}{2})$ *und ein* $T>0$. *Außerdem erfülle* F *die Bedingung* ($LLip_\beta$) *für ein* $\beta\in[0,\alpha)$, *es existiere ein* $C_w>0$ *mit*

$$\sup_{t\in[0,T]}\|F(t,0)\|_E\le C_w<\infty$$

und $(w-A(0))^\beta u_0 \in L_p(\Omega,\mathcal{F}_0;E)$ *für ein* $p \in (\frac{1}{\alpha-\beta},\infty)$. *Dann existiert eine bis auf Modifikation eindeutige lokale milde Lösung* (u,ϵ) *von* (3.5.1) *mit* $[t \mapsto (w-A(t))^\beta u(t,\omega)] \in C([0,\epsilon(\omega));E)$ *für* $\mathbb{P}$*-fast alle* $\omega \in \Omega$.
Zudem liegt für $\mathbb{P}$*-fast jedes* $\omega \in \Omega$ *die Abbildung* $[t \mapsto (w-A(t))^\gamma(u(t,\omega)-P(t,0)u_0)]$ *in* $C^\lambda([0,\epsilon(\omega));E)$ *für* $\gamma,\ \lambda \geq 0$ *gemäß*

$$\alpha-\gamma \leq \kappa_{\mu,\nu} \quad \text{und} \quad \lambda+\gamma<\alpha$$

bzw.

$$\alpha-\gamma > \kappa_{\mu,\nu} \quad \text{und} \quad \lambda \leq \kappa_{\mu,\nu}.$$

Erfüllt F *sogar die Bedingung* (W_β), *so ist die gefundene Lösung* u *eine globale Lösung mit* $u \in L_p(\Omega;C([0,T];E))$ *und man hat*

$$\|(w-A(\cdot))^\beta u\|_{L_p(\Omega;C([0,T];E))} \leq C(1+\|(w-A(0))^\beta u_0\|_{L_p(\Omega;E)}) \tag{3.5.11}$$

Beweis: Ähnlich wie im Beweis des Satzes 3.5.13 definieren wir für $N \in \mathbb{N}$ und $t \geq 0$

$$F_N(t,A_w(t)^{-\beta}x) := \begin{cases} F(t,A_w(t)^{-\beta}x), & \|A_w(t)^{-\beta}x\| \leq N, \\ F(t,A_w(t)^{-\beta}x)(2-\frac{\|A_w(t)^{-\beta}x\|}{N}), & N < \|A_w(t)^{-\beta}x\| \leq 2N, \\ 0, & \text{sonst.} \end{cases}$$

Nun gilt für beliebige $x,y \in E$ mit $\|A_w(t)^{-\beta}x\| \leq N$ und $\|A_w(t)^{-\beta}y\| \leq N$

$$\|F_N(t,A_w(t)^{-\beta}x)-F_N(t,A_w(t)^{-\beta}y)\| \leq C_N\|x-y\|,$$

und für beliebige $x,y \in E$ mit $N < \|A_w(t)^{-\beta}x\| \leq 2N$ und $N < \|A_w(t)^{-\beta}y\| \leq 2N$ mit $\|y\| \geq \|x\|$ gilt

$$\begin{aligned}
&\|F_N(t,A_w(t)^{-\beta}x)-F_N(t,A_w(t)^{-\beta}y)\| \\
&\leq \|F(t,x)\|\frac{\|y\|-\|x\|}{N}+(2-\frac{\|y\|}{N})\|F(t,x)-F(t,y)\| \\
&\leq \frac{1}{N}\|F(t,x)\|\|x-y\|+2C_{2N}\|x-y\| \\
&\leq \|x-y\|\left(\frac{1}{N}[\|F(t,0)\|+\|F(t,x)-F(t,0)\|]+2C_{2N}\right) \\
&\leq \|x-y\|\left(\frac{1}{N}[C_w+C_{2N}2N]+2C_{2N}\right).
\end{aligned}$$

Also gilt aufgrund der Stetigkeit von F_N auf ganz $[0,T]\times E$ für beliebige $x,y \in E$ mit $\|A_w(t)^{-\beta}x\| \leq N$ und $N < \|A_w(t)^{-\beta}y\| \leq 2N$

$$\begin{aligned}
\|F_N(t,A_w(t)^{-\beta}x)-F_N(t,A_w(t)^{-\beta}y)\| &\leq \|F_N(t,A_w(t)^{-\beta}x)-F_N(t,A_w(t)^{-\beta}z)\| \\
&\quad +\|F_N(t,A_w(t)^{-\beta}z)-F_N(t,A_w(t)^{-\beta}y)\| \\
&\leq C(\|x-z\|+\|z-y\|) \\
&\leq \tilde{C}\|x-y\|,
\end{aligned}$$

wobei $z \in E$ beliebig mit $\|z\| = N$. Somit erfüllt F_N die (Lip_β)-Bedingung. Außerdem gilt für beliebiges $x \in E$

$$\begin{aligned}\|F_N(t, A_w(t)^{-\beta}x)\| &\leq \sup_{t\in[0,T]} \|F(t,0)\|_E + \|F_N(t, A_w(t)^{-\beta}x) - F_N(t,0)\| \\ &\leq C_w + \tilde{C}\|x\|,\end{aligned}$$

sodass F_N auch der Bedingung (W_β) genügt. Dann existiert gemäß der Aussage des Satzes 3.5.19 eine eindeutige milde Lösung u_N des Problems

$$\text{(3.5.12)} \qquad \begin{aligned} du_N(t) &= (A(t)u_N(t)\,dt + F_N(t, u_N(t)))\,dt + B\,dW_H(t), \\ u_N(0) &= u_0. \end{aligned}$$

Zudem gilt $\mathbb{P}$-fast sicher $[t \mapsto A_w(t)^\gamma(u_N(t) - P(t,0)u_0)] \in C^\lambda([0,T];E)$ für γ, λ wie in der Behauptung. Nun definieren wir

$$\tau_N(\omega) := \inf\{t \in [0,T] \mid \|A_w(t)^\beta u_N(t,\omega)\| \geq N\}.$$

Dann gilt dank des Lemmas 3.5.23

$$\mathbb{P}(\{\sup_{M\geq N}\sup_{0\leq t\leq \tau_N} \|A_w(t)^\beta(u_M(t) - u_N(t))\| = 0\}) = 1.$$

Außerdem ist $(\tau_N)_{N\in\mathbb{N}}$ eine $\mathbb{P}$-fast sicher nicht fallende Folge und wegen der Pfadstetigkeit von $A_w(t)^\beta u_N(t)$ sogar für fast alle $N \in \mathbb{N}$ $\mathbb{P}$-fast sicher positiv. Dann ist $\epsilon(\omega) := \lim_{N\to\infty}\tau_N(\omega)$ auch $\mathbb{P}$-fast sicher positiv. Definieren wir

$$A_w(t)^\beta u(t,\omega) := \lim_{N\to\infty} A_w(t)^\beta u_N(t,\omega) \qquad \text{für } 0 \leq t < \epsilon(\omega),$$

so erhalten wir einen stochastischen Prozess u mit $[t \mapsto A_w(t)^\beta u(t,\omega)] \in C([0,\epsilon(\omega));E)$ für $\mathbb{P}$-fast alle $\omega \in \Omega$ bzw. mit $[t \mapsto A_w(t)^\gamma(u(t,\omega) - P(t,0)u_0)] \in C^\lambda([0,\epsilon(\omega));E)$ für γ, λ wie in der Behauptung.

Nun sei $\omega \in \Omega$ so gewählt, dass $[t \mapsto A_w(t)^\beta u(t,\omega)] \in C([0,\epsilon(\omega));E)$ und $\epsilon(\omega) < T$ gelten. Definitionsgemäß gilt dann $\|A_w(t)^\beta u(\tau_N(\omega),\omega)\| = \|A_w(t)^\beta u_N(\tau_N(\omega),\omega)\| = N$ und $\tau_N(\omega) \to \epsilon(\omega)$ und somit

$$\limsup_{t\to\epsilon} \|A_w(t)^\beta u(t)\| = +\infty \qquad \mathbb{P}\text{-fast sicher auf } \{\omega \mid \epsilon(\omega) < T\},$$

d.h. ϵ ist eine gesuchte Explosionszeit von u bezüglich obiger Norm, welche von der Inhomogenität F induziert wird. Aufgrund der Definition und der Pfadstetigkeit existiert eine $\mathbb{P}$-Nullmenge $\mathcal{N} \in \mathcal{F}$ mit

$$u_N(t,\omega) = P(t,0)u_0(\omega) + \int_0^t P(t,s)F_N(s, u_N(s,\omega))\,ds + W_{A(\cdot)}(t,\omega)$$

für jedes $t \in [0,T]$ und jedes $\omega \in \mathcal{N}^C$. Somit hat man auch

$$\begin{aligned} u_N(t\wedge\tau_N(\omega),\omega) &= P(t\wedge\tau_N(\omega),0)u_0(\omega) \\ &\quad + \int_0^{t\wedge\tau_N(\omega)} P(t\wedge\tau_N(\omega),s)F_N(s,u_N(s,\omega))\,ds \\ &\quad + W_{A(\cdot)}(t\wedge\tau_N(\omega),\omega) \end{aligned}$$

für jedes $t \in [0,T]$ und jedes $\omega \in \mathcal{N}^C$. Wegen $u_N(s,\omega) = u(s,\omega)$ und $F_N(s,u_N(s,\omega)) = F(s,u(s,\omega))$ für $0 \leq s \leq \tau_N(\omega)$ gilt

$$\begin{aligned} u(t\wedge\tau_N(\omega),\omega) &= P(t\wedge\tau_N(\omega),0)u_0(\omega) \\ &\quad + \int_0^{t\wedge\tau_N(\omega)} P(t\wedge\tau_N(\omega),s)F(s,u(s,\omega))\,ds \\ &\quad + W_{A(\cdot)}(t\wedge\tau_N(\omega),\omega) \end{aligned} \tag{3.5.13}$$

für jedes $N \in \mathbb{N}$ und jedes $t \in [0,T]$. Wegen $\tau_N \to \epsilon$, der Pfadstetigkeit und der starken Stetigkeit von $(P(t,s))_{(t,s)\in\Delta_T}$ gilt Gleichung (3.5.13) auch für ϵ statt τ_N. Folglich löst (u,ϵ) das Problem (3.5.1) im Sinn der Definition 3.5.10 und die Pfade haben die gewünschten Eigenschaften.
Ist nun die Bedingung (W_β) erfüllt, so gilt

$$\sup_{N\in\mathbb{N}} \|F_N(t,A_w(t)^{-\beta}x)\| \leq 2K_{W_\beta,F}\rho(t)(1+\|x\|).$$

Definieren wir $\Omega_N := \{\omega \,|\, \tau_N(\omega) = T\}$ für jedes $N \in \mathbb{N}$, dann liefert Ungleichung (3.5.8) ein $C > 0$ so, dass für alle $N \in \mathbb{N}$ gilt

$$\begin{aligned} \mathbb{P}(\Omega\setminus\Omega_N) &= \mathbb{P}(\{\omega \,|\, \sup_{t\in[0,T]} \|A_w(t)^\beta u_N(t,\omega)\| \geq N\}) \\ &\leq \frac{\mathbb{E}(\sup_{t\in[0,T]} \|A_w(t)^\beta u_N(t)\|^p)}{N^p} \\ &\leq 2^{p-1}C^p \frac{1+\mathbb{E}(\|(w-A(0))^\beta u_0(t)\|^p)}{N^p}. \end{aligned}$$

Somit löst u das Problem (3.5.1) im Sinn der Definition 3.5.1 und die Pfade haben die gewünschten Eigenschaften. Somit muss nur noch die Abschätzung (3.5.11) gezeigt werden. Wir wissen bereits aus dem Satz 3.5.19, dass für die Lösung u_N von (3.5.12) gilt

$$\|(w-A(\cdot))^\beta u_N\|_{L_p(\Omega;C([0,T];E))} \leq C(1+\|(w-A(0))^\beta u_0\|_{L_p(\Omega;E)}),$$

wobei C nicht von $N \in \mathbb{N}$ abhängt. Oben wurde gezeigt, dass $\mathbb{P}$-fast sicher gilt

$$\sup_{t\in[0,T]} \|A_w(t)^\beta u_N(t)\| \to \sup_{t\in[0,T]} \|A_w(t)^\beta u(t)\| \qquad \text{für} \qquad N\to\infty.$$

Also haben wir nach dem Lemma von Fatou und dem Satz 3.5.19

$$\begin{aligned} \mathbb{E}(\sup_{t\in[0,T]} \|A_w(t)^\beta u(t)\|^p) &= \mathbb{E}(\lim_{N\to\infty} \sup_{t\in[0,T]} \|A_w(t)^\beta u_N(t)\|^p) \\ &\leq \liminf_{N\to\infty} \mathbb{E}(\sup_{t\in[0,T]} \|A_w(t)^\beta u_N(t)\|^p) \\ &\leq (C(1+\|(w-A(0))^\beta u_0\|_{L_p(\Omega;E)}))^p. \end{aligned}$$

□

Bemerkung 3.5.25. *In [117] wird eine weitere Ungleichung für den Fall $p \geq 2$ bewiesen, auch sie überträgt sich nicht ohne weiteres auf den allgemeinen Banachraumfall, da nicht klar ist, dass die milde Lösung stetig von $[0,T]$ nach $L_p(\Omega; E)$ ist, siehe auch die Bemerkung 3.5.16.*

Wie bereits in den vorangehenden Abschnitten in anderen Situationen geschehen, wenden wir uns nun der Abhängigkeit der lokalen milden Lösung von ihrem Anfangswert zu.

Lemma 3.5.26. *Es sei die (AT)-Bedingung erfüllt, $u_{0,1}$, $u_{0,2} \in L_0(\Omega, \mathcal{F}_0; D(A_w(0)^\beta))$ und F erfülle die $(LLip_\beta)$-Eigenschaft für ein $\beta \in [0, \frac{1}{2})$. Zudem seien (u_i, ϵ_i) lokale milde Lösungen von (3.5.1) zum Anfangswert $u_{0,i}$ für $i = 1, 2$ so, dass für $\mathbb{P}$-fast alle $\omega \in \Omega$ gilt $(w - A(\cdot))^\beta u_i(\cdot, \omega) \in C([0, \epsilon_i(\omega)); E)$ gilt. Definiert man nun $A := \{\omega \in \Omega \mid u_{0,1}(\omega) = u_{0,2}(\omega)\}$, so gelten*

$$\mathbb{P}(\mathbf{1}_A(\epsilon_1 - \epsilon_2) = 0) = 1$$

und

$$\mathbb{P}(\sup_{t\in[0,\epsilon_1\wedge\epsilon_2)} \mathbf{1}_A \|A_w(t)^\beta(u_1(t) - u_2(t))\| = 0) = 1.$$

Außerdem existieren Konstanten C, $L > 0$ so, dass für jedes $\eta > 0$ gilt

$$\begin{aligned}\mathbb{P}(\sup_{\substack{t\in\\ [0,\epsilon_1\wedge\epsilon_2)}} \mathbf{1}_{A^C}\|(u_1(t) - u_2(t))\| > \eta) &\leq \mathbb{P}(\sup_{\substack{t\in\\ [0,\epsilon_1\wedge\epsilon_2)}} \mathbf{1}_{A^C}\|A_w(t)^\beta(u_1(t) - u_2(t))\| > \frac{\eta}{C}) \\ &\leq \mathbb{P}(\mathbf{1}_{A^C}\|(w - A(0))^\beta(u_{0,1} - u_{0,2})\| > \frac{\eta}{L}).\end{aligned}$$

Sind u_1, u_2 insbesondere globale Lösungen, sodass die Pfade von $(w - A(\cdot))^\beta u_i$ $\mathbb{P}$-fast sicher in $C([0,T]; E)$ liegen, so gilt für jedes $t \in [0,T]$

$$\mathbb{P}(\sup_{t\in[0,T]} \mathbf{1}_A\|A_w(t)^\beta(u_1(t) - u_2(t))\| = 0) = 1.$$

Beweis: Wir definieren für jedes $n \in \mathbb{N}$ folgende Stoppzeiten

$$\begin{aligned}\tau_{n,1}(\omega) &:= \inf\{t \in [0,T] \mid \|A_w(t)^\beta u_1(t,\omega)\| \geq n\} \wedge \epsilon_1(\omega), \\ \tau_{n,2}(\omega) &:= \inf\{t \in [0,T] \mid \|A_w(t)^\beta u_2(t,\omega)\| \geq n\} \wedge \epsilon_2(\omega) \quad \text{und} \\ \tau_n(\omega) &:= \tau_{n,1}(\omega) \wedge \tau_{n,2}(\omega).\end{aligned}$$

Außerdem setzen wir $\xi_n(t,\omega) := \mathbf{1}_{[0,\tau_n(\omega))}(t)$. Dann gilt $\mathbb{P}$-fast sicher für jedes $t \in [0,T]$

$$\mathbf{1}_A\xi_n(t)\|u_1(t) - u_2(t)\| \leq C\xi_n(t)\int_0^t \mathbf{1}_A\|F(s,u_1(s)) - F(s,u_2(s))\|\,ds.$$

Für $\omega \in \Omega$ mit $\xi_n(t,\omega) = 1$ gilt definitionsgemäß für alle $s \leq t$

$$\|F(s,u_1(s,\omega)) - F(s,u_2(s,\omega))\| \leq K_n\|u_1(s,\omega) - u_2(s,\omega)\|$$

und somit wegen $\xi_n(t) \leq \xi_n(s)$ für $t \geq s$ $\mathbb{P}$-fast sicher für jedes $t \in [0,T]$

$$\mathbf{1}_A \xi_n(t)\|u_1(t) - u_2(t)\| \leq CK_n\xi_n(t) \int_0^t \mathbf{1}_A\xi_n(s)\|u_1(s) - u_2(s)\| \, ds.$$

Also gilt nach dem Lemma 1.8.6 $\mathbb{P}$-fast sicher

$$\sup_{t \leq T} \mathbf{1}_A \xi_n(t)\|u_1(t) - u_2(t)\| = 0.$$

Somit folgt aus $[\xi_n(t,\omega) = 1 \iff t \leq \tau_n(\omega)]$ für jedes $n \in \mathbb{N}$

$$\mathbb{P}(\sup_{t \in [0,\tau_n]} \mathbf{1}_A\|u_1(t) - u_2(t)\| = 0) = 1.$$

Grenzübergang $n \to \infty$ führt dann zu

$$\mathbb{P}(\sup_{t \in [0,\epsilon_1 \wedge \epsilon_2)} \mathbf{1}_A\|u_1(t) - u_2(t)\| = 0) = 1. \tag{3.5.14}$$

Also existiert eine Nullmenge $\mathcal{N} \in \mathcal{F}$ so, dass für jedes $\omega \in \Omega \setminus \mathcal{N}$ und jedes $t \in [0, \epsilon_1(\omega) \wedge \epsilon_2(\omega))$ gilt

$$\mathbf{1}_A(\omega)(u_1(t,\omega) - u_2(t,\omega)) = 0.$$

Angenommen es existierte ein $\omega \notin \mathcal{N}$ so, dass $\epsilon_1(\omega) < \epsilon_2(\omega)$ und $(w - A(\cdot))^\beta u_1(\cdot,\omega)$ und $(w - A(\cdot))^\beta u_2(\cdot,\omega)$ stetig sind auf ihren maximalen Definitionsbereichen. Dann existiert $n_0 \in \mathbb{N}$ mit $\epsilon_1(\omega) < \tau_{n_0,2}(\omega)$. Die Gleichung (3.5.14) implizierte dann $(w - A(s))^\beta u_1(s,\omega) = (w - A(s))^\beta u_2(s,\omega)$ für $0 \leq s \leq \tau_{n_0+1,1}(\omega) = \tau_{n_0+1}(\omega) < \epsilon_1(\omega)$. Gemäß der Definition der involvierten Stoppzeit hätte man dann die Abschätzung

$$n_0 + 1 = \|A_w(\tau_{n_0+1,1})^\beta u_1(\tau_{n_0+1,1}(\omega),\omega)\| = \|A_w(\tau_{n_0+1,1})^\beta u_2(\tau_{n_0+1,1}(\omega),\omega)\| \leq n_0.$$

Also gilt $\mathbb{P}(\mathbf{1}_A(\epsilon_1 - \epsilon_2) = 0) = 1$.
Die Abschätzung zeigt man genauso wie im Lemma 3.5.20.
Sind u_1, u_2 globale Lösungen, so impliziert (3.5.14)

$$\mathbb{P}(\sup_{t \in [0,T)} \mathbf{1}_A\|A_w(t)^\beta(u_1(t) - u_2(t))\| = 0) = 1,$$

also gilt aufgrund der Pfadstetigkeit auch $\mathbb{P}(\mathbf{1}_A\|A_w(t)^\beta(u_1(T) - u_2(T))\| = 0) = 1$. □

Mit Hilfe dieses Lemmas können wir von integrierbaren Anfangsbedingungen zu allgemeinen Anfangsbedingungen fortschreiten und erhalten

Satz 3.5.27. *Es gelten die (AT)-Bedingung und*

$$\sup_{t \leq T} \|[s \mapsto (t-s)^{-\alpha}P(t,s)B]\|_{\gamma(0,t;H,E)} < \infty$$

für ein $\alpha \in (0, \frac{1}{2})$ *und ein* $T > 0$ *sowie* $u_0 \in L_0(\Omega, \mathcal{F}_0; D((w - A(0))^\beta))$ *für ein* $\beta \in [0, \alpha)$. *Außerdem erfülle* F *die Bedingung* ($LLip_\beta$) *und es existiere ein* $C_w > 0$ *mit*

$$\sup_{t \in [0,T]} \|F(t, 0)\|_E \leq C_w < \infty.$$

Dann existiert eine bis auf Modifikation eindeutige lokale milde Lösung (u, ϵ) *von* (3.5.1) *mit* $[t \mapsto (w - A(t))^\beta u(t, \omega)] \in C([0, \epsilon(\omega)); E)$ *für* $\mathbb{P}$*-fast alle* $\omega \in \Omega$.
Erfüllt F *sogar die Bedingung* (W_β), *so ist die gefundene Lösung* u *global mit* $[t \mapsto (w - A(t))^\beta u(t, \omega)] \in C([0, T]; E)$ *für* $\mathbb{P}$*-fast alle* $\omega \in \Omega$.

Beweis: Wir definieren für beliebiges $n \in \mathbb{N}$

$$u_{0,n}(\omega) := \mathbf{1}_{B_{D((w-A(0))^\beta)}(0,n)}(u_0(\omega))u_0(\omega),$$

dann gilt $u_{0,n} \in L_\infty(\Omega, \mathcal{F}_0; D((w - A(0))^\beta))$ und wir können den Satz 3.5.24 anwenden. Somit haben wir für beliebiges $n \in \mathbb{N}$ genau eine lokale milde Lösung (u_n, ϵ_n) mit $(w - A(\cdot))^\beta u_n(\cdot, \omega)$ $\mathbb{P}$-fast sicher in $C([0, \epsilon_n(\omega)); E))$ des Problems

$$\begin{aligned} du_n(t) &= (A(t)u_n(t) + F(t, u_n(t)))\,dt + B\,dW_H(t) \\ u_n(0) &= u_{0,n}. \end{aligned}$$

Dank

$$(w - A(0))^\beta u_{0,n} \overset{n\to\infty}{\longrightarrow} (w - A(0))^\beta u_0 \qquad \mathbb{P}\text{-fast sicher},$$

$\epsilon_n \longrightarrow \epsilon := \sup_{n\in\mathbb{N}} \epsilon_n$ und des Lemmas 3.5.26 konvergiert dann sowohl u_n für $\mathbb{P}$-fast jedes $\omega \in \Omega$ in $C([0, \epsilon(\omega)); E)$ gegen ein u als auch $F(\cdot, u_n(\cdot))$ gegen $F(\cdot, u(\cdot))$. Für dieses u gilt dann für $\mathbb{P}$-fast jedes $\omega \in \Omega$ und beliebiges $t \in [0, \epsilon(\omega))$

$$u(t, \omega) = P(t, 0)u_0(\omega) + \int_0^t P(t, s)F(s, u(s, \omega))\,ds + W_{A(\cdot)}(t, \omega),$$

als ist (u, ϵ) eine lokale milde Lösung. Diese Lösung ist im entsprechenden Sinn eindeutig wegen des Lemmas 3.5.26.
Erfüllt die Funktion F nun auch die (W_β)-Bedingung, so sind nach dem Satz 3.5.13 die Lösungen u_n globale Lösungen mit den entsprechenden Eigenschaften, also ist $u(t) := \lim_{n\to\infty} u_n(t)$ die gesuchte globale milde Lösung, welche dank des Lemmas 3.5.26 eindeutig ist. □

Bemerkung 3.5.28. *Setzt man voraus, dass* E *vom Rademachertyp* 2 *ist, so weiß man, dass die stochastische Faltung stetig von* $[0, T]$ *nach* $L_p(\Omega; E)$ *ist für beliebiges* $p \in [1, \infty)$. *Dann kann man die verbleibenden Ungleichungen aus [117] ebenfalls zeigen, siehe auch die Bemerkung 3.5.16.*

Konstante Definitionsbereiche

Schränken wir uns auf den Fall konstanter Definitionsbereiche ein, so können wir statt des Satzes 3.4.9 den Satz 3.4.8 verwenden und somit unbeschränkte Inhomogenitäten auf Interpolationsräumen betrachten. Dies eröffnet im Vergleich zu den in den vorangehenden Abschnitten betrachteten Definitionsbereichen gebrochener Potenzen mehr Flexibilität. Anders als in den vorangehenden Abschnitten wird hierbei das stochastische Problem auf ein deterministisches Problem zurückgeführt. Um verwickelten Messbarkeitsfragen im Zusammenhang mit Explosionszeiten aus dem Weg zu gehen, stehen globale Lösungen im Mittelpunkt.
Es mögen also fürderhin die (KD)-Bedingung gelten. In diesem Fall hat man aufgrund der Konstanz der Definitionsbereiche eine natürliche Vorstellung davon, was ein Zwischenraum sein soll. Es sei $((\cdot,\cdot)_\theta)_{\theta\in(0,1)}$ eine zulässige Interpolationsmethode.
Ziel der folgenden Überlegungen ist es, nichtlineare stochastische Cauchyprobleme der Art (3.5.1) zu lösen und Raum-Zeit-Regularität gefundener Lösungen zu betrachten, indem wir das stochastische Problem (3.5.1) auf ein deterministisches zurückführen, siehe Proposition 3.5.29.
In Bezug auf Lösungen interessieren wir uns für pfadstetige Prozesse $(u(t))_{t\in[0,T]}$, welche $\mathbb{P}$-fast sicher für jedes $t\in[0,T]$ die folgende Gleichung erfüllen:

$$u(t) = P(t,0)u_0 + \int_0^t P(t,s)F(s,u(s))\,ds + W_{A(\cdot)}(t). \tag{3.5.15}$$

Umstellung von (3.5.15) führt zu folgender Gleichung

$$u(t,\omega) - W_{A(\cdot)}(t,\omega) = P(t,0)u_0 + \int_0^t P(t,s)F(s,u(s,\omega))\,ds$$

für $\omega\in\Omega\setminus\mathcal{N}$ mit $\mathbb{P}(\mathcal{N})=0$.
Die Umbenennung $v(t,\omega) := u(t,\omega) - W_{A(\cdot)}(t,\omega)$ ergibt

$$v(t,\omega) = P(t,0)u_0 + \int_0^t P(t,s)F(s,v(s,\omega)+W_{A(\cdot)}(s,\omega))\,ds \tag{3.5.16}$$

für $\omega\in\Omega\setminus\mathcal{N}$ und $P(\mathcal{N})=0$, also ist eine pfadstetige milde Lösung von (3.5.1) eine milde Lösung, diesmal im Sinn der Definition 15.2 in [30], des parameterabhängigen deterministischen Problems

$$\begin{aligned} \tfrac{d}{dt}\tilde{u}(t) &= A(t)\tilde{u}(t) + \tilde{F}(t,u(t),\omega),\\ \tilde{u}(0) &= u_0, \end{aligned} \tag{3.5.17}$$

welche messbar von dem Parameter abhängt und wobei $\tilde{F}(t,\tilde{u}(t),\omega) := F(t,\tilde{u}(t) + W_{A(\cdot)}(t,\omega))$.
Somit haben wir

Proposition 3.5.29. *Es sei E ein separabler Banachraum.*

1. *Ist* $(u(t))_{t\in[0,T]}$ *eine milde Lösung von* (3.5.1) *auf* $[0,T]$ *mit stetigen Pfaden, so wird durch* $\tilde{u}(t,\omega) := u(t,\omega) - W_{A(\cdot)}(t,\omega)$ *eine milde Lösung* $\tilde{u}$ *von* (3.5.17) *auf* $[0,T]$ *definiert.*

2. *Ist* $\tilde{u}$ *eine milde Lösung von* (3.5.17) *auf* $[0,T]$, *welche messbar von* $\omega \in \Omega$ *abhängt, und ist zudem die stochastische Faltung* $W_{A(\cdot)}$ *pfadstetig, so wird durch* $u(t,\omega) := \tilde{u}(t,\omega) + W_{A(\cdot)}(t,\omega)$ *eine pfadstetige milde Lösung* $(u(t))_{t\in[0,T]}$ *von* (3.5.1) *auf* $[0,T]$ *definiert.*

Diese Proposition gestattet es, statt des stochastischen Problems (3.5.1) das parameterabhängige deterministische Problem (3.5.17) zu betrachten.
Ignorieren wir zunächst die Parameterabhängigkeit, so haben wir es mit Problemen der Art

$$\begin{aligned} &\tfrac{d}{dt} f(t) = A(t)f(t) + g(t, f(t)),\ t \in (0,T], \\ &f(0) = x_0 \end{aligned} \tag{3.5.18}$$

zu tun.
Wie zuvor möchten wir für parabolische Probleme unbeschränkte Nichtlinearitäten g betrachten; unbeschränkt in dem Sinn, dass g lediglich auf Teilmengen Z von E definiert sind. Aufgrund der Eigenschaften $P(t,s)(E) \subset D(A(t))$, $(t,s) \in \dot{\Delta}_T$, und $D(A(t)) \equiv D$, $t \in [0,T]$, ist eine natürliche Forderung $D \subset Z \subset E$. Die gute Kenntnis des Verhaltens der Evolutionsfamilie auf Interpolationsräumen legt es nahe, Teilmengen der Art $E_\alpha = (D,E)_\alpha$ zu betrachten, wobei $((\cdot,\cdot)_\alpha)_{\alpha\in(0,1)}$ eine beliebige zulässige Interpolationsmethode ist.
Dann stellt man an g üblicherweise, siehe etwa [30, Section 15], die Forderung

(LL_α) Es ist $\alpha < 1$ und zu jedem $\rho > 0$ existiert eine Konstante $C(\rho) > 0$ so, dass $g \in C^{0,1-}([0,T] \times E_\alpha, E)$, d.h. für jedes $t \in [0,T]$ und beliebige $x, y \in \overline{B}_{E_\alpha}(0,\rho)$ gilt

$$\|g(t,x) - g(t,y)\| \leq C(\rho)\|x - y\|_\alpha,$$

d.h. g ist „lokal lipschitzstetig" und zwar gleichmäßig in t.

Bemerkung 3.5.30. *Für deterministische Probleme kann man sogar* g *betrachten, welche lediglich auf offenen Teilmengen von* E_α *definiert sind, siehe etwa [84, 85] für den autonomen Fall. Da hier stochastische Probleme im Mittelpunkt des Interesses stehen, aber nicht klar ist, unter welchen Bedingungen die stochastische Faltung* $W_{A(\cdot)}$ *Werte in offenen Mengen von* E_α *annimmt, wird hier auf solch allgemeine* g *verzichtet.*
Für den nichtautonomen Fall mit zeitabhängigen Definitionsbereichen kann man zudem die Arbeit [112] von Jan Prüss *konsultieren.*

Die Bedingung (LL_α) ermöglicht es, die Existenz lokaler Lösungen von (3.5.18) zu beweisen.

Lemma 3.5.31 ([30, 16.1 Lemma]). *Es sei E ein separabler Banachraum, die Familie linearer Operatoren* $(A(t), D(A(t)))_{t\in[0,T]}$ *erfülle die (KD)-Bedingungen und die Funktion* $g : [0,T] \times E_\alpha \to E$ *die Bedingung* (LL_α) *für ein* $\alpha \in [0,1)$.
Dann existiert zu jedem $\rho > 0$ *ein* $T_1(\alpha,\rho) > 0$ *so, dass für jedes* $(s,x) \in [0,T) \times \overline{B}_{E_\alpha}(0,\rho)$ *das Problem* (3.5.18) *genau eine milde Lösung* $f : I \to E_\alpha$ *hat, wobei* $I := [s, \min(s + T_1(\alpha,\rho), T)]$.

Dann gilt

Satz 3.5.32 ([30, 16.2 Theorem]). *Es sei E ein separabler Banachraum, die Familie linearer Operatoren* $(A(t), D(A(t)))_{t\in[0,T]}$ *erfülle die (KD)-Bedingungen und die Funktion* $g : [0,T] \times E_\alpha \to E$ *die Bedingung* (LL_α) *für ein* $\alpha \in [0,1)$.
Dann existiert zu jedem $(s,x) \in [0,T) \times E_\alpha$ *genau eine maximale milde Lösung* $u : J(s,x) \to E_\alpha$, *wobei das maximale Existenzintervall* $J(s,x)$ *von der Gestalt* $[s,T]$ *oder* $[s,T_1)$ *für ein* $T_1 \in (s,T]$ *ist.*

Bei der Transformation einer parameterabhängigen lokalen milden Lösung des Problems (3.5.17) in eine lokale pfadstetige milde Lösung von (3.5.1) muss man sich gemäß der Definition lokaler stochastischer Lösungen von der Stoppzeiteigenschaft von $T_1(\alpha,\rho,\omega)$ überzeugen. Wie in der Einleitung bereits angesprochen, führt dies zu verwickelten Messbarkeitsfragen, sodass wir der Einfachheit halber von nun an globale Lösungen von (3.5.18) betrachten werden.
Unter der folgenden Bedingung, welche eine globale Beschränkung des Wachstumsverhaltens von g ist, hat man stets globale Lösungen.

(W_α) Es ist $\lambda : [0,\infty) \to [0,\infty)$ eine wachsende Funktion, $N \geq 0$ und $\alpha \in [0,1)$. Zudem gilt für jedes $t \in [0,T]$ und beliebiges $y \in E_\alpha$

$$\|g(t,y)\| \leq \lambda(t)(N + \|y\|_\alpha).$$

Unter dieser Bedingung gilt

Satz 3.5.33. *Es sei E ein separabler Banachraum, die Familie* $(A(t), D(A(t)))_{t\in[0,T]}$ *erfülle die (KD)-Bedingungen und die Funktion* $g : [0,T] \times E_\beta \to E$ *die Bedingungen* (LL_β) *und* (W_β) *für ein* $\beta \in [0,1)$. *Dann existiert zu jedem* $x_0 \in E_\beta$ *genau eine globale milde Lösung u von* (3.5.18).

Beweis: Dank des Satzes 3.5.32 existiert eine eindeutige lokale milde Lösung, aufgrund der Bedingung (W_β) bleibt diese Lösung beschränkt bei Annäherung an den Rand des maximalen Existenzintervalls, also ist die Lösung eine globale Lösung. □

Jede milde Lösung von (3.5.17) können wir unter lokalen Lipschitzbedingungen nun dank des Fixpunktsatzes von Banach durch sukzessive Approximation konstruieren. Somit ist dann nach den bisher angestellten Überlegungen jede milde Lösung von (3.5.17) messbar in ω und wir können mit Hilfe der Proposition 3.5.29 den folgenden Satz beweisen.

Satz 3.5.34. *Es gelte für ein* $\alpha \in (0, \frac{1}{2})$ *die Bedingung* (3.4.5) *und* F *erfülle die Bedingungen* (LL_β) *sowie* (W_β) *für ein* $\beta < \alpha$.
Dann besitzt das Problem (3.5.1) *für jedes* $u_0 \in L_0(\Omega; E_\beta)$ *genau eine milde pfadstetige Lösung, deren Pfade* $\mathbb{P}$*-fast sicher in* $C^\lambda([0,T]; E_\delta)$ *liegen für beliebige* $\lambda + \delta < \alpha$, *falls sogar* $u_0 \in L_0(\Omega; E_\alpha)$ *gilt.*

Beweis: Dank der Voraussetzungen und des Satzes 3.4.8 wissen wir, dass es ein $\mathcal{N} \in \mathcal{F}$ mit $\mathbb{P}(\mathcal{N}) = 0$ so gibt, dass $\tilde{F}$ die Voraussetzungen des Satzes 3.5.33 für jedes $\omega \in \Omega \setminus \mathcal{N}$ erfüllt. Somit existiert für jedes solche ω ein $\tilde{u}(\cdot, \omega)$, welches die Gleichung (3.5.16) erfüllt; zudem gilt

$$\tilde{u}(t, \omega) = \lim_{n \to \infty} (\mathcal{K}^n u_0)(t, \omega),$$

wobei

$$(\mathcal{K}\tilde{u})(t, \omega) := P(t, 0)u_0 + \int_0^t P(t, s)F(s, \tilde{u}(s, \omega) + W_{A(\cdot)}(s, \omega))\, ds.$$

Aufgrund der Bedingung (LL_β) existiert zu F eine Folge $(F_n)_{n \in \mathbb{N}}$, deren Glieder der Bedingung (LL_β) für $C(\rho) \equiv C$ genügen und welche F in $C([0,T] \times E_\beta; E)$ approximiert. Für jedes F_n ist die Abbildung $f \mapsto \tilde{F}_n(f) := (s \mapsto F_n(s, f(s) + W_{A(\cdot)}(s, \omega)))$ eine lipschitzstetige Abbildung von $C([0,T]; E_\beta)$ nach $C([0,T]; E)$, also insbesondere borelmessbar. Wegen $\tilde{F}_n(f) \to \tilde{F}(f)$ für $n \to \infty$ und jedes $f \in C([0,T]; E_\beta)$ ist dann auch $\tilde{F}$ borelmessbar. Dies impliziert, dass die Abbildung $\omega \mapsto (s \to F(s, u_0(\omega) + W_{A(\cdot)}(s, \omega)))$ messbar ist von Ω nach $C([0,T]; E)$. Somit ist dann nach 5.5 Lemma aus [30] $\mathcal{K}u_0$ messbar als Abbildung von Ω nach $C([0,T]; E_\beta)$. Ist für ein $n \in \mathbb{N}$ die Abbildung $\mathcal{K}^n u_0$ messbar als Abbildung von Ω nach $C([0,T]; E_\beta)$, so ist auch $\mathcal{K}^{n+1}u_0$ messbar als Abbildung von Ω nach $C([0,T]; E_\beta)$.
Also sind die Voraussetzungen der Proposition 3.5.29 1. erfüllt, und $u(t, \omega) := \tilde{u}(t, \omega) - W_{A(\cdot)}(s, \omega)$ ist eine pfadstetige milde Lösung von (3.5.1).
Die behauptete Pfadregularität von $P(t, 0)u_0$ ist Teil der Aussage des Lemmas 5.3 aus [30]. Da $u(\cdot, \omega)$ stetig von $[0,T]$ nach E_β ist, ist $F(\cdot, u(\cdot, \omega))$ stetig von $[0,T]$ nach E. Somit ist nach 5.5 Lemma aus [30] die Abbildung

$$\int_0^{\cdot} P(\cdot, s)F(s, u(s, \omega))\, ds$$

$(\lambda - \delta)$-hölderstetig auf $[0,T]$ mit Werten in E_δ für beliebige $0 \le \delta \le \lambda < 1$. Wegen $\alpha < \frac{1}{2}$ zeigt dies, dass für die Raum-Zeit-Regularität einer milden Lösung von (3.5.1) die Raum-Zeit-Regularität der stochastischen Faltung $W_{A(\cdot)}$ wesentlich ist. Diese hat aber gemäß des Satzes 3.4.8 die behauptete Regularität. □

Bemerkung 3.5.35. *Im Fall nichtkonstanter Definitionsbereiche kann man unter geeigneten Bedingungen, siehe [7, 30], ähnlich verfahren.*

3.5.3 Beispiele

Bevor wir nichtlineare Erweiterungen der Beispiele aus dem Unterabschnitt 3.4.3 betrachten, wenden wir uns zunächst der Frage zu, wie man solche nichtlinearen Inhomogenitäten in Beispielen modellieren kann.

In konkreten Beispielen ist es häufig so, dass nichtlineare Abbildungen $F : L_p(G) \to L_p(G)$, wobei $G \subset \mathbb{R}^n$ ein Gebiet sei, von Funktionen $f : G \times \mathbb{R} \to \mathbb{R}$ gemäß

$$F(g) := [x \mapsto f(x, g(x))]$$

induziert werden. Solche Abbildungen F werden auch *Nemyckij*[1]*-Operatoren* genannt und bilden den Gegenstand des Buches [8] von JÜRGEN APPELL und PETR PETROVIČ ZABREJKO. In der Theorie solcher Operatoren spielen Carathéodory-Funktionen eine entscheidende Rolle: ist $(M, \mathcal{M}, \mu)$ ein Maßraum, so heißt eine Funktion $f : M \times \mathbb{R} \to \mathbb{R}$ *Carathéodory-Funktion*, falls $f(\cdot, y)$ messbar ist für jedes $y \in \mathbb{R}$ und $f(m, \cdot)$ stetig ist für μ-fast jedes $m \in M$.
Ist $G \subset \mathbb{R}^n$ ein Gebiet, so induziert nach dem Theorem 3.10 aus [8] eine Funktion $f : G \times \mathbb{R} \to \mathbb{R}$ eine stetige Abbildung $F : L_p(G) \to L_p(G)$ mit Abschätzung

$$\|F(g_1) - F(g_2)\|_{L_q(G)} \leq k(r)\|g_1 - g_2\|_{L_q(G)}, \qquad g_1, g_2 \in K_{L_p(G)}(0, r),$$

wenn f eine Carathéodory-Funktion ist und es zudem eine Carathéodory-Funktion $a \in L_\infty(G \times \mathbb{R}_+)$ gibt mit

$$|f(x, y_1) - f(x, y_2)| \leq a(x, r)|y_1 - y_2|, \qquad y_1, y_2 \in K_{\mathbb{R}^n}(0, r).$$

Wie man in dem zitierten Satz nachlesen kann, sind diese Bedingungen im Wesentlichen auch notwendig.

Beispiel 3.5.36. *Man betrachte in Anlehnung an das Beispiel 3.4.14 das Problem*

$$\text{(3.5.19)} \qquad \begin{cases} du(t, x) = (A(t, x, D)u(t, x) + f(t, x, u(t, x)))\, dt \\ \qquad\qquad + dw(x, t), \quad t \in (0, T], x \in G, \\ C(t, x, D)u(t, x) = 0, \quad t \in (0, T], x \in \partial G \\ u(0, x) = 0, \quad x \in G. \end{cases}$$

Die bereits im Beispiel 3.4.14 auftretenden Größen seien ebenso wie dort definiert. Die Abbildung $f : [0, T] \times G \times \mathbb{R} \to \mathbb{R}$ *sei eine stetige Funktion mit Abschätzungen*

$$|f(t, x, y)| \leq C_{W,f}(1 + |y|) \qquad \forall\, t \in [0, T], \forall\, x \in G, \forall\, y \in \mathbb{R}$$

und

$$|f(t, x, y_1) - f(t, x, y_2)| \leq C_{Lip,f}|y_1 - y_2| \qquad \forall\, t \in [0, T], \forall\, x \in G, \forall\, y_1, y_2 \in \mathbb{R}.$$

Dann gelten für die von f *induzierte Abbildung* $F : [0, T] \times L_p(G) \to L_p(G)$ *die folgenden Abschätzungen*

$$\|F(t, g)\|_{L_p(S)} \leq C_{W,F}(1 + \|g\|) \qquad \forall\, t \in [0, T], \forall\, g \in L_p(G)$$

[1]benannt nach VIKTOR VLADIMIROVIČ NEMYCKIJ

und

$$\|F(t,g_1)-F(t,g_2)\|_{L_p(G)} \leq C_{Lip,F}\|g_1-g_2\|_{L_p(G)} \qquad \forall\, t \in [0,T],\ \forall\, g_1,g_2 \in L_p(G).$$

Also erfüllt F die (W_0)- *und* (Lip_0)-*Bedingung. Wiederum werde das Problem* (3.5.19) *auf* $E_p = L_p(G)$ *für* $2 \leq p \leq q$ *modelliert. Hierbei sei* $A_p(t)$ *die Realisierung auf* E_p *von* $A(t,x,D)$ *mit Definitionsbereich*

$$D(A_p(t)) = \{f \in W_p^2(G) \,|\, C(t,\cdot,D)f = 0 \text{ auf } \partial G\}.$$

Dann genügt $(A_p(t), D(A_p(t)))$ *der Bedingung (AT) mit Konstanten* μ *wie oben und* $\nu = \frac{1}{2}$, *siehe [1, 116, 143], und wir betrachten das Problem*

$$\text{(3.5.20)} \qquad \begin{aligned} du(t) &= (A_p(t)u(t) + F(t,u(t)))\,dt + B\,dW_H(t),\\ u(0) &= 0, \end{aligned}$$

für ein $B \in \gamma(H, E_p)$.
Folglich gilt für beliebiges $\alpha \in (0\frac{1}{2})$

$$\begin{aligned} &\sup_{t\in[0,T]} \|[s \mapsto (t-s)^{-\alpha}P(t,s)B]\|_{\gamma(0,t;H,E_p)}\\ \leq\ &\sup_{t\in[0,T]} \gamma(\{(t-s)^{\epsilon}P(t,s)\,\|, s \in (0,t)\})\|[s \mapsto (t-s)^{-\alpha-\epsilon}B]\|_{\gamma(0,t;H,E_p)}\\ \leq\ & C\left(\int_0^T t^{-2(\alpha+\epsilon)}\,dt\right)^{\frac{1}{2}} \|B\|_{\gamma(H,E_p)} < \infty, \end{aligned}$$

wobei $\epsilon \in (0, \frac{1}{2}-\alpha)$.
Man befindet sich also in der Situation des Korollars 3.4.11 2. und weiß somit, dass (3.5.20) *eine milde Lösung u hat, für deren Pfade* $\mathbb{P}$-*fast sicher* $t \mapsto (w-A(t))^{\delta}u(t) \in C^{\lambda}([0,T];E_p)$ *gilt für jede Wahl von* $\lambda > 0$ *und* $\delta \geq 0$ *mit* $\delta < \frac{1}{2}-\eta$ *und* $\lambda \leq \eta$, *wobei* $0 < \eta < \mu - \frac{1}{2}$ *beliebig ist.*

Die restlichen Beispiele des Unterabschnitts 3.4.3 kann man auf ähnliche Art und Weise auf den nichtlinearen Fall erweitern.

3.5.4 Anwendungen der maximalen Regularitätsergebnisse

Es gelten die Bedingungen der (KT)-Theorie. In dem vorangehenden Unterabschnitt haben wir stets pfadstetige Lösungen gesucht, wie man sie für $\alpha < \frac{1}{2}$ auch erhält. Nun wenden wir uns dem Grenzfall $\alpha = \frac{1}{2}$ zu. Motiviert durch den Satz 3.4.20 erhalten wir

Satz 3.5.37. *Es gelten die Voraussetzungen des Satzes 3.4.20 und F erfülle die* ($Lip_{\frac{1}{2}}$)- *und* ($W_{\frac{1}{2}}$)-*Bedingung. Außerdem sei* $(w-A(0))^{\frac{1}{2}}u_0 \in L_p(\Omega;E)$ *für ein* $p \in (2,\infty)$. *Dann existiert eine milde Lösung des Problems* (3.5.1), *welche in* $Bo_b([0,T];L_p(\Omega;E))$ *eindeutig ist.*

Hierbei wird $Bo_b([0,T];L_p(\Omega;E))$ wie im Unterabschnitt 3.4.4 als abgeschlossener Unterraum von $\ell^\infty([0,T];L_p(\Omega;E))$ betrachtet.

Beweis: Wie in den anderen Fällen auch betrachten wir die (nichtlineare) Abbildung

$$\begin{aligned}(\mathcal{K}u)(t,\omega) &:= (w-A(t))^{\frac{1}{2}}P(t,0)u_0(\omega)\\ &\quad+\int_0^t (w-A(t))^{\frac{1}{2}}P(t,s)F(s,(w-A(s))^{-\frac{1}{2}}u(s,\omega))\,ds\\ &\quad+(w-A(t))^{\frac{1}{2}}W_{A(\cdot)}(t,\omega),\end{aligned}$$

diesmal auf $\tilde{E}_q = Bo_b([0,T];L_p(\Omega;E))$ versehen mit der (Banach-)Norm

$$\|u\|_{\tilde{E}_q} := \sup_{t\in[0,T]} e^{-qt}\|u(t)\|_{L_p(\Omega;E)},$$

wobei die genaue Wahl von $q>0$ erst später vorgenommen wird. Dann gilt für beliebiges $u\in\tilde{E}_q$

$$\begin{aligned}\|\mathcal{K}u\|_{\tilde{E}_q} &\le \|(w-A(\cdot))^{\frac{1}{2}}P(\cdot,0)u_0\|_{\tilde{E}_q}\\ &\quad+\|\int_0^\cdot (w-A(\cdot))^{\frac{1}{2}}P(\cdot,s)F(s,(w-A(s))^{\frac{1}{2}}u(s))\,ds\|_{\tilde{E}_q}\\ &\quad+\|(w-A(\cdot))^{\frac{1}{2}}W_{A(\cdot)}\|_{\tilde{E}_q}\\ &=: I_1+I_2+I_3.\end{aligned}$$

Im Einzelnen haben wir wegen der Abschätzung (1.5.10)

$$\begin{aligned}I_1^p &= \sup_{t\in[0,T]} e^{-qpt}\mathbb{E}(\|(w-A(t))^{\frac{1}{2}}P(t,0)u_0\|^p)\\ &\le C^p\sup_{t\in[0,T]} e^{-qpt}\mathbb{E}(\|(w-A(0))^{\frac{1}{2}}u_0\|^p)\\ &= C^p\|(w-A(0))^{\frac{1}{2}}u_0\|^p_{L_p(\Omega;E)}\end{aligned}$$

und

$$\begin{aligned}I_2 &= \sup_{t\in[0,T]} e^{-qt}\left(\mathbb{E}(\|\int_0^t (w-A(t))^{\frac{1}{2}}P(t,s)F(s,(w-A(s))^{-\frac{1}{2}}u(s))\,ds\|^p)\right)^{\frac{1}{p}}\\ &\le C\sup_{t\in[0,T]} e^{-qt}\left(\mathbb{E}([\int_0^t (t-s)^{-\frac{1}{2}}\|F(s,(w-A(s))^{-\frac{1}{2}}u(s))\|\,ds]^p)\right)^{\frac{1}{p}}\\ &\le CK\sup_{t\in[0,T]} e^{-qt}\left(\mathbb{E}([\int_0^t (t-s)^{-\frac{1}{2}}(1+\|u(s)\|)\,ds]^p)\right)^{\frac{1}{p}}\\ &\le CK\sup_{t\in[0,T]} e^{-qt}\left(\mathbb{E}([\frac{1}{2}t^{\frac{1}{2}}+\int_0^t (t-s)^{-\frac{1}{2}}\|u(s)\|\,ds]^p)\right)^{\frac{1}{p}}\\ &\le CK\sup_{t\in[0,T]} e^{-qt}(\frac{1}{2}t^{\frac{1}{2}}+\left(\mathbb{E}([\int_0^t (t-s)^{-\frac{1}{2}}\|u(s)\|\,ds]^p)\right)^{\frac{1}{p}})\end{aligned}$$

$$
\begin{aligned}
&= CK\Big(\sup_{t\in[0,T]} e^{-qt}\frac{1}{2}t^{\frac{1}{2}} + \sup_{t\in[0,T]}\Big(\mathbb{E}([\int_0^t e^{-q(t-s)}(t-s)^{-\frac{1}{2}}e^{-qs}\|u(s)\|\,ds]^p)\Big)^{\frac{1}{p}}\Big)\\
&\leq CK\Big(C_1 + \sup_{t\in[0,T]}\Big(\mathbb{E}([(\int_0^t e^{-qp'(t-s)}(t-s)^{-\frac{p'}{2}}\,ds)^{\frac{1}{p'}}(\int_0^t e^{-qps}\|u(s)\|^p\,ds)^{\frac{1}{p}}]^p)\Big)^{\frac{1}{p}}\Big)\\
&\leq CK\Big(C_1 + \sup_{t\in[0,T]}(\int_0^t e^{-qp'(t-s)}(t-s)^{-\frac{p'}{2}}\,ds)^{\frac{1}{p'}}\Big(\mathbb{E}((\int_0^T e^{-qps}\|u(s)\|^p\,ds))\Big)^{\frac{1}{p}}\Big)\\
&\leq CK\Big(C_1 + \sup_{t\in[0,T]}(\int_0^t e^{-qp'r}r^{-\frac{p'}{2}}\,dr)^{\frac{1}{p'}}T^{\frac{1}{p}}\sup_{s\in[0,T]} e^{-qs}(\mathbb{E}(\|u(s)\|^p)))^{\frac{1}{p}}\Big)\\
&\leq CK\Big(C_1 + (\int_0^T e^{-qp'r}r^{-\frac{p'}{2}}\,dr)^{\frac{1}{p'}}T^{\frac{1}{p}}\|u\|_{\tilde{E}_q}\Big)\\
&\leq CK\Big(C_1 + \underbrace{((qp')^{\frac{p'}{2}-1}\Gamma(1-\frac{p'}{2}))^{\frac{1}{p'}}}_{=:\chi(q,p)}T^{\frac{1}{p}}\|u\|_{\tilde{E}_q}\Big).
\end{aligned}
$$

Dank des Satzes 3.4.20 gilt zudem

$$I_3 \leq C\|B\|_{\gamma(H,E)},$$

also ist $\mathcal{K}$ wohldefiniert. Für beliebige $u, v \in \tilde{E}_q$ gilt schließlich

$$
\begin{aligned}
&\|\mathcal{K}u - \mathcal{K}v\|_{\tilde{E}_q}\\
&= \sup_{t\in[0,T]} e^{-qt}\Big(\mathbb{E}(\|\int_0^t A_w(t)^{\frac{1}{2}}P(t,s)(F(s,A_w(s)^{-\frac{1}{2}}u(s)) - F(s,A_w(s)^{-\frac{1}{2}}v(s)))\,ds\|^p)\Big)^{\frac{1}{p}}\\
&\leq \sup_{t\in[0,T]} e^{-qt}\Big(\mathbb{E}([\int_0^t \|A_w(t)^{\frac{1}{2}}P(t,s)F(s,A_w(s)^{-\frac{1}{2}}u(s)) - F(s,A_w(s)^{-\frac{1}{2}}v(s))\|\,ds]^p)\Big)^{\frac{1}{p}}\\
&\leq \sup_{t\in[0,T]} e^{-qt}\Big(\mathbb{E}([\int_0^t (t-s)^{-\frac{1}{2}}K\rho(s)\|u(s)-v(s)\|\,ds]^p)\Big)^{\frac{1}{p}}\\
&\leq K\rho(T)\sup_{t\in[0,T]}\Big(\mathbb{E}([\int_0^t e^{-q(t-s)}(t-s)^{-\frac{1}{2}}e^{-qs}\|u(s)-v(s)\|\,ds]^p)\Big)^{\frac{1}{p}}\\
&\leq K\rho(T)\sup_{t\in[0,T]}\Big(\mathbb{E}([(\int_0^t e^{-qp'r}r^{-\frac{p'}{2}}\,dr)^{\frac{1}{p'}}(\int_0^t e^{-qps}\|u(s)-v(s)\|^p\,ds)^{\frac{1}{p}}]^p)\Big)^{\frac{1}{p}}\\
&= K\rho(T)\sup_{t\in[0,T]}(\int_0^t e^{-qp'r}r^{-\frac{p'}{2}}\,dr)^{\frac{1}{p'}}\Big(\mathbb{E}(\int_0^t e^{-qps}\|u(s)-v(s)\|^p\,ds)\Big)^{\frac{1}{p}}\\
&\leq K\rho(T)\sup_{t\in[0,T]}\chi(q,p)\Big(\int_0^T e^{-qps}\mathbb{E}(\|u(s)-v(s)\|^p)\,ds\Big)^{\frac{1}{p}}\\
&\leq K\rho(T)\chi(q,p)T^{\frac{1}{p}}sup_{t\in[0,T]}e^{-qt}\|u(t)-v(t)\|_{L_p(\Omega;E)}.
\end{aligned}
$$

Da $p > 2$ ist, gilt $\chi(q,p) \to 0$ für $q \to \infty$. Also können wir $q > 0$ so wählen, dass $K\chi(q,p)T^{\frac{1}{p}} < 1$ ist. Die Anwendung des Fixpunktsatzes von Banach zeigt dann die Behauptung. □

Bemerkung 3.5.38. *Verallgemeinerungen auf lokale Lipschitzbedingungen und allgemeinere Anfangswerte können analog zu dem Vorgehen in den vorangehenden Unterabschnitten gemacht werden.*

3.6 Nichtlineare Gleichungen unter Taniguchi-Bedingungen

Ideen von T. Yamada und S. Taniguchi aus [126, 127, 128, 144] griffen Dorel Barbu und Gheorghe Bocşan in [9, 10] auf, um Existenz- und Eindeutigkeitsfragen für semilineare autonome stochastische Cauchyprobleme in Hilberträumen unter Verallgemeinerungen von Lipschitzbedingungen zu behandeln, siehe auch [54]. Im Folgenden werden ihre Ideen auf stochastische semilineare nichtautonome Cauchyprobleme in Banachräumen ausgedehnt. Um in beliebigen Banachräumen arbeiten zu können, beschränken wir uns auf Probleme mit additivem Rauschen, d.h. wir betrachten

$$\begin{aligned} du(t) &= (A(t)u(t) + F(t,u(t)))\,dt + B\,dW_H(t), \\ u(0) &= u_0, \end{aligned} \tag{3.6.1}$$

wobei $u_0 \in L_0(\Omega, \mathcal{F}_0; E)$, $F : [0,T] \times \Omega \times E \to E$ eine progressiv messbare Abbildung und der Familie $(A(t), D(A(t)))_{t\geq 0}$ genau eine stark stetige Evolutionsfamilie auf E zugeordnet sind.
Milde Lösungen von (3.6.1) sind gemäß von Definition 3.5.1 zu verstehen.
Für die Inhomogenität F fordern wir nun für ein $p > 2$

$(T1)_p$ Es existiert eine Funktion $H : [0,\infty) \times [0,\infty) \to [0,\infty)$ so, dass $H(s,t)$ für festes $t \in [0,\infty)$ lokal integrierbar bezüglich s und für festes $s \in [0,\infty)$ stetig und monoton wachsend bezüglich t ist. Außerdem gilt für jedes $t \in [0,T]$ und jedes $u \in L_p(\Omega; E)$
$$\mathbb{E}(\|F(t,u)\|^p) \leq H(t, \mathbb{E}(\|u\|)^p).$$

$(T2)$ Die Funktion $F(t,\omega,x)$ sei stetig bezüglich x für festes $(t,\omega) \in [0,T] \times \Omega$.

$(T3)_p$ Es existiert eine Funktion $K : [0,\infty) \times [0,\infty) \to [0,\infty)$ so, dass $K(s,t)$ für festes $t \in [0,\infty)$ lokal integrierbar bezüglich s und für festes $s \in [0,\infty)$ stetig und monoton wachsend bezüglich t ist mit $K(\cdot,0) \equiv 0$. Außerdem gilt für jedes $t \in [0,T]$ und beliebige $u, v \in L_p(\Omega; E)$
$$\mathbb{E}(\|F(t,u) - F(t,v)\|^p) \leq K(t, \mathbb{E}(\|u-v\|^p)).$$

Genügt eine nicht negative, stetige Funktion z für ein $\alpha > 0$ und ein $T_1 \in (0, T]$ der Bedingung

$$\begin{cases} z(t) \leq \alpha \int_0^t K(s, z(s))\, ds, & t \in [0, T_1], \\ z(0) = 0, \end{cases}$$

so gilt $z(t) = 0$ für jedes $t \in [0, T_1]$.

Dann haben wir

Satz 3.6.1. *Es gelte*

$$\sup_{t\in[0,T]} \|[s \mapsto (t-s)^{-\alpha} P(t,s)B]\|_{\gamma(0,t;H,E)} < \infty$$

für ein $\alpha \in (0, \frac{1}{2})$, $u_0 \in L_p(\Omega, \mathcal{F}_0; E)$ *und die Bedingungen* $(T1)_p$, $(T2)$ *und* $(T3)_p$ *seien für ein* $p > 2$ *erfüllt. Dann existiert* $T_0 \in (0, T]$ *so, dass das Problem* (3.6.1) *genau eine milde Lösung in* $L_p(\Omega; C([0, T_0]; E))$ *besitzt.*

Beweis: Der Beweis des Theorems 2.4 aus [9] überträgt sich auf den allgemeinen Banachraumfall mit nichtautonomen Problemen, da die erste Bedingung dank des Satzes 3.4.2 sicherstellt, dass die stochastische Faltung in $L_p(\Omega; C([0, T_0]; E))$ liegt, und in den Beweisen in [9] lediglich die starke Stetigkeit der Halbgruppe benutzt wird, welche man in diesem Fall ohne Weiteres durch eine stark stetige Evolutionsfamilie ersetzen kann. □

Wir können auch leicht geänderte Bedingungen betrachten: statt Bedingung $(T_1)_p$ etwa

$(T_1)'_p$ Es existiert eine Funktion $H : [0, T] \times [0, \infty) \to [0, \infty)$ so, dass $H(s, t)$ für festes $t \in [0, \infty)$ lokal integrierbar bezüglich s und für festes $s \in [0, T]$ stetig und monoton wachsend bezüglich t ist. Zudem hat die Integralgleichung $u(t) = u_0 + \alpha \int_0^t H(s, u(s))\, ds$ für beliebige $u_0 \geq 0$ und $\alpha > 0$ eine Lösung auf $[0, T]$. Außerdem gilt für jedes $t \in [0, T]$ und jedes $u \in L_p(\Omega; E)$

$$\mathbb{E}(\|F(t, u)\|^p) \leq H(t, \mathbb{E}(\|u\|)^p).$$

Dann haben wir

Satz 3.6.2. *Es gelte*

$$\sup_{t\in[0,T]} \|[s \mapsto (t-s)^{-\alpha} P(t,s)B]\|_{\gamma(0,t;H,E)} < \infty \tag{3.6.2}$$

für ein $\alpha \in (0, \frac{1}{2})$, $u_0 \in L_p(\Omega, \mathcal{F}_0; E)$ *und die Bedingungen* $(T1)'_p$, $(T2)$ *und* $(T3)_p$ *seien für ein* $p > 2$ *erfüllt. Dann konvergieren die Approximationen* $u^{(0)}(t) := P(t, 0)u_0 + W_{A(\cdot)}(t)$ *bzw.*

$$u^{(n+1)}(t) := P(t, 0)u_0 + W_{A(\cdot)}(t) + \int_0^t P(t, s)F(s, u^{(n)}(s))\, ds$$

in $L_p(\Omega; C([0, T]; E))$ *gegen die dort eindeutige milde Lösung* u *von* (3.6.1).

Beweis: Zunächst definieren wir den Fixpunktoperator gemäß

$$(\mathcal{K}u)(t) := P(t,0)u_0 + \int_0^t P(t,s)F(s,u(s))\,ds + W_{A(\cdot)}(t)$$

für $u \in L_{p,\mathcal{F}}(\Omega; C([0,T];E)) =: \tilde{E}_T$. Dann ist wegen des Lemmas 1.7.7 und der Bedingung $(T2)$ der Prozess $\mathcal{K}u$ progressiv messbar. Dank der Bedingung $(T2)$, der Bedingung (3.6.2) und der starken Stetigkeit der Evolutionsfamilie ist $\mathcal{K}u$ auch $\mathbb{P}$-fast sicher stetig, außerdem gilt

$$\begin{aligned}
\|\mathcal{K}u\|_{\tilde{E}_T} &\le \sup_{t\in[0,T]} \|P(t,0)\|\|u_0\|_{L_p} + \|\int_0^{\cdot} P(\cdot,s)F(s,u(s))\,ds\|_{\tilde{E}} + \|W_{A(\cdot)}\|_{\tilde{E}} \\
&\le C + \left(\mathbb{E}(\sup_{t\in[0,T]} \|\int_0^t P(t,s)F(s,u(s))\,ds\|^p)\right)^{\frac{1}{p}} \\
&\le C + \left(\mathbb{E}(\sup_{t\in[0,T]} (\int_0^t \sup_{(t,s)\in\Delta_T} \|P(t,s)\|\|F(s,u(s))\|\,ds)^p)\right)^{\frac{1}{p}} \\
&\le C(1 + \left(\mathbb{E}(\sup_{t\in[0,T]} (\int_0^t \|F(s,u(s))\|\,ds)^p)\right)^{\frac{1}{p}}) \\
&\le C(1 + \left(\mathbb{E}(\sup_{t\in[0,T]} t^{\frac{p}{p'}} (\int_0^t \|F(s,u(s))\|^p\,ds)\right)^{\frac{1}{p}}) \\
&\le C(1 + T^{\frac{1}{p'}} \left(\int_0^T \mathbb{E}(\|F(s,u(s))\|^p)\,ds\right)^{\frac{1}{p}}) \\
&\le C(1 + T^{\frac{1}{p'}} \left(\int_0^T H(s,\mathbb{E}(\|u(s)\|^p))\,ds\right)^{\frac{1}{p}}) < \infty.
\end{aligned}$$

Also ist $\mathcal{K}$ eine Selbstabbildung auf $\tilde{E}_T$. Außerdem ist $\mathcal{K}$ eine stetige Abbildung, wie das folgende Raisonnement zeigt:

$$\begin{aligned}
\|\mathcal{K}u - \mathcal{K}v\|_{\tilde{E}_T} &= \left(\mathbb{E}(\sup_{t\in[0,T]} \|\int_0^t P(t,s)(F(s,u(s)) - F(s,v(s)))\,ds\|^p)\right)^{\frac{1}{p}} \\
&\le C\left(\int_0^T \mathbb{E}(\|F(s,u(s)) - F(s,v(s))\|^p)\,ds\right)^{\frac{1}{p}} \\
&\le C\left(\int_0^T K(s,\mathbb{E}(\|u(s)-v(s)\|^p))\,ds\right)^{\frac{1}{p}} \\
&\le C\left(\int_0^T K(s,\|u-v\|_{\tilde{E}_T})\,ds\right)^{\frac{1}{p}}.
\end{aligned}$$

Nun definieren wir die sukzessiven Approximationen

$$u^{(n+1)} := \mathcal{K}u^{(n)}.$$

Dann gilt für zwei positive Konstanten c_1, c_2

$$\|u^{(n+1)}\|^p_{\tilde{E}_t} \leq c_1 + c_2 \int_0^t H(s, \|u^{(n)}\|_{\tilde{E}_s})\, ds. \tag{3.6.3}$$

Sei nun $f(t)$, $t \in [0, T]$, eine globale Lösung der Gleichung

$$f(t) = f_0 + c_2 \int_0^t H(s, f(s))\, ds$$

mit Anfangsbedingung $f_0 > \max(c_1, \sup_{t\in[0,T]} \mathbb{E}(\|P(t,s)u_0\|^p))$.
Mit Induktion kann man dann zeigen, dass gilt

$$\|u^{(n)}\|^p_{\tilde{E}_t} \leq f(t) \qquad \forall\, t \in [0, T]. \tag{3.6.4}$$

Zunächst ist die Aussage für $n = 0$ aufgrund der Wahl der Anfangswerte von f klar. Gilt nun (3.6.4) für ein $n \in \mathbb{N}$, so haben wir wegen (3.6.3) und der Monotonie von H

$$u(t) - \|u^{(n+1)}\|^p_{\tilde{E}_t} \geq c_2 \int_0^t (H(s, u(s)) - H(s, \|u^{(n)}\|^p_{\tilde{E}_s}))\, ds \geq 0.$$

Somit ist die Folge $(u^{(n)})_{n\in\mathbb{N}_0} \subset \tilde{E}$ beschränkt.
Schließlich betrachten wir

$$r_n(t) := \sup_{m\geq n}(\|u^{(m)} - u^{(n)}\|^p_{\tilde{E}_t}),\ t \in [0, T],\ n \geq 0.$$

Nach den Vorüberlegungen ist die Funktion r_n beschränkt und nach Definition monoton wachsend. Da die Folge $(r_n(t))_{n\in\mathbb{N}}$ für jedes $t \in [0, T]$ monoton fallend ist, existiert eine monoton wachsende Funktion r mit

$$r(t) = \lim_{n\to\infty} r_n(t).$$

Nach den Voraussetzungen existiert eine Konstante $C > 0$ so, dass für beliebige m, $n \in \mathbb{N}$ gilt

$$\|u^{(m)} - u^{(n)}\|^p_{\tilde{E}_t} \leq C \int_0^t K(s, \|u^{(m-1)} - u^{(n-1)}\|^p_{\tilde{E}_s})\, ds.$$

Somit gilt

$$r(t) \leq r_n(t) \leq C \int_0^t K(s, r_{n-1}(s))\, ds.$$

Wegen $r(t) = \inf_n r_n(t)$ und dank des Satzes über dominierte Konvergenz erhalten wir schließlich

$$r(t) \leq C \int_0^t K(s, r(s))\, ds.$$

Gemäß Voraussetzung $(T3)_p$ gilt dann aber $r \equiv 0$, sobald r stetig ist. Die Aussage $r \equiv 0$ gilt aber auch im hier betrachteten Fall nach Lemma 2.2 aus [9]. Wegen $\|u^{(m)} - u^{(n)}\|^p_{\tilde{E}_T} \leq r_n(T)$ und $r_n(T) \to r(T) = 0$ ist dann $(u_n)_{n\in\mathbb{N}}$ eine Cauchyfolge in $\tilde{E}_T$.
Sind u, v zwei pfadstetige milde Lösungen von (3.6.1), so sind sie insbesondere Fixpunkte von $\mathcal{K}$, dies impliziert aber $u = v$ als Elemente von $\tilde{E}_T$. □

Wie in [10] erhalten wir als Korollar.

Korollar 3.6.3. *Es gelten*

$$\sup_{t\in[0,T]} \|[s \mapsto (t-s)^{-\alpha} P(t,s)B]\|_{\gamma(0,t;H,E)} < \infty$$

für ein $\alpha \in (0, \frac{1}{2})$ *und* $u_0 \in L_p(\Omega, \mathcal{F}_0; E)$ *für ein* $p > 2$. *Außerdem gelte*

$$\|F(t,x) - F(t,y)\|^p \leq \lambda(t)\alpha(\|x-y\|^p),$$

wobei $\lambda : [0,\infty) \to [0,\infty)$ *eine lokal integrierbare Funktion und* $\alpha : [0,\infty) \to [0,\infty)$ *eine stetige, monoton fallende, konkave Funktion mit* $\alpha(0) = 0$ *sowie* $\int_0^\infty \alpha(u)^{-1}\, du = \infty$. *Schließlich gelte* $\mathbb{E}(\|F(t,0)\|) \in L_{p,loc}([0,\infty))$.
Dann gibt es in $L_p(\Omega; C([0,T]; E))$ *für jedes* $T > 0$ *genau eine milde Lösung* u *von* (3.6.1).

Wir können auch hier wieder zu allgemeineren Anfangsbedingungen fortschreiten und erhalten

Satz 3.6.4. *Es gelte*

$$\sup_{t\in[0,T]} \|[s \mapsto (t-s)^{-\alpha} P(t,s)B]\|_{\gamma(0,t;H,E)} < \infty$$

für ein $\alpha \in (0, \frac{1}{2})$, $u_0 \in L_0(\Omega, \mathcal{F}_0; E)$ *und die Bedingungen* $(T1)'_p$, $(T2)$ *und* $(T3)_p$ *seien für ein* $p > 2$ *erfüllt.*
Dann gibt es in $L_0(\Omega; C([0,T]; E))$ *für jedes* $T > 0$ *genau eine milde Lösung* u *von* (3.6.1).

Beweis: Man verwende die gleichen Lokalisierungsargumente wie im Abschnitt 3.5. □

4 Martingallösungen stochastischer autonomer Evolutionsgleichungen

4.1 Einleitung

Im Kapitel 3 wurden Lösungen stochastischer Evolutionsgleichungen betrachtet, bei denen der Wahrscheinlichkeitsraum samt treibendem stochastischen Prozess fest vorgegeben ist. Den Inhalt dieses Kapitels bilden hingegen stochastische Evolutionsgleichungen, bei denen der Wahrscheinlichkeitsraum samt treibendem stochastischen Prozess zum Lösungsbegriff gehört. Eine Lösung in diesem Sinn wird nachfolgend als Martingallösung bezeichnet, wohingegen sich in der (stochastischen) Literatur gerade im endlichdimensionalen Fall der Begriff „schwache" Lösung eingebürgert hat, der in der vorliegenden Arbeit bereits anderweitig verwendet wird. Genauer werden stochastische Evolutionsgleichungen der Art

$$
\begin{aligned}
du(t) &= (Au(t) + F(t, u(t)))\, dt + B(t, u(t))\, dW_H(t), \\
u(0) &= u_0
\end{aligned}
\tag{4.1.1}
$$

im Hinblick auf Existenz von Lösungen untersucht.
Für den Fall, dass der Wahrscheinlichkeitsraum und der stochastische Prozess W_H fest vorgegeben sind, werden von Jan M.A.M. van Neerven, Mark C. Veraar und Lutz Weis in [96] stochastische Integralgleichungen obiger Gestalt in UMD^--Räumen behandelt.
So ähnlich sich diese beiden Lösungsbegriffe auch ausnehmen mögen, unterscheiden sie sich gerade im Hinblick auf Messbarkeitsfragen doch wesentlich, siehe [58, 59, 62, 65, 83, 113] für den endlichdimensionalen Fall.
Ein augenfälliges Beispiel für den Unterschied beider Lösungskonzepte stammt von Tanaka, siehe Seite 150 in [113].

Beispiel 4.1.1. *Betrachtet werde die eindimensionale Gleichung*

$$X_t = \int_0^t sgn(X_s)\, dB_s.$$

Dann besitzt diese Gleichung zwar eine Martingallösung, aber keine starke Lösung. Zudem ist die Lösung zwar eindeutig in Verteilung, aber pfadweise Eindeutigkeit besteht nicht.

Für den Hilbertraumfall wurden Probleme der Art (4.1.1) bereits in [29], von Dariusz Gątarek in [48], von Dariusz Gątarek und Beniamin Gołdys in [49] sowie von

Michel Métivier und Michel Viot in [90] behandelt: dort gehen wesentlich eine hilbertraumwertige Version eines Satzes von Girsanov ein, der keine Entsprechung in allgemeinen Banachräumen zu haben scheint. In einer Arbeit [50] von Leszek Gawarecki, V. S. Mandrekar und Phil H. Richard werden in Hilberträumen Existenzresultate für Martingallösungen stochastischer Evolutionsgleichungen, deren Koeffizienten von der gesamten Vergangenheit des Prozesses abhängen, gezeigt unter Verwendung von Kompaktheitsargumenten und Ideen von Iosif Il'ič Gihman und Anatolìj Volodimirovič Skorohod aus [51]. Von Zdzisław Brzezniak und Dariusz Gątarek wurde in [20] für spezielle Banachräume der bereits in den Lemmata 2.2.1, 2.2.6 eingeführte Faktorisierungsoperator R_α für Existenzbeweise von Martingallösungen herangezogen und so die Verwendung des Satzes von Girsanov umgangen. Insbesondere die Kompaktheit des Faktorisierungsoperator spielt hier eine wesentliche Rolle. In [20] werden Banachräume vom Rademachertyp 2 mit UMD-Eigenschaft betrachtet, was auf den ersten Blick ein wenig überrascht. Diese Wahl ist durch folgende Sachverhalte motiviert: zum einen erfordert der dort verwendete Integralbegriff, dass der Banachraum vom Martingaltyp 2 ist, und zum anderen wird, um gewisse Eigenschaften des Faktorisierungsoperators zu kennen, in Banachräumen mit der UMD-Eigenschaft gearbeitet. Da in Banachräumen mit der UMD-Eigenschaft, vgl. Unterabschnitt 1.2.3, die Eigenschaften Martingaltyp und Rademachertyp äquivalent sind, ergibt sich die wenig natürliche Wahl als Schnittmenge obiger Voraussetzungen. Verwendet man stattdessen den einem „decoupling"-Ansatz entsprungenen Integralbegriff, vgl. Unterabschnitt 1.7.2, so ergeben sich als natürliches Arbeitsumfeld Banachräume mit UMD-Eigenschaft. Dies führt insbesondere dazu, dass die Voraussetzung des Rademachertyps 2 hier entbehrlich ist, wohingegen sie in [20] wesentlich war. Sieht man sich zudem den Faktorisierungsoperator genauer an, vgl. Unterabschnitt 2.2.2 bzw. Unterabschnitt 2.2.4, so kann man die in [20] bewiesene Kompaktheitseigenschaft für beliebige separable Banachräume zeigen, sodass aus analytischer Sicht bis auf die Separabilität jegliche Annahmen an E entfallen können.

Eine andere Sichtweise auf Martingallösungen in Banachräumen offeriert der Artikel [38] von Egbert Dettweiler. Martingallösungen wurden ebenfalls von Remigijus Mikulevicius und Boris L'vovič Rozovskij in [91, 92] betrachtet.

Eine ausführliche Behandlung von Lösungskonzepten stochastischer Evolutionsgleichungen und dem Thema Martingallösungen in Banachräumen vom Martingaltyp 2 findet man in der Dissertation [104] von Martin Ondreját.

Da Stetigkeit der rechten Seite bereits für deterministische Gleichungen in unendlichdimensionalen Banachräumen nicht hinreichend für die Existenz von Lösungen ist, siehe [14, 16, 52], benötigt man natürlich im stochastischen Fall auch zusätzliche Annahmen, beispielsweise Kompaktheits- oder Monotonieannahmen.

Für Hilberträume gelang es Michel Viot in [135, 136, 137] bzw. Michel Métivier und Michel Viot in [90] in Anlehnung an deterministische Theorien sowohl unter gewissen Kompaktheits- als auch unter gewissen Monotonieannahmen die Existenz von Martingallösungen in Hilberträumen zu zeigen. Das Vorgehen sah dabei so aus, dass sie eine Folge von approximativen Lösungen definierten, dann zeigten, dass diese Folge in einem geeigneten Raum straff ist, und sich schließlich davon überzeugten, dass der damit

existierende Grenzwert einer Teilfolge eine gesuchte Lösung ist.
Ein in groben Zügen ähnlicher Weg wird auch in diesem Kapitel unter geeigneten Kompaktheitsannahmen beschritten.
Da wir im Folgenden Ergebnisse aus [20] über stochastische Gleichungen der Gestalt (4.1.1) verallgemeinern wollen, stellen wir diese Ergebnisse kurz vor.
In dem eingangs erwähnten Artikel [20] wird unter den folgenden Voraussetzungen:

- E hat die UMD-Eigenschaft und ist vom Rademachertyp 2,
- A ist ein dicht definierter, sektorieller Operator in E,
- $-A$ hat beschränkte imaginäre Potenzen, d.h. es existieren $K > 0$ und $\theta < \frac{\pi}{2}$ so, dass
$$\|(-A)^{is}\| \le Ke^{\theta|s|}, \qquad s \in \mathbb{R},$$
- es existiert ein Banachraum E_1 und ein $\sigma \in (0, \frac{1}{2})$ mit
$$D((-A)^{\delta}) \hookrightarrow E_1 \hookrightarrow E$$
für $\delta \in (0, \frac{1}{2} - \sigma)$ so, dass die Halbgruppe $(S(t))_{t\ge 0}$ auf E_1 eine stark stetige Halbgruppe ist und die Einbettung $D((-A)^{\delta}) \hookrightarrow E_1$ kompakt ist,
- für ein $\sigma \in (0, \frac{1}{2})$ ist die Abbildung $(-A)^{-\sigma}B : [0, \infty) \times E_1 \to \gamma(H, E)$ beschränkt, messbar bezüglich der ersten und stetig bezüglich der zweiten Variable und
- für ein $\beta < 1$ ist die Abbildung $(-A)^{-\beta}F : [0, \infty) \times E_1 \to E$ messbar bezüglich der ersten und stetig bezüglich der zweiten Variable und beschränkt[1]

der folgende Satz bewiesen.

Satz 4.1.2 ([20, Theorem 4.5]). *Es gelten die vorstehenden Voraussetzungen, dann existiert für jedes $x \in E_1$ eine stetige milde Martingallösung von* (4.1.1).

Auf die Beschränktheit von F kann man verzichten, wenn man stattdessen fordert:

- die Abbildung $F : [0, \infty) \times E_1 \to E_1$ ist stark messbar bezüglich der ersten Variable, stetig bezüglich der zweiten und es existieren $k \in \mathbb{R}$ und eine wachsende Funktion $a : \mathbb{R}_+ \to \mathbb{R}_+$ mit $\lim_{t\to\infty} a(t) = \infty$ so, dass für jedes $x \in D(A)$, $y \in E_1$ und $t \ge 0$ gilt
$$\langle -Ax + F(t, x + y), z\rangle \le a(\|y\|_{E_1}) - k\|x\|_{E_1} \qquad \forall\, z \in \partial\|x\|_{E_1},$$
wobei $\partial\|x\|_{E_1} := \{x' \in (E_1)' \mid \langle x', x\rangle = \|x\|_{E_1} \text{ und } \|x'\|_{(E_1)'} \le 1\}$.

Dann hat man

Satz 4.1.3 ([20, Theorem 4.6]). *Unter den geänderten vorstehenden Voraussetzungen existiert eine stetige milde Martingallösung von* (4.1.1).

[1] Die Stetigkeit fehlt im Original, ist nach Ansicht des Autors aber notwendig.

Das dabei verwendete stochastische Integral in Banachräumen vom Martingaltyp 2 wird nun durch das stochastische Integral in Banachräumen mit UMD- bzw- UMD$^-$-Eigenschaft ersetzt, wodurch man sich der Voraussetzung, dass E Rademachertyp 2 hat, entledigen kann.
Zunächst widmen wir uns eingehender den für Probleme der Art (4.1.1) existierenden Lösungsbegriffen.

4.2 Verschiedene Lösungsbegriffe

Als Lösungskonzept betrachten wir diesmal

Definition 4.2.1. *Es seien E ein Banachraum mit UMD$^-$-Eigenschaft, $(A, D(A))$ Erzeuger einer stark stetigen Halbgruppe $(S(t))_{t\geq 0}$ auf E, $F : [0,\infty) \times E_1 \longrightarrow E$ und $B : [0,\infty) \times E_1 \longrightarrow \mathcal{B}(H,E)$. Dann heißt ein Tupel $\{(\Omega,\mathcal{F},\mathbb{P}), (\mathcal{F}_t)_{t\geq 0}, W_H, (u(t))_{t\in[0,T]}\}$, bei dem W_H ein H-zylindrischer $(\mathcal{F}_t)_{t\geq 0}$-Wienerprozess ist,*

1. *milde Martingallösung von* (4.1.1) *auf $[0,T]$, falls u ein $(\mathcal{F}_t)_{t\in[0,T]}$-progressiv messbarer E_1-wertiger stochastischer Prozess ist, für jedes $t \in [0,T]$ die Abbildung $[(s,\omega) \mapsto S(t-s)F(s,u(s,\omega))]$ ein Element von $L_0(\Omega; L_1(0,t;E))$ definiert und $[(s,\omega) \mapsto S(t-s)B(s,u(s,\omega))]$ ein Element von $L_{0,\mathcal{F}_\cdot}(\Omega;\gamma(L_2(0,t;H),E))$ darstellt und außerdem $\mathbb{P}$-fast sicher für jedes $t \in [0,T]$ gilt*

$$\begin{aligned} u(t) &= S(t)u_0 + \int_0^t S(t-s)F(s,u(s))\,ds \\ &\quad + \int_0^t S(t-s)B(s,u(s))\,dW_H(s). \end{aligned}$$

2. *schwache Martingallösung von* (4.1.1) *auf $[0,T]$, falls u ein $(\mathcal{F}_t)_{t\in[0,T]}$-progressiv messbarer E_1-wertiger stochastischer Prozess ist, für jedes $t \in [0,T]$ und jedes $x' \in D(A')$ die Abbildungen $[(s,\omega) \mapsto \langle x', F(s,u(s,\omega))\rangle]$ und $[(s,\omega) \mapsto \langle A'x', u(s,\omega)\rangle]$ Elemente von $L_0(\Omega; L_1(0,t))$ definieren sowie $[(s,\omega) \mapsto B(s,u(s,\omega))'x']$ ein Element von $L_{0,\mathcal{F}_\cdot}(\Omega; L_2(0,t;H))$ darstellt und außerdem für jedes $x' \in D(A')$ und $\mathbb{P}$-fast sicher für jedes $t \in [0,T]$ gilt*

$$\begin{aligned} \langle x', u(t)\rangle &= \langle x', x_0\rangle + \int_0^t \langle A'x', u(s)\rangle\,ds \\ &\quad + \int_0^t \langle x', F(s,u(s))\rangle\,ds + \int_0^t B(s,u(s))'x'\,dW_H(s). \end{aligned}$$

3. *mittlere Martingallösung von* (4.1.1) *auf $[0,T]$, falls u ein $(\mathcal{F}_t)_{t\in[0,T]}$-progressiv messbarer E_1-wertiger stochastischer Prozess ist, $\mathbb{P}$-fast sicher für jedes $t \in [0,T]$ das Zufallselement $\int_0^t u(s)\,ds$ Werte in $D(A)$ annimmt, für jedes $t \in [0,T]$ die Abbildung $[(s,\omega) \mapsto F(s,u(s,\omega))]$ ein Element von $L_0(\Omega; L_1(0,t;E))$ definiert sowie*

die Abbildung $[(s,\omega) \mapsto B(s,u(s,\omega))]$ *ein Element von* $L_{0,\mathcal{F}_\cdot}(\Omega;\gamma(L_2(0,t;H),E))$ *darstellt und außerdem* $\mathbb{P}$*-fast sicher für jedes* $t \in [0,T]$ *gilt*

$$u(t) = u_0 + A\int_0^t u(s)\,ds + \int_0^t F(s,u(s))\,ds + \int_0^t B(s,u(s))\,dW_H(s).$$

4. *starke Martingallösung von* (4.1.1) *auf* $[0,T]$, *falls* u *ein* $(\mathcal{F}_t)_{t\in[0,T]}$*-progressiv messbarer* $D(A)$*-wertiger stochastischer Prozess ist, für jedes* $t \in [0,T]$ *durch die Abbildung* $[(s,\omega) \mapsto B(s,u(s,\omega))]$ *ein Element von* $L_{0,\mathcal{F}_\cdot}(\Omega;\gamma(L_2(0,t;H),E))$ *dargestellt wird sowie die Abbildung* $[(s,\omega) \mapsto F(s,u(s,\omega))]$ *ein Element von* $L_0(\Omega;L_1(0,t;E))$ *definiert und außerdem* $\mathbb{P}$*-fast sicher für jedes* $t \in [0,T]$ *gilt*

$$u(t) = u_0 + \int_0^t Au(s)\,ds + \int_0^t F(s,u(s))\,ds + \int_0^t B(s,u(s))\,dW_H(s).$$

Dann gelten ähnliche Beziehungen zwischen den verschiedenen Lösungen wie im Abschnitt 3.2 und wir haben

Satz 4.2.2. *Es seien* E *ein separabler Banachraum mit* UMD^-*-Eigenschaft,* $(A, D(A))$ *Erzeuger einer stark stetigen Halbgruppe* $(S(t))_{t\geq 0}$ *auf* E, $F : [0,\infty) \times E_1 \longrightarrow E$ *und* $B : [0,\infty) \times E_1 \longrightarrow \mathcal{B}(H,E)$ *für* $D(A) \subset E_1 \subset E$. *Dann gilt:*

1. *Ist durch das Tupel* $\{(\Omega,\mathcal{F},\mathbb{P}),(\mathcal{F}_t)_{t\geq 0},W_H,(u(t))_{t\in[0,T]}\}$ *eine schwache Martingallösung von* (4.1.1) *auf* $[0,T]$ *gegeben und ist* $[(s,\omega) \mapsto F(s,u(s,\omega))]$ *ein Element von* $L_0(\Omega;L_1(0,T;E))$ *sowie entweder* $u \in L_{p,\mathcal{F}_\cdot}(\Omega;\gamma(0,T;E))$ *für ein* $p \in (1,\infty)$ *oder* $u \in L_{p,\mathcal{F}_\cdot}(\Omega;\gamma(0,T;E))$ *für ein* $p \in \{0,1\}$ *und* E *ist reflexiv, so ist durch das Tupel* $\{(\Omega,\mathcal{F},\mathbb{P}),(\mathcal{F}_t)_{t\geq 0},W_H,(u(t))_{t\in[0,T]}\}$ *auch eine milde Martingallösung von* (4.1.1) *auf* $[0,T]$ *gegeben.*

2. *Ist das Tupel* $\{(\Omega,\mathcal{F},\mathbb{P}),(\mathcal{F}_t)_{t\geq 0},W_H,(u(t))_{t\in[0,T]}\}$ *eine milde Martingallösung von* (4.1.1) *auf* $[0,T]$, *gilt* $\mathbb{P}$*-fast sicher für jedes* $x' \in E'$ $[s \mapsto \langle x', F(s,u(s))\rangle] \in L_1(0,T)$ *und* $[s \mapsto B(s,u(s))'x'] \in L_{2,\mathcal{F}_\cdot}(\Omega \times (0,T);H)$, *so ist das betrachtete Tupel auch eine schwache Martingallösung von* (4.1.1) *auf* $[0,T]$.

Beweis: Eine allgemeine Bemerkung vorweg: angenommen wir haben einen stetigen Operator T von einem reflexiven Banachraum $\tilde{E}$ nach E gegeben, dann konvergiert aufgrund der Reflexivität von $\tilde{E}$ die Folge $(T'x'_n)_{n\in\mathbb{N}}$ schwach in $\tilde{E}'$, für jede Folge $(x'_n)_{n\in\mathbb{N}} \subset E'$, welche bezüglich $\sigma(E',E)$-konvergiert. Nach einem Satz von Mazur, siehe Theorem 2 auf Seite 120 in [146], existiert dann eine Folge $(y'_n)_{n\in\mathbb{N}}$ von Konvexkombinationen von $(x'_n)_{n\in\mathbb{N}}$ so, dass $T'y'_n$ in $\tilde{E}'$ konvergiert. Für $p \in (1,\infty)$ wird dies auf stochastische Prozesse $\Phi : [0,T] \times \Omega \to \mathcal{B}(H,E)$ angewendet, welche dual in $L_p(\Omega;L_2(0,T;H))$ liegen.

1. Sei $\{(\Omega, \mathcal{F}, \mathbb{P}), (\mathcal{F}_t)_{t\geq 0}, W_H, (u(t))_{t\in[0,T]}\}$ eine schwache Martingallösung. Für eine beliebige stetig differenzierbare Funktion $f : [0,T] \to \mathbb{R}$ gilt $\mathbb{P}$-fast sicher

$$\begin{aligned}
&\int_0^t f'(s)\langle x', u(s)\rangle\, ds \\
&= \langle x', u_0\rangle(f(t) - f(0)) + f(t)\int_0^t \langle A'x', u(r)\rangle\, dr - \int_0^t f(s)\langle A'x', u(s)\rangle\, ds \\
&\quad + f(t)\int_0^t \langle x', F(r, u(r))\rangle\, dr - \int_0^t f(s)\langle x', F(s, u(s))\rangle\, ds \\
&\quad + f(t)\int_0^t B(r, u(r))'x'\, dW_H(r) - \int_0^t f(r)B(r, u(r))'x'\, dW_H(r),
\end{aligned}$$

bzw. zusammengefasst $\mathbb{P}$-fast sicher

$$\begin{aligned}
\int_0^t f'(s)\langle x', u(s)\rangle\, ds &= f(t)\langle x', u(t)\rangle - f(0)\langle x', u_0\rangle \\
&\quad - \int_0^t f(s)\langle A'x', u(s)\rangle\, ds - \int_0^t f(s)\langle x', F(s, u(s))\rangle\, ds \\
&\quad - \int_0^t f(r)B(r, u(r))'x'\, dW_H(r).
\end{aligned}$$

Definieren wir nun $g(t) := f(t) \otimes x'$, so erhalten wir

$$\begin{aligned}
\langle g(t), u(t)\rangle &= \langle g(0), u_0\rangle - \int_0^t \langle g'(s) + A'g(s), u(s)\rangle\, ds \\
&\quad - \int_0^t \langle g(s), F(s, u(s))\rangle\, ds - \int_0^t B(r, u(r))'g(r)\, dW_H(r).
\end{aligned}$$

Ist $f \in C^2([0,t])$, so liegt $g = f \otimes x'$ in $C^2([0,t]; E') \cap C^1([0,t]; D(A'))$. Ist nun g ein beliebiges Element von $C^2([0,t]; E') \cap C^1([0,t]; D(A'))$, so existiert eine Folge $(g_n)_{n\in\mathbb{N}} \subset C^2([0,t]; E') \cap C^1([0,t]; D(A'))$ von der speziellen obigen Gestalt mit $g = \lim_{n\to\infty} g_n$. Dann gilt zunächst $\mathbb{P}$-fast sicher

$$\langle g(t), u(t)\rangle = \lim_{n\to\infty} \langle g_n(t), u(t)\rangle \quad \text{und} \quad \langle g(0), u(0)\rangle = \lim_{n\to\infty} \langle g_n(0), u(0)\rangle.$$

Außerdem haben wir $\mathbb{P}$-fast sicher in $L_1(0,t)$

$$\langle g, u\rangle = \lim_{n\to\infty} \langle g_n, u\rangle \quad \text{sowie} \quad \langle A'g, u\rangle = \lim_{n\to\infty} \langle A'g_n, u\rangle$$

und dank der Voraussetzung an F auch $\mathbb{P}$-fast sicher in $L_1(0,t)$

$$\langle g, F(\cdot, u)\rangle = \lim_{n\to\infty} \langle g_n, F(\cdot, u)\rangle.$$

Dann zeigt obige Gleichheit, dass $(\int_0^t B(s,u(s))'g_n(s)\,dW_H(s))_{n\in\mathbb{N}}$ eine Cauchyfolge in $L_0(\Omega)$ ist. Anwendung der Proposition 17.6 aus [62] zeigt schließlich, dass $\mathbb{P}$-fast sicher gilt

$$\int_0^t B(s,u(s))'g(s)\,dW_H(s) = \lim_{n\to\infty}\int_0^t B(s,u(s))'g_n(s)\,dW_H(s).$$

Damit gilt obige Gleichheit für beliebiges $g \in C^2([0,t];E') \cap C^1([0,t];D(A'))$.

Somit gilt für jedes $x' \in D((A^{\otimes})^2)$ $\mathbb{P}$-fast sicher

$$\begin{aligned}\langle x', u(t)\rangle &= \langle x', S(t)u_0\rangle + \int_0^t \langle x', S(t-s)F(s,u(s))\rangle\,ds \\ &\quad + \int_0^t B(s,u(s))'S(t-s)'x'\,dW_H(s),\end{aligned}$$

indem wir $g(s) := S(t-s)'x'$ wählen.

Gilt $p \in (1,\infty)$, so finden wir wegen der $\sigma(E',E)$-Folgendichtheit von $D((A^{\otimes})^2)$ und der Vorüberlegungen zu jedem $x' \in E'$ eine Folge $(y'_n)_{n\in\mathbb{N}} \subseteq E'$ mit $x' = \lim_{n\to\infty} y'_n$ bezüglich $\sigma(E',E)$ und $(S(t-\cdot)B(\cdot,u))'x' = \lim_{n\to\infty}(S(t-\cdot)B(\cdot,u))'y'_n$ in dem Raum $L_p(\Omega;L_2(0,t;H))$. Dies impliziert zusammen mit der Burkholder-Davis-Gundy-Ungleichung in $L_p(\Omega)$ die folgende Gleichheit

$$\begin{aligned}\langle x', u(t)\rangle &= \lim_{n\to\infty}\langle y'_n, u(t)\rangle \\ &= \lim_{n\to\infty}\Bigg(\langle y'_n, S(t)u_0\rangle + \int_0^t \langle y'_n, S(t-s)F(s,u(s))\rangle\,ds \\ &\quad + \int_0^t B(s,u(s))'S(t-s)'y'_n\,dW_H(s)\Bigg) \\ &= \langle x', S(t)u_0\rangle + \int_0^t \langle x', S(t-s)F(s,u(s))\rangle\,ds \\ &\quad + \int_0^t B(s,u(s))'S(t-s)'x'\,dW_H(s).\end{aligned}$$

Ist E reflexiv, so ist $D((A^{\otimes})^2)$ sogar normdicht in E' und wir erhalten ebenfalls die obige Gleichheit für beliebiges $x' \in E'$.

Da nach Voraussetzung $u(t) - S(t)u_0 - \int_0^t S(t-s)F(s,u(s))\,ds \in L_0(\Omega;E)$ gilt, ist $[(s,\omega) \mapsto S(t-s)B(s,u(s,\omega))]$ nach Definition stochastisch integrierbar und somit

$$u(t) = S(t)u_0 + \int_0^t S(t-s)F(s,u(s))\,ds + \int_0^t S(t-s)B(s,u(s))\,dW_H(s)$$

$\mathbb{P}$-fast sicher für jedes $t \in [0,T]$.

2. Sei $\{(\Omega, \mathcal{F}, \mathbb{P}), (\mathcal{F}_t)_{t\geq 0}, W_H, (u(t))_{t\in[0,T]}\}$ eine milde Martingallösung.

   Nun wählen wir ein $x' \in D(A')$ und ein $t \in [0,T]$. Dann gilt $\mathbb{P}$-fast sicher für jedes $s \in [0,t]$

$$\begin{aligned}\langle A'x', u(s)\rangle &= \langle A'x', S(s)u_0\rangle + \langle A'x', \int_0^s S(s-r)F(r,u(r))\,dr\rangle \\ &\quad + \langle A'x', \int_0^s S(s-r)B(r,u(r))\,dW_H(r)\rangle.\end{aligned}$$

   Dies impliziert zunächst

$$\begin{aligned}\int_0^t \langle A'x', S(s)u_0\rangle\,ds &= \int_0^t \langle S'(s)A'x', u_0\rangle\,ds \\ &= \langle x', S(t)u_0\rangle - \langle x', u_0\rangle\end{aligned}$$

   und

$$\begin{aligned}&\int_0^t \langle A'x', \int_0^s S(s-r)F(r,u(r))\,dr\rangle\,ds \\ &= \int_0^t\int_0^s \langle A'x', S(s-r)F(r,u(r))\rangle\,dr\,ds \\ &= \int_0^t\int_r^t \langle A'x', S(s-r)F(r,u(r))\rangle\,ds\,dr \\ &= \langle x', \int_0^t S(t-r)F(r,u(r))\,dr\rangle - \int_0^t \langle x', F(r,u(r))\rangle\,dr\end{aligned}$$

   sowie

$$\begin{aligned}&\int_0^t \langle A'x', \int_0^s S(s-r)B(r,u(r))\,dW_H(r)\rangle\,ds \\ &= \int_0^t\int_0^s B(r,u(r))'S(s-r)'A'x'\,dW_H(r)\,ds \\ &= \int_0^t\int_r^t B(r,u(r))'S(s-r)'A'x'\,ds\,dW_H(r) \\ &= \langle x', \int_0^t S(t-r)B(r,u(r))\,dW_H(r)\rangle - \int_0^t B(r,u(r))'x'\,dW_H(r)\end{aligned}$$

   Zusammengesetzt ergibt sich somit

$$\begin{aligned}\int_0^t \langle A'x', u(s)\rangle\, ds &= \langle x', \int_0^t S(t-r)B(r,u(r))\, dW_H(r)\\ &\quad + \langle x', \int_0^t S(t-r)F(r,u(r))\, dr + \langle x', S(t)u_0\rangle - \langle x', u_0\rangle\\ &\quad - \int_0^t \langle x', F(r,u(r))\rangle\, dr - \int_0^t B(r,u(r))'x'\, dW_H(r)\\ &= \langle x', u(t)\rangle - \langle x', u_0\rangle - \int_0^t \langle x', F(r,u(r))\rangle\, dr\\ &\quad - \int_0^t B(r,u(r))'x'\, dW_H(r).\end{aligned}$$

□

Bemerkung 4.2.3. *Große Teile des obigen Beweises gehen zurück auf Ideen von* MARK C. VERAAR.

Satz 4.2.4. *Es seien E ein separabler Banachraum mit UMD$^-$-Eigenschaft, $(A, D(A))$ Erzeuger einer stark stetigen Halbgruppe $(S(t))_{t\geq 0}$ auf E, $F : [0,\infty) \times E_1 \longrightarrow E$ und $B : [0,\infty) \times E_1 \longrightarrow \mathcal{B}(H, E)$ für $D(A) \subset E_1 \subset E$. Dann gilt:*

1. *Ist $\{(\Omega, \mathcal{F}, \mathbb{P}), (\mathcal{F}_t)_{t\geq 0}, W_H, (u(t))_{t\in[0,T]}\}$ eine starke Martingallösung von (4.1.1) auf $[0,T]$, so ist $\{(\Omega, \mathcal{F}, \mathbb{P}), (\mathcal{F}_t)_{t\geq 0}, W_H, (u(t))_{t\in[0,T]}\}$ auch eine mittlere Martingallösung von (4.1.1) auf $[0,T]$.*

2. *Ist $\{(\Omega, \mathcal{F}, \mathbb{P}), (\mathcal{F}_t)_{t\geq 0}, W_H, (u(t))_{t\subset[0,T]}\}$ eine mittlere Martingallösung von (4.1.1) auf $[0,T]$, so ist $\{(\Omega, \mathcal{F}, \mathbb{P}), (\mathcal{F}_t)_{t\geq 0}, W_H, (u(t))_{t\in[0,T]}\}$ auch eine milde Martingallösung von (4.1.1) auf $[0,T]$.*

3. *Ist $\{(\Omega, \mathcal{F}, \mathbb{P}), (\mathcal{F}_t)_{t\geq 0}, W_H, (u(t))_{t\in[0,T]}\}$ eine milde Martingallösung von (4.1.1) auf $[0,T]$, ist die Abbildung $[(s,\omega) \mapsto B(s, u(s,\omega))]$ auf $[0,T]$ stochastisch integrierbar bezüglich W_H und gehört $[s \mapsto F(s, u(s))]$ $\mathbb{P}$-fast sicher zu $L_1(0,T;E)$, so ist durch $\{(\Omega, \mathcal{F}, \mathbb{P}), (\mathcal{F}_t)_{t\geq 0}, W_H, (u(t))_{t\in[0,T]}\}$ auch eine mittlere Martingallösung von (4.1.1) auf $[0,T]$ gegeben.*

Beweis: Die Behauptungen der Teile 1. und 2. sind klar. Wenden wir uns also Teil 3. zu. Ohne Beschränkung der Allgemeinheit gelte $u_0 = 0$. Nach dem Satz 1.7.16 gilt dann $\mathbb{P}$-fast sicher für jedes $t \in [0,T]$

$$\begin{aligned}\int_0^t u(s)\, ds &= \int_0^t \int_0^s S(s-r)F(r,u(r))\, dr\, ds + \int_0^t \int_0^s S(s-r)B(r,u(r))\, dW_H(r)\, ds\\ &= \int_0^t \underbrace{\int_r^t S(s-r)F(r,u(r))\, ds}_{=:\Phi_1(r)}\, dr + \int_0^t \underbrace{\int_r^t S(s-r)B(r,u(r))\, ds}_{=:\Phi_2(r)}\, dW_H(r).\end{aligned}$$

Sowohl Φ_1 als auch Φ_2 nimmt Werte in $D(A)$ an und man hat $\mathbb{P}$-fast sicher

$$A\Phi_1(r) = S(t-r)F(r,u(r)) - F(r,u(r))$$

und

$$A\Phi_2(r) = S(t-r)B(r,u(r)) - B(r,u(r)).$$

Nach Voraussetzung ist $A\Phi_1$ über $(0,t)$ integrierbar und $A\Phi_2$ über $(0,t)$ stochastisch integrierbar bezüglich W_H. Also gilt $\mathbb{P}$-fast sicher für jedes $t \in [0,T]$

$$\begin{aligned} A\int_0^t u(s)\,ds &= \int_0^t S(t-r)F(r,u(r))\,dr + \int_0^t S(t-r)B(r,u(r))\,dW_H(r) \\ &\quad - \int_0^t F(r,u(r))\,dr - \int_0^t B(r,u(r))\,dW_H(r) \\ &= u(t) - \int_0^t F(r,u(r))\,dr - \int_0^t B(r,u(r))\,dW_H(r). \end{aligned}$$

□

Da hier die Wahl des Wahrscheinlichkeitsraums zur Lösung gehört, muss dies auch für Eindeutigkeitsfragen berücksichtigt werden.

Definition 4.2.5. *Es seien E ein separabler Banachraum mit UMD^--Eigenschaft und $u_0 \in E_1$ für $E_1 \subset E$. Das Martingalproblem* (4.1.1) *zum Anfangswert u_0 heißt dann eindeutig mild bzw. schwach lösbar in Verteilung auf $[0,T]$, falls für milde bzw. schwache Martingallösungen $\{(\Omega_i, \mathcal{F}_i, \mathbb{P}_i), (\mathcal{F}_t^{(i)})_{t\geq 0}$,*
$W_H^{(i)}, (u_i(t))_{t\in[0,T]}\}$, $i=1,2$, auf $(E^n, \mathfrak{Bo}(E^n))$ gilt:

$$\forall n \in \mathbb{N}\, \forall t_1,\ldots,t_n \in [0,T]: \quad P_1^{(u_1(t_1),\ldots,u_1(t_n))} = P_2^{(u_2(t_1),\ldots,u_2(t_n))}.$$

Bemerkung 4.2.6. *Es gibt noch weitere Eindeutigkeitsbegriffe. Auf ihre Definition und Interdependenzen geht die Arbeit [105] von* Martin Ondreját *näher ein.*

4.3 Allgemeine Existenz- und Regularitätsresultate

Für den folgenden Abschnitt sei $(A, D(A))$ Erzeuger einer stark stetigen Halbgruppe $(S(t))_{t\geq 0}$ auf einem separablen Banachraum E. Wie im Kapitel 3 soll auch hier die Faktorisierungsmethode zum Einsatz kommen, allerdings ist diesmal der stochastische Term wesentlich komplizierter aufgebaut.
Unser Ziel ist es nun, Regularitätsaussagen über den stochastischen Prozess

$$\left(\int_0^t S(t-s)B(s,u(s))\,dW_H(s)\right)_{t\in[0,T]}$$

zu erhalten.

Wiederum können wir die angesprochene Faktorisierungsmethode wie folgt verwenden

$$\int_0^t S(t-s)B(s,u(s))\,dW_H(s) =_{\mathbb{P}} \frac{\sin(\pi\alpha)}{\pi}(R_\alpha Y_\alpha)(t),$$

wobei wiederum

$$(R_\alpha f)(t) = \int_0^t (t-s)^{\alpha-1}S(t-s)f(s)\,ds$$

für geeignete Funktionen f und nun

$$Y_\alpha(t) := \int_0^t (t-s)^{-\alpha}S(t-s)B(s,u(s))\,dW_H(s).$$

Mit Hilfe des im Unterabschnitt 1.7.2 eingeführten stochastischen Integrals für zufällige Integranden erhalten wir für die Wohldefiniertheit von Y_α die folgende Bedingung:

$$\mathbb{E}(\|[s \mapsto (t-s)^{-\alpha}S(t-s)B(s,u(s))]\|^p_{\gamma(0,t;H,E)}) < \infty$$

für ein $p \in (1,\infty)$. Um die p-Abhängigkeit zu umgehen, können wir zu der folgenden stärkeren Bedingung übergehen:

$$\forall\,\omega \in \Omega \setminus \mathcal{N},\ \mathbb{P}(\mathcal{N}) = 0: \qquad \|[s \mapsto (t-s)^{-\alpha}S(t-s)B(s,u(s,\omega))]\|_{\gamma(0,t;H,E)} \le C < \infty,$$

also, da wir uns für pfadstetige u interessieren,

$$\forall\,\varphi \in C([0,T];E): \qquad \|[s \mapsto (t-s)^{-\alpha}S(t-s)B(s,\varphi(s))]\|_{\gamma(0,t;H,E)} \le C < \infty.$$

Die in der Einleitung angegebene Bedingung an die Abbildung $B : [0,\infty)\times E_1 \to \gamma(H,E)$ ist dann eine auf Banachräume vom Rademachertyp 2 maßgeschneiderte Forderung. Sie impliziert, dass für beliebiges $\alpha \in (0,\frac{1}{2})$ gilt

$$\int_0^T \mathbb{E}(\|\int_0^t (t-s)^{-\alpha}S(t-s)B(s,\varphi(s))\,dW_H(s)\|^2)\,dt < \infty \qquad \forall\,\varphi \in Bo_b([0,T];E_1),$$

wobei $Bo_b([0,T];E_1)$ die beschränkten, borelmessbaren Funktionen von $[0,T]$ nach E_1 bezeichnet. Die Notwendigkeit den Rahmen stetiger Funktionen zu verlassen, ergibt sich dabei aus der gewählten Beweismethode für die Existenzsätze, welche mit im Allgemeinen unstetigen Diskretisierungen arbeitet.

Daran erkennen wir, dass wir im hier behandelten Fall für stetiges $B : [0,\infty)\times E_1 \to \mathcal{B}(H,E)$ mit folgender Bedingung arbeiten können, vgl. mit der Bedingung (2.3.2),

$$\sup_{t\in[0,T]}\ \sup_{\varphi\in Bo_b([0,t];E_1)} \|(t-\cdot)^{-\alpha}S(t-\cdot)B(\cdot,\varphi(\cdot))\|_{\gamma(0,t;H,E)} \le K_B < \infty. \tag{4.3.1}$$

Bemerkung 4.3.1. *Die Stetigkeit von B sorgt dafür, dass $(t-\cdot)^{-\alpha}S(t-\cdot)B(\cdot,\varphi(\cdot))$ die für die Zugehörigkeit zu $\gamma(0,t;H,E)$ notwendigen Messbarkeitsvoraussetzungen erfüllt. Die verbleibenden Endlichkeitsforderungen für die Zugehörigkeit zu $\gamma(0,t;H,E)$ sollen dann als implizit enthalten in der Bedingung (4.3.1) aufgefasst werden.*

Als Verallgemeinerung des Satzes 3.4.2 erhalten wir dann

Satz 4.3.2. *Es sei $(A, D(A))$ Erzeuger einer stark stetigen Halbgruppe $(S(t))_{t\geq 0}$ auf einem separablen Banachraum E mit UMD$^-$-Eigenschaft, $(\Omega, \mathcal{F}, \mathbb{P}, (\mathcal{F}_t)_{t\geq 0})$ ein filtrierter Wahrscheinlichkeitsraum, dessen Filtration den Bedingungen aus dem entsprechenden Teil des Unterabschnitts 1.7.2 genüge, W_H ein $(\mathcal{F}_t)_{t\geq 0}$-zylindrischer Wienerprozess und $\Phi : [0,T] \times \Omega \to \mathcal{B}(H,E)$ ein H-stark $(\mathcal{F}_t)_{t\geq 0}$-progressiv messbarer stochastischer Prozess.*
Gilt für ein $T > 0$ und ein $\alpha \in (0, \frac{1}{2})$

$$C := \sup_{t\in[0,T]} \|[s \mapsto (t-s)^{-\alpha} S(t-s)\Phi(s)]\|_{\gamma(0,t;H,E)} < \infty, \tag{4.3.2}$$

so hat der stochastische Prozess

$$\left(\int_0^t S(t-s)\Phi(s)\, dW_H(s)\right)_{t\in[0,T]}$$

eine Modifikation mit stetigen Pfaden.

Beweis: Die Bedingung (4.3.2) ermöglicht es, für jedes $t \in [0,T]$ den stochastischen Prozess

$$Y_\alpha(t) := \int_0^t (t-s)^{-\alpha} S(t-s)\Phi(s)\, dW_H(s)$$

zu definieren mit der folgenden Abschätzung für beliebiges $p \in (1, \infty)$

$$\int_0^T \mathbb{E}(\|Y_\alpha(t)\|^p)\, dt \leq C^p T.$$

Mit Hilfe des Kriteriums 1.7.6 erkennt man zudem, dass der stochastische Prozess

$$\left(\int_0^t S(t-s)\Phi(s)\, dW_H(s)\right)_{t\in[0,T]}$$

wohldefiniert ist. Nun gilt $\mathbb{P}$-fast sicher für jedes $t \in [0,T]$

$$\int_0^t S(t-s)\Phi(s)\, dW_H(s) = (R_\alpha Y_\alpha)(t)$$

und die Behauptung folgt aus dem Lemma 2.2.1 auf ähnliche Art und Weise wie im Beweis des Satzes 3.4.2. □

Dass wir Bedingung (4.3.1) als Verallgemeinerung der Bedingungen aus [20] interpretieren können, zeigt das folgende Beispiel.

Beispiel 4.3.3. *Es sei E ein Banachraum vom Rademachertyp 2. Außerdem sei $B : [0,\infty) \times E_1 \to \gamma(H,E)$ stetig und beschränkt mit Schranke C_B. Für beliebiges $t \in [0,T]$ und $\varphi \in Bo_b([0,t];E_1)$ ist dann $(t-\cdot)^{-\alpha}S(t-\cdot)B(\cdot,\varphi(\cdot))$ H-stark messbar und für beliebiges $x' \in E'$ gehört $(t-\cdot)^{-\alpha}(S(t-\cdot)B(\cdot,\varphi(\cdot)))'x'$ zu $L_2(0,t;H)$. Dies zeigt, dass die für die Zugehörigkeit zu $\gamma(0,t;H,E)$ wesentlichen Messbarkeitsforderungen erfüllt sind und lediglich noch Endlichkeitsforderungen zu erfüllen sind, welche implizit in den nachfolgenden Rechnungen gezeigt werden. Dann ist die Bedingung (4.3.1) für beliebiges $\alpha \in (0,\frac{1}{2})$ erfüllt, denn nach Lemma 1.6.5 gilt*

$$
\begin{aligned}
&\sup_{t\in[0,T]} \sup_{\varphi\in Bo_b([0,t];E_1)} \|(t-\cdot)^{-\alpha}S(t-\cdot)B(\cdot,\varphi(\cdot))\|^2_{\gamma(L_2(0,t;H),E)} \\
\overset{\text{Typ 2}}{\leq}\;& C_2^2 \sup_{t\in[0,T]} \sup_{\varphi\in Bo_b([0,t];E_1)} \|(t-\cdot)^{-\alpha}S(t-\cdot)B(\cdot,\varphi(\cdot))\|^2_{L_2(0,t;\gamma(H,E))} \\
\leq\;& C_2^2 (\sup_{t\in[0,T]} \|S(t)\|^2) \sup_{t\in[0,T]} \sup_{\varphi\in Bo_b([0,t];E_1)} \int_0^t (t-s)^{-2\alpha} \|B(s,\varphi(s))\|^2_{\gamma(H,E)}\, ds \\
\leq\;& C_2^2 (\sup_{t\in[0,T]} \|S(t)\|^2) C_B^2 \sup_{t\in[0,T]} \int_0^t (t-s)^{-2\alpha}\, ds < \infty.
\end{aligned}
$$

Bevor wir in allgemeineren Banachräumen Beispiele angeben, wann diese Bedingung erfüllt ist, wenden wir uns zunächst der Frage zu, wie man die Inhomogenitäten in Beispielen modellieren kann.

Waren wir im Unterabschnitt 3.5.3 an lipschitzstetigen Inhomogenitäten interessiert, so begnügen wir uns jetzt mit ihrer Stetigkeit.

Ist $G \subset \mathbb{R}^n$ ein Gebiet, so induziert nach Theorem 3.1 und Theorem 3.7 aus [8] eine Funktion $b : G \times \mathbb{R} \to \mathbb{R}$ eine stetige Abbildung $B : L_p(G) \to L_p(G)$, wenn b eine Carathéodory-Funktion ist und es zudem eine Funktion $a_b \in L_p(G)$ und eine Konstante $C_b > 0$ gibt mit

$$|b(x,y)| \leq a_b(x) + C_b|y| \qquad \forall\,(x,y) \in G \times \mathbb{R}.$$

Unter Beachtung der Bemerkungen zu Nemyckij-Operatoren im Unterabschnitt 3.5.3 haben wir

Beispiel 4.3.4. *Es sei $p \in [1,\infty)$, $G \subseteq \mathbb{R}^n$ ein beschränktes Gebiet, $E = E_1 = L_p(G)$, $H = \ell^2$ und $(b_k)_{k\in\mathbb{N}}$ eine Folge von Carathéodory-Funktionen auf $G \times \mathbb{R}$ mit*

$$|b_k(x,y)| \leq C_k \qquad \text{für beliebige } x \in G \text{ und } y \in \mathbb{R}$$

für jedes $k \in \mathbb{N}$ und $(C_k)_{k\in\mathbb{N}} \in \ell^2$. Aufgrund der Beschränktheit von G definiert dann jede Funktion b_k nach obigen Vorüberlegungen eine stetige Abbildung $B_k : L_p(G) \to L_p(G)$ vermittels $(B_k(f))(x) := b_k(x,f(x))$. Für jedes $k \in \mathbb{N}$ gilt dann $\|B_k(f)\|_{L_p(G)} \leq C_k$. Wir definieren nun

$$B : \begin{cases} E & \to \quad \mathcal{B}(H,E) \\ f & \mapsto \quad [h \mapsto \sum_{k=1}^{\infty} (h,e_k)_H B_k(f)]. \end{cases}$$

Die Abschätzung

$$\begin{aligned}\|B(f)h\|_E &\leq \|h\|_H \|(B_k(f))_{k\in\mathbb{N}}\|_{\ell^2(E)} \\ &\leq \|h\|_H \|(C_k)_{k\in\mathbb{N}}\|_{\ell^2}\end{aligned}$$

zeigt, dass $B(f)$ *in* $\mathcal{B}(H,E)$ *liegt für jedes* $f \in E$. *Eine ähnliche Abschätzung unter Zuhilfenahme des Satzes von Lebesgue beweist die Stetigkeit der Abbildung* B. *Dann ist die Bedingung (4.3.1) für jedes* $T > 0$ *und jedes* $\alpha \in (0, \frac{1}{2})$ *mit der vom Nulloperator erzeugten Halbgruppe erfüllt, denn für beliebiges* $t \in [0,T]$ *und* $\varphi \in Bo_b([0,t];E)$ *gilt nach der Hinčin-Kahane-Ungleichung, siehe* (1.6.2):

$$\begin{aligned}\|(t-\cdot)^{-\alpha}B(\varphi(\cdot))\|_{\gamma(0,t;H,E)} &= \left(\mathbb{E}(\|\sum_{k,l} g_{k,l}\int_0^t (t-s)^{-\alpha}B(\varphi(s))e_k f_l(s)\,ds\|_E^2)\right)^{\frac{1}{2}} \\ &\leq K_{2,p}\left(\mathbb{E}(\|\sum_{k,l} g_{k,l}\int_0^t (t-s)^{-\alpha}B(\varphi(s))e_k f_l(s)\,ds\|_E^p)\right)^{\frac{1}{p}}\end{aligned}$$

Aufgrund der speziellen Wahl $E = E_1 = L_p(G)$ *erhalten wir weiter*

$$\begin{aligned}&= K_{2,p}\left(\int_\Omega\int_G |\sum_{k,l} g_{k,l}(\omega)\int_0^t (t-s)^{-\alpha}b_k(x,\varphi(s,x))f_l(s)\,ds|^p\,dx\,P(d\omega)\right)^{\frac{1}{p}} \\ &= K_{2,p}C_p\left(\int_G\left(\sum_{k,l}|\int_0^t (t-s)^{-\alpha}b_k(x,\varphi(s,x))f_l(s)\,ds|^2\right)^{\frac{p}{2}}dx\right)^{\frac{1}{p}},\end{aligned}$$

wobei $C_p = (\mathbb{E}(|g_{1,1}|^p))^{\frac{1}{p}}$. *Schließlich gelangen wir zu*

$$\begin{aligned}&= K_{2,p}C_p\left(\int_G\left(\sum_k\sum_l |((t-\cdot)^{-\alpha}b_k(x,\varphi(\cdot,x)),f_l)|^2\right)^{\frac{p}{2}}dx\right)^{\frac{1}{p}} \\ &= K_{2,p}C_p\left(\int_G\left(\sum_k \|(t-\cdot)^{-\alpha}b_k(x,\varphi(\cdot,x))\|_{L_2(0,t)}^2\right)^{\frac{p}{2}}dx\right)^{\frac{1}{p}} \\ &= K_{2,p}C_p\left(\int_G\left(\sum_k\int_0^t (t-s)^{-2\alpha}|b_k(x,\varphi(s,x))|^2\,ds\right)^{\frac{p}{2}}dx\right)^{\frac{1}{p}} \\ &\leq K_{2,p}C_p\left(\sum_k C_k^2\int_0^t r^{-2\alpha}\,dr\right)^{\frac{p}{2}}\lambda(G)^{\frac{p}{2}} < \infty\end{aligned}$$

Ist man an Nemyckij-Operatoren von $W_p^1(G)$ nach $L_p(G)$ für ein beschränktes, glattes[2] Gebiet $G \subset \mathbb{R}^n$ interessiert, so gilt nach Lemma 9.5 in [8]: Es sei $b: G \times \mathbb{R} \times \mathbb{R}^n \to \mathbb{R}$

[2]Die Glattheit ist hier lediglich vonnöten, um sich Sobolev'scher Einbettungssätze zu bedienen; z.B. ist die gleichmäßige Kegelbedingung eine hinreichende Glattheitsbedingung, siehe z.B. [141].

eine Carathéodory-Funktion, dann wird durch

$$(B(f))(x) := b(x, f(x), \nabla f(x))$$

eine beschränkte, stetige Abbildung von $W_p^1(G)$ nach $L_p(G)$ definiert, falls

1. $p < n$ und für ein $a \in L_p(G)$ und b, $c \geq 0$ gilt

$$|b(x, y, z)| \leq a(x) + b|y|^{\frac{n}{n-p}} + c|z|,$$

2. $p = n$ und für ein $a \in L_p(G)$, b, $c \geq 0$ und beliebiges $r \geq 1$ gilt

$$|b(x, y, z)| \leq a(x) + b|y|^{\frac{r}{p}} + c|z|,$$

3. $p > n$ und für ein $a \in L_p(G)$, ein $b \in C(\mathbb{R})$ und ein $c \geq 0$ gilt

$$|b(x, y, z)| \leq b(y)(a(x) + c|z|).$$

Dann haben wir

Beispiel 4.3.5. *Es sei $p \in [1, \infty)$, $G \subseteq \mathbb{R}^n$ ein beschränktes, glattes Gebiet, $E = L_p(G)$, $E_1 = W_p^1(G)$, $H = \ell^2$ und $(b_k)_{k\in\mathbb{N}}$ eine Folge von Carathéodory-Funktionen auf $G \times \mathbb{R} \times \mathbb{R}^n$ mit*

$$|b_k(x, y, z)| \leq C_k$$

für jedes $k \in \mathbb{N}$ und $(C_k)_{k\in\mathbb{N}} \in \ell^2$. Aufgrund der Beschränktheit von G definiert dann jede Funktion b_k nach obigen Vorüberlegungen eine stetige, beschränkte Abbildung B_k von $W_p^1(G)$ nach $L_p(G)$ vermittels $(B_k(f))(x) := b_k(x, f(x))$. Wir definieren nun

$$B : \left\{ \begin{array}{lcl} E & \rightarrow & \mathcal{B}(H, E) \\ f & \mapsto & [h \mapsto \sum_{k=1}^{\infty} (h, e_k)_H B_k(f)]. \end{array} \right.$$

Die Abschätzung

$$\|B(f)h\|_E \quad \leq \quad \|h\|_H \|(B_k(f))_{k\in\mathbb{N}}\|_{\ell^2(E)}$$

zeigt, dass $B(f)$ in $\mathcal{B}(H, E)$ liegt für jedes $f \in E$. Eine ähnliche Abschätzung unter Zuhilfenahme des Satzes von Lebesgue beweist die Stetigkeit der Abbildung B. Dann ist die Bedingung (4.3.1) für jedes $T > 0$ und jedes $\alpha \in (0, \frac{1}{2})$ mit der vom Nulloperator erzeugten Halbgruppe erfüllt, denn für beliebiges $t \in [0, T]$ hat man analog zum vorherigen

Beispiel:

$$
\begin{aligned}
&\|(t-\cdot)^{-\alpha}B(\varphi(\cdot))\|_{\gamma(L_2(0,t;H),E)}\\
&= \left(\mathbb{E}(\|\sum_{k,l} g_{k,l}\int_0^t (t-s)^{-\alpha}B(\varphi(s))e_k f_l(s)\,ds\|_E^2)\right)^{\frac{1}{2}}\\
&\le K_{2,p}\left(\mathbb{E}(\|\sum_{k,l} g_{k,l}\int_0^t (t-s)^{-\alpha}B(\varphi(s))e_k f_l(s)\,ds\|_E^p)\right)^{\frac{1}{p}}\\
&= K_{2,p}\left(\int_\Omega\int_G |\sum_{k,l} g_{k,l}(\omega)\int_0^t (t-s)^{-\alpha}b_k(x,\varphi(s,x),\nabla\varphi(s,x))f_l(s)\,ds|^p\,dx\,P(d\omega)\right)^{\frac{1}{p}}\\
&= K_{2,p}C_p\left(\int_G\left(\sum_{k,l}|\int_0^t (t-s)^{-\alpha}b_k(x,\varphi(s,x),\nabla\varphi(s,x))f_l(s)\,ds|^2\right)^{\frac{p}{2}}dx\right)^{\frac{1}{p}}\\
&= K_{2,p}C_p\left(\int_G\left(\sum_k\sum_l|((t-\cdot)^{-\alpha}b_k(x,\varphi(\cdot,x),\nabla\varphi(s,x)),f_l)|^2\right)^{\frac{p}{2}}dx\right)^{\frac{1}{p}}\\
&= K_{2,p}C_p\left(\int_G\left(\sum_k\|(t-\cdot)^{-\alpha}b_k(x,\varphi(\cdot,x),\nabla\varphi(s,x))\|^2_{L_2(0,t)}\right)^{\frac{p}{2}}dx\right)^{\frac{1}{p}}\\
&= K_{2,p}C_p\left(\int_G\left(\sum_k\int_0^t (t-s)^{-2\alpha}|b_k(x,\varphi(s,x),\nabla\varphi(s,x))|^2\,ds\right)^{\frac{p}{2}}dx\right)^{\frac{1}{p}}\\
&\le K_{2,p}C_p\left(\sum_k C_k^2\int_0^t r^{-2\alpha}\,dr\right)^{\frac{p}{2}}\lambda(G)^{\frac{p}{2}}<\infty.
\end{aligned}
$$

Bemerkung 4.3.6. *Für Inhomogenitäten, welche zudem noch von $t \in [0,\infty)$ abhängen sollen, kann man ähnlich verfahren, indem man beispielsweise Stetigkeit bezüglich t voraussetzt.*

Im zu betrachtenden Fall erweisen sich die folgenden Bedingungen als nützlich:

(H1) Die Abbildung

$$B:\ [0,\infty)\times E \longrightarrow \mathcal{B}(H,E)$$

ist stetig und erfüllt die Bedingung

$$(DB_{0,\alpha})\qquad \sup_{t\in[0,T]}\ \sup_{\varphi\in Bo_b([0,t];E)}\|(t-\cdot)^{-\alpha}S(t-\cdot)B(\cdot,\varphi(\cdot))\|_{\gamma(0,t;H,E)}\le K_B<\infty.$$

für ein $\alpha\in(0,\frac{1}{2})$.

(H2) Der Operator R_α gehört zu $\mathcal{K}(L_q([0,T];E), C([0,T];E))$ für alle $q \in (1,\infty)$ und $\alpha \in (\frac{1}{q}, 1]$.

(H3) Die Abbildung

$$F : [0,\infty) \times E \longrightarrow E$$

ist stark messbar bezüglich der ersten, stetig bezüglich der zweiten Variable und beschränkt mit Schranke C_F.

Die abstrakte Bedingung (H2) ist Gegenstand des Unterabschnitts 2.2.2.
Dann gilt

Satz 4.3.7. *Es sei E ein separabler Banachraum mit UMD^--Eigenschaft. Der lineare Operator $(A, D(A))$ sei Erzeuger einer stark stetigen Halbgruppe $(S(t))_{t\geq 0}$ auf E und die Bedingungen (H1) bis (H3) seien erfüllt. Dann existiert für jedes $u_0 \in E$ eine stetige schwache Martingallösung des Problems (4.1.1) auf $[0,T]$, welche zugleich stetige milde Martingallösung ist.*

Beweis: Der Beweis teilt sich in drei Schritte auf; sei $T > 0$ wie in Bedingung (H1).

1. ***Approximation***
Wir wählen einen filtrierten Wahrscheinlichkeitsraum $(\Omega, \mathcal{F}, \mathbb{P}, (\mathcal{F}_t)_{t\geq 0})$ aus, auf dem ein $(\mathcal{F}_t)_{t\geq 0}$-adaptierter H-zylindrischer Wienerprozess W_H definiert ist und dessen Filtration den Bedingungen aus [96] genügt. Als Nächstes definieren wir für jedes $n \in \mathbb{N}$ induktiv einen $(\mathcal{F}_t)_{t\in[0,T]}$-progressiv messbaren Prozess $(\tilde{u}_n(t))_{t\in[0,T]}$ gemäß $\tilde{u}_n(0) := u_0$ und

$$\begin{aligned} \tilde{u}_n(t) \;:=\; & S(t)u_0 + \sum_{l=0}^{k-1} \int_{\frac{lT}{2^n}}^{\frac{(l+1)T}{2^n}} S(t-s)B(s, \tilde{u}_n(\frac{lT}{2^n}))\, dW_H(s) \\ & + \int_{\frac{kT}{2^n}}^{t} S(t-s)B(s, \tilde{u}_n(\frac{kT}{2^n}))\, dW_H(s) \\ & + \sum_{l=0}^{k-1} \int_{\frac{lT}{2^n}}^{\frac{(l+1)T}{2^n}} S(t-s)F(s, \tilde{u}_n(\frac{lT}{2^n}))\, ds \\ & + \int_{\frac{kT}{2^n}}^{t} S(t-s)F(s, \tilde{u}_n(\frac{kT}{2^n}))\, ds \end{aligned} \tag{4.3.3}$$

für $t \in [\frac{kT}{2^n}, \frac{(k+1)T}{2^n})$; dies ist wohldefiniert dank des Lemmas 1.7.6, der Stetigkeit von B sowie F und der Bedingung $(DB_{0,\alpha})$. Definieren wir für $n \in \mathbb{N}$ eine Hilfsfunktion

$$\varphi_n : \begin{cases} [0,T] & \rightarrow \; \{0, \frac{T}{2^n}, \ldots, \frac{(2^n-1)T}{2^n}\} \\ t & \mapsto \; \sum_{l=0}^{2^n-1} \mathbf{1}_{[\frac{lT}{2^n}, \frac{(l+1)T}{2^n})}(t) \frac{lT}{2^n} \end{cases},$$

so schreibt sich Gleichung (4.3.3) als

$$\begin{aligned} \tilde{u}_n(t) \;=\; & S(t)u_0 + \int_0^t S(t-s)F(s, \tilde{u}_n(\varphi_n(s)))\, ds \\ & + \int_0^t S(t-s)B(s, \tilde{u}_n(\varphi_n(s)))\, dW_H(s). \end{aligned}$$

Es gilt dann

$$\mathbb{E}\Big(\int_0^T \|F(s,\tilde{u}_n(\varphi_n(s)))\|^q \, dt\Big) \;\leq\; C_F^q T < \infty.$$

Da die Konstante C_F aufgrund der Bedingung (H3) nicht von $n \in \mathbb{N}$ abhängt, können wir zu jedem $\epsilon > 0$ ein $a > 0$ so finden, dass für jedes $n \in \mathbb{N}$ und beliebiges $q \in [1,\infty)$ gilt

$$\mathbb{P}(\|f_n\|_{L_q(0,T;E)} \leq a) \geq 1-\epsilon, \tag{4.3.4}$$

wobei $f_n(s) := F(s,\tilde{u}_n(\varphi_n(s)))$.

Dann definieren wir für jedes $n \in \mathbb{N}$ einen stochastischen Prozess y_n gemäß

$$y_n(t) := \int_0^t (t-s)^{-\alpha} S(t-s) B(s,\tilde{u}_n(\varphi_n(s))) \, dW_H(s).$$

Dies ist wohldefiniert, da wegen des Satzes 1.7.14 und der Bedingung $(DB_{0,\alpha})$ gilt

$$\sup_{n\in\mathbb{N}} \int_0^T \mathbb{E}(\|y_n(t)\|^q) \, dt \leq (C^-)^q K_B^q T < \infty. \tag{4.3.5}$$

Nun gilt

$$\begin{aligned}
\mathbb{P}(\|y_n\|_{L_q(0,T;E)} \leq a) &= 1 - \mathbb{P}(\|y_n\|_{L_q([0,T];E)} > a) \\
&\geq 1 - \int_\Omega \frac{\|y_n\|^q_{L_q(0,T;E)}}{a^q} \, dP \\
&\geq 1 - a^{-q} \sup_{n\in\mathbb{N}} \mathbb{E}(\|y_n\|^q_{L_q(0,T;E)}).
\end{aligned}$$

Wegen (4.3.5) können wir zu jedem $\epsilon > 0$ ein $a > 0$ so finden, dass für jedes $n \in \mathbb{N}$ gilt

$$\mathbb{P}(\|y_n\|_{L_q(0,T;E)} \leq a) \geq 1-\epsilon. \tag{4.3.6}$$

2. ***Straffheit der Approximation***
Nach Voraussetzung ist nun die Abbildung $R_\alpha \;:\; L_q(0,T;E) \longrightarrow C([0,T];E)$ kompakt für jedes q mit $q \in (\frac{1}{\alpha},\infty)$, also ist $R_\alpha(\overline{B}_{L_q(0,T;E)}(0,a))$ für ein solches q kompakt in $C([0,T];E)$ für jedes $a > 0$. Somit existiert nach dem Lemma 1.8.1 und den Ungleichungen (4.3.6) und (4.3.4) zu jedem $\epsilon > 0$ eine kompakte Menge $K \subseteq C([0,T];E)$ so, dass für jedes $n \in \mathbb{N}$ gilt

$$\mathbb{P}^{S(\cdot)u_0 + R_1 f_n + \frac{\sin(\pi\alpha)}{\pi} R_\alpha y_n}(K) \geq 1-\epsilon,$$

also ist die auf $(C([0,T];E), \mathfrak{Bo}(C([0,T];E))$ definierte Familie von Wahrscheinlichkeitsmaßen $(\mathbb{P}^{S(\cdot)u_0 + R_1 f_n + \frac{\sin(\pi\alpha)}{\pi} R_\alpha y_n})_{n\in\mathbb{N}}$ straff. Setzen wir nun

$$u_n(t) := S(t)u_0 + (R_1 f_n)(t) + \frac{\sin(\pi\alpha)}{\pi}(R_\alpha y_n)(t),$$

so gilt $\mathbb{P}$-fast sicher für jedes $t \geq 0$, analog zu dem Beweis von (3.4.1),

$$\tilde{u}_n(t) = u_n(t).$$

Da die Verteilungen von $(u_n)_{n\in\mathbb{N}}$ straff auf $C([0,T];E)$ sind, existiert nach dem Satz 1.8.2 ein Maß μ auf $C([0,T];E)$ und eine Teilfolge $(u_{n_k})_{k\in\mathbb{N}}$ so, dass $(\mathbb{P}^{u_{n_k}})_{k\in\mathbb{N}}$ (im Sinn der Wahrscheinlichkeitstheorie) schwach gegen μ konvergiert für $k \to \infty$. Nach dem Satz 1.8.3 existiert also ein Wahrscheinlichkeitsraum $(\tilde{\Omega}, \tilde{\mathcal{F}}, \tilde{\mathbb{P}})$, eine Folge von Prozessen $(\tilde{v}_k)_{k\in\mathbb{N}}$ und ein Prozess $\tilde{v}$ so, dass u_{n_k} und $\tilde{v}_k$ die gleiche Verteilung besitzen, $\tilde{v}$ die Verteilung μ besitzt und $\tilde{v}_k \to \tilde{v}$ $\tilde{\mathbb{P}}$-fast sicher in $C([0,T];E)$ gilt.

3. ***Identifizierung des Grenzwerts***
Es gilt für jedes $t \in [0,T]$ und $x' \in D(A')$

$$\begin{aligned}\langle x', u_n(t)\rangle &= \langle x', u_0\rangle + \int_0^t \langle A'x', u_n(s)\rangle\, ds \\ &\quad + \int_0^t \langle x', F(s, u_n(\varphi_n(s)))\rangle\, ds \\ &\quad + \int_0^t B(s, u_n(\varphi_n(s)))'x'\, dW_H(s).\end{aligned}$$

Also wird für $x' \in D(A')$ durch

$$\begin{aligned}M_n(t)x' &:= \langle x', u_n(t)\rangle - \langle x', u_0\rangle \\ &\quad - \int_0^t \langle A'x', u_n(s)\rangle\, ds - \int_0^t \langle x', F(s, u_n(\varphi_n(s)))\rangle\, ds\end{aligned}$$

ein $D(A')$-zylindrisches stetiges L_2-Martingal $M_n x'$ bezüglich $(\mathcal{F}_t^{u_n})_{t\in[0,T]}$ definiert, sodass für jedes $x' \in D(A')$ gilt

$$[M_n x']_t = \int_0^t \|B(s, u_n(\varphi_n(s)))'x'\|_H^2\, ds,$$

wobei $[\cdot]_t$ die quadratische Variation an der Stelle t bezeichne. Ähnlich wie im Beweis von 8.1 Theorem in [29] sieht man, dass für jedes $t \in [0,T]$ und $x' \in D(A')$ durch

$$\begin{aligned}\tilde{M}_n(t)x' &:= \langle x', \tilde{v}_n(t)\rangle - \langle x', u_0\rangle \\ &\quad - \int_0^t \langle A'x', \tilde{v}_n(s)\rangle\, ds - \int_0^t \langle x', F(s, \tilde{v}_n(\varphi_n(s)))\rangle\, ds\end{aligned}$$

ein $D(A')$-zylindrisches stetiges L_2-Martingal $\tilde{M}_n x'$ bezüglich $(\tilde{\mathcal{F}}_t^{\tilde{v}_n})_{t\in[0,T]}$ definiert wird, sodass für jedes $x' \in D(A')$ gilt

$$[\tilde{M}_n x']_t = \int_0^t \|(B(s, \tilde{v}_n(\varphi_n(s)))'x'\|_H^2\, ds.$$

Dank der Voraussetzungen konvergiert die Folge $(\tilde{M}_n x')_{n\in\mathbb{N}}$ dann für jedes $x' \in D(A')$ in $C([0,T])$ $\tilde{\mathbb{P}}$-fast sicher gegen

$$\tilde{M}(t)x' := \langle x', \tilde{v}(t)\rangle - \langle x', u_0\rangle - \int_0^t \langle A'x', \tilde{v}(s)\rangle\, ds - \int_0^t \langle x', F(s, \tilde{v}(s))\rangle\, ds.$$

Somit ist $\tilde{M}x'$ ein $D(A')$-zylindrisches stetiges L_2-Martingal bezüglich $(\tilde{\mathcal{F}}_t^{\tilde{v}})_{t\in[0,T]}$ und für jedes $x' \in D(A')$ gilt

$$\begin{aligned} [\tilde{M}x']_t &= \lim_{n\to\infty} [\tilde{M}_n x']_t \\ &= \lim_{n\to\infty} \int_0^t \|B(s, \tilde{v}_n(\varphi_n(s)))'x'\|_H^2\, ds \\ &= \int_0^t \|B(s, \tilde{v}(s))'x'\|_H^2\, ds. \end{aligned}$$

Also existiert nach dem Satz 1.8.4 - ohne Beschränkung der Allgemeinheit erfülle der zugrundeliegende Wahrscheinlichkeitsraum bereits die zweite Bedingung, vgl. Bemerkung 1.8.5 - ein $(\tilde{\mathcal{F}}_t^{\tilde{v}})_{t\geq 0}$-adaptierter H-zylindrischer Wienerprozess $\tilde{W}_H$ so, dass für jedes $x' \in D(A')$ $\tilde{\mathbb{P}}$-fast sicher gilt:

$$\tilde{M}(t)x' = \int_0^t B(s, \tilde{v}(s))'x'\, d\tilde{W}_H(s).$$

Somit haben wir folgende Gleichheit für beliebiges $x' \in D(A')$ $\tilde{\mathbb{P}}$-fast sicher für jedes $t \in [0,T]$

$$\begin{aligned} \langle x', \tilde{v}(t)\rangle &= \langle x', u_0\rangle + \int_0^t \langle A'x', \tilde{v}(s)\rangle\, ds \\ &\quad + \int_0^t \langle x', F(s, \tilde{v}(s))\rangle\, ds + \int_0^t B(s, \tilde{v}(s))'x'\, d\tilde{W}_H(s), \end{aligned}$$

d.h. wir haben eine schwache Martingallösung gefunden.

Nach dem Satz 4.2.2 ist dies auch eine milde Martingallösung für $E_1 = E$.

□

Möchte man auch unbeschränkte Driftfunktionen F zulassen, so bietet sich die folgende Bedingung an:

(H4) Die Abbildung

$$F : [0,\infty) \times E \longrightarrow E$$

ist stark messbar bezüglich der ersten, stetig bezüglich der zweiten Variable und genügt der Wachstumsabschätzung

$$\|F(s,x)\| \leq C(1 + \|x\|) \qquad \forall\, s \geq 0,\, x \in E.$$

Unter dieser neuen Bedingung haben wir das folgende Existenzresultat.

Satz 4.3.8. *Es sei E ein separabler Banachraum mit UMD$^-$-Eigenschaft. Der lineare Operator $(A, D(A))$ sei Erzeuger einer stark stetigen Halbgruppe $(S(t))_{t\geq 0}$ auf E und die Bedingungen (H1), (H2) und (H4) seien erfüllt. Dann existiert für jedes $u_0 \in E$ eine stetige schwache Martingallösung des Problems* (4.1.1) *auf* $[0,T]$, *welche zugleich auch stetige milde Martingallösung ist.*

Beweis: Um mit dem Satz 4.3.7 arbeiten zu können, definieren wir für jedes $n \in \mathbb{N}$ eine Funktion $F_n : [0,\infty) \times E \to E$ gemäß

$$F_n(s,x) := \begin{cases} F(s,x) \quad , & \text{falls } \|x\| \leq n, \\ F(s, \frac{n}{\|x\|}x), & \text{anderenfalls.} \end{cases}$$

Dann gilt für jedes $n \in \mathbb{N}$, jedes $t \geq 0$ und jedes $y \in E$ die Abschätzung

$$\|F_n(t,y)\| \leq C(1+n).$$

Sei $T > 0$ wie in der Bedingung (H1). Dann existieren gemäß des Satzes 4.3.7 auf $[0,T]$ für jedes $n \in \mathbb{N}$ stetige Martingallösungen

$$(\Omega_n, \mathcal{F}_n, \mathbb{P}_n, (\mathcal{F}_{n,t})_{t\geq 0}, W_H^{(n)}, (\overline{u}_n(t))_{t\in[0,T]})$$

zu folgender Gleichung

$$\begin{aligned} d\overline{u}_n(t) &= (A\overline{u}_n(t) + F_n(t,\overline{u}_n(t)))\,dt + B(t,\overline{u}_n(t))\,dW_H^{(n)}(t) \\ \overline{u}_n(0) &= u_0. \end{aligned}$$

Nun definieren wir für jedes $t \in [0,T]$

$$y_n(t) := \int_0^t (t-s)^{-\alpha} S(t-s) B(s,\overline{u}_n(s))\,dW_H^{(n)}(s)$$

und

$$v_n(t) := \frac{\pi}{\sin(\pi\alpha)}(R_\alpha y_n)(t).$$

Ähnlich wie im Beweis des Satzes 4.3.7 sieht man, dass auch hier

$$\sup_{n\geq 1} \mathbb{E}_n\Big(\int_0^T \|y_n(t)\|^q dt\Big) < \infty \tag{4.3.7}$$

für beliebiges $q \in [1,\infty)$ gilt. Also haben wir für $q \in (\frac{1}{\alpha}, \infty)$

$$\begin{aligned} \sup_{n\geq 1} \mathbb{E}_n(\|v_n\|^q_{C([0,T];E)}) &= \left(\frac{\pi}{\sin(\pi\alpha)}\right)^q \sup_{n\geq 1} \mathbb{E}_n(\|R_\alpha y_n\|^q_{C([0,T];E)}) \\ &\leq \left(\frac{\pi}{\sin(\pi\alpha)}\right)^q C^q \sup_{n\geq 1} \mathbb{E}_n\Big(\int_0^T \|y_n(t)\|^q dt\Big). \end{aligned} \tag{4.3.8}$$

Somit können wir analog wie oben schließen, dass die Folge von Wahrscheinlichkeitsmaßen $(\mathbb{P}_n^{v_n})_{n\in\mathbb{N}}$ straff auf $(C([0,T];E), \mathfrak{Bo}(C([0,T];E)))$ ist.
Für den Driftterm müssen wir mehr arbeiten. Zunächst definieren wir eine Stoppzeit τ_n auf $(\Omega_n, \mathcal{F}_n, \mathbb{P}_n, (\mathcal{F}_{n,t})_{t\geq 0})$ gemäß

$$\tau_n(\omega) := \inf\{t \geq 0 \, : \, \|\overline{u}_n(t,\omega)\| \geq n\}$$

mit der Konvention $\inf\emptyset := T$. Dann gilt $\mathbb{P}_n$-fast sicher für jedes $t \leq \tau_n$

$$\begin{aligned}
\|\overline{u}_n(t)\| &\leq \|S(t)u_0\| + \int_0^t \|S(t-s)F_n(s,\overline{u}_n(s))\|\,ds \\
&\quad + \|\int_0^t S(t-s)B(s,\overline{u}_n(s))\,dW_H^{(n)}(s)\| \\
&\leq C_1(1 + \int_0^t \|F_n(s,\overline{u}_n(s))\|\,ds + \|v_n(t)\|) \\
&= C_1(1 + \int_0^t \|F(s,\overline{u}_n(s))\|\,ds + \|v_n(t)\|) \\
&\leq C_2(1 + \int_0^t C(1 + \|\overline{u}_n(s)\|)\,ds + \|v_n(t)\|) \\
&\leq C_3(1 + \|v_n(t)\| + \int_0^t \|\overline{u}_n(s)\|\,ds)),
\end{aligned}$$

also nach dem Lemma 1.8.6 für ein $C_4 > 0$ $\mathbb{P}_n$-fast sicher

$$\sup_{t\leq\tau_n} \|\overline{u}_n(t)\| \leq C_4(1 + \sup_{t\leq T}\|v_n(t)\|).$$

Zudem gilt aufgrund der Pfadstetigkeit für $r \in \mathbb{R}$ und beliebiges $n \in \mathbb{N}$ mit $n \geq r$

$$\{\sup_{0\leq t\leq\tau_n} \|\overline{u}_n(t)\| \geq r\} = \{\sup_{0\leq t\leq T} \|\overline{u}_n(t)\| \geq r\}.$$

Folglich haben wir für $m \in \mathbb{N}$ mit $m \geq C(1+C_4)$, $n \in \mathbb{N}$ mit $n \geq \frac{m}{c} - 1$ und beliebiges $q \in [\frac{1}{\alpha}, \infty)$ wegen (4.3.7) und (4.3.8)

$$\begin{aligned}
\mathbb{P}_n(\sup_{t\leq T}\|F(t,\overline{u}_n(t))\| \geq m) &\leq \mathbb{P}_n(\sup_{t\leq T}\|\overline{u}_n(t)\| \geq \frac{m}{C} - 1) \\
&\leq \mathbb{P}_n(\sup_{t\leq \tau_n}\|\overline{u}_n(t)\| \geq \frac{m}{C} - 1) \\
&\leq \mathbb{P}_n(\sup_{t\leq T}\|v_n(t)\| \geq \frac{\frac{m}{C} - 1}{C_4} - 1) \\
&\leq \frac{1}{(\frac{\frac{m}{C}-1}{C_4} - 1)^q}\mathbb{E}_n(\sup_{t\leq T}\|v_n(t)\|^q).
\end{aligned}$$

Dies zeigt, dass wir zu jedem $\epsilon > 0$ ein $m \in \mathbb{N}$ finden können, so dass für schließlich jedes $n \in \mathbb{N}$ gilt

$$\mathbb{P}_n^{F(\cdot,\overline{u}_n(\cdot))}(B_{L_q(0,T;E)}(0,m)) \leq \epsilon.$$

Wegen der Kompaktheit von R_1 ist dann die Familie von Wahrscheinlichkeitsmaßen $(\mathbb{P}_n^{\int_0^\cdot S(\cdot-s)F(s,\overline{u}_n(s))\,ds})_{n\in\mathbb{N}}$ straff auf $(C([0,T];E),\mathfrak{Bo}(C([0,T];E)))$.
Da auf dem Messraum $(C([0,T];E),\mathfrak{Bo}(C([0,T];E)))$ die Folge von Wahrscheinlichkeitsmaßen $(\mathbb{P}_n^{S(\cdot)u_0})_{n\in\mathbb{N}}$ straff ist, gilt selbiges auch für $(\mathbb{P}_n^{\overline{u}_n})_{n\in\mathbb{N}}$. Also existieren eine Teilfolge $(n_k)_{k\in\mathbb{N}}$, ein Wahrscheinlichkeitsraum $(\Omega,\mathcal{F},\mathbb{P})$ und Zufallselemente u, u_k mit $\mathbb{P}^{u_k}=\mathbb{P}_{n_k}^{\overline{u}_{n_k}}$ mit $u_k\to u$ $\mathbb{P}$-fast sicher auf $C([0,T];E)$.
Der dritte Schritt, d.h. die Identifizierung des Grenzwerts, vollzieht sich analog zu dem Vorgehen im Beweis des Satzes 4.3.7, da die Beschränktheit von F für diesen Schritt dort nicht gebraucht wird. □

Dies zieht folgendes Korollar nach sich.

Korollar 4.3.9. *Es sei E ein separabler Banachraum mit UMD$^-$-Eigenschaft. Der Operator $(A,D(A))$ erzeuge eine sofort kompakte, stark stetige Halbgruppe $(S(t))_{t\geq 0}$ auf E und die Bedingungen (H1) und (H4) seien erfüllt. Dann existiert für jedes $u_0\in E$ eine stetige schwache Martingallösung des Problems* (4.1.1) *auf* $[0,T]$, *welche zugleich stetige milde Martingallösung ist.*

Beweis: Die Sofortkompaktheit impliziert nach der Proposition 2.2.2 die Gültigkeit von Bedingung (H2), also können wir den Satz 4.3.8 anwenden. □

4.3.1 Spezialfall mit banachraumwertigen Wienerprozessen

Im Folgenden wird das Problem (4.1.1) nicht in voller Allgemeinheit behandelt, sondern der Spezialfall:

$$\begin{aligned} du(t) &= (Au(t)+F(t,u(t)))\,dt + B(t,u(t))C\,dW_H(t) \\ u(0) &= u_0, \end{aligned} \tag{4.3.9}$$

wobei $F:[0,\infty)\times E\to E$, $B:[0,\infty)\times E\to\mathcal{B}(E)$ und $C\in\gamma(H,E)$.
Da hier der Diffusionsoperator eine spezielle Gestalt annimmt, können wir andere Bedingungen angeben, welche ihrerseits die Bedingung (4.3.1) implizieren.
Zunächst beachte man, dass für beliebiges $t>0$ aus $C\in\gamma(H,E)$ und $f\in L_2(0,t)$ bereits $fC\in\gamma(0,t;H,E)$ folgt mit $\|fC\|_{\gamma(0,t;H,E)}=\|f\|_{L_2(0,t)}\|C\|_{\gamma(H,E)}$, siehe Lemma 1.6.6.
Ist nun $\varphi\in Bo_b([0,t];E)$ für beliebiges $t>0$, so suchen wir Bedingungen, wann $[s\mapsto(t-s)^{-\alpha}S(t-s)B(s,\varphi(s))C]$ ein Element von $\gamma(0,t;H,E)$ ist. Nach der Proposition 1.6.8 und obigen Überlegungen ist dies genau dann der Fall, wenn die Menge von Operatoren

$$\{S(t-s)B(s,\varphi(s))\mid s\in[0,t)\} \tag{4.3.10}$$

γ-beschränkt ist. Da wir in der Bedingung (4.3.1) beliebige $\varphi\in Bo_b([0,t];E_1)$ betrachten, können wir hier gleich

$$\sup_{t\in[0,T]}\gamma(\{S(t-s)B(s,x)\mid s\in[0,t),\ x\in E\})\leq\tilde{K}_B<\infty \tag{4.3.11}$$

fordern, da γ-Beschränktheit eine punktweise Forderung ist.
In der Tat haben wir

Lemma 4.3.10. *Es sei E ein separabler Banachraum. Der Operator $(A, D(A))$ erzeuge auf E die stark stetige Halbgruppe $(S(t))_{t\geq 0}$. Außerdem gelte $C \in \gamma(H, E)$ und Bedingung (4.3.11) sei erfüllt, dann ist auch Bedingung (4.3.1) für jedes $\alpha \in (0, \frac{1}{2})$ und $E_1 = E$ erfüllt.*

Beweis: Es sei $\varphi \in Bo_b([0,t]; E)$ beliebig für beliebiges $t \in [0,T]$ und $\alpha \in [0, \frac{1}{2})$, dann gilt nach dem Lemma 1.6.6 und der Proposition 1.6.8

$$\begin{aligned}
&\|(t-\cdot)^{-\alpha} S(t-\cdot) B(\cdot, \varphi(\cdot)) C\|_{\gamma(0,t;H,E)} \\
&\quad \leq \gamma(\{S(t-s)B(s,\varphi(s)) \mid s \in [0,t]\}) \|(t-\cdot)^{-\alpha} C\|_{\gamma(0,t;H,E)} \\
&\quad \leq \tilde{K}_B \|(t-\cdot)^{-\alpha}\|_{L_2(0,t)} \|C\|_{\gamma(H,E)}.
\end{aligned}$$

□

4.4 Existenz und Regularität im analytischen Fall

Nun sei also $(A, D(A))$ Erzeuger einer beschränkten analytischen, stark stetigen Halbgruppe $(S(t))_{t\geq 0}$ auf E. Die Analytizität der Halbgruppe erlaubt es auch hier, Koeffizienten mit geringerer Regularität zu betrachten.
Wieder stehen wir vor der Wahl, in welchen Räumen E_1 zwischen $D(A)$ und E wir arbeiten möchten: in Definitionsbereichen gebrochener Potenzen von $-A$ oder in Interpolationsräumen zwischen $D(A)$ und E? Jede Wahl hat ihre Vor- und Nachteile, sodass nachfolgend auch beide Möglichkeiten abgehandelt werden.
Unabhängig von der genauen Wahl von E_1 in der Bedingung (4.3.1) können wir neue Bedingungen angeben, wann (4.3.1) erfüllt ist.
Für Erzeuger $(A, D(A))$ beschränkter analytischer Halbgruppen wissen wir dank des Lemmas 1.3.3, dass für $\delta > \beta \geq 0$ Mengen der Gestalt

$$\{t^\delta (-A)^\beta S(t) \mid t \in [0,T]\} \tag{4.4.1}$$

für jedes $T > 0$ γ-beschränkt sind.
Dies motiviert die neue Bedingung

$$\sup_{t\in[0,T]} \sup_{\varphi \in Bo_b([0,t];E_1)} \|(t-\cdot)^{-\beta} B(\cdot, \varphi(\cdot))\|_{\gamma(0,t;H,E)} \leq \tilde{K}_{B,\beta} < \infty \tag{4.4.2}$$

für ein $\beta \in (0, \frac{1}{2})$.
Es gilt nämlich

Lemma 4.4.1. *Es sei E ein separabler Banachraum. Der Operator $(A, D(A))$ sei Erzeuger einer stark stetigen, beschränkten analytischen Halbgruppe $(S(t))_{t\geq 0}$ auf E. Dann impliziert die Gültigkeit der Bedingung (4.4.2) für ein $\beta \in (0, \frac{1}{2})$ die Gültigkeit der Bedingung (4.3.1) für beliebiges $\alpha \in (0, \beta)$.*

Beweis: Es gilt nach der Proposition 1.6.8 für $\alpha \in (0, \beta)$

$$\begin{aligned}
&\sup_{t\in[0,T]} \sup_{\varphi\in Bo_b([0,t];E_1)} \|(t-\cdot)^{-\alpha} S(t-\cdot) B(\cdot,\varphi(\cdot))\|_{\gamma(0,t;H,E)} \\
&\qquad \leq C \sup_{t\in[0,T]} \sup_{\varphi\in Bo_b([0,t];E_1)} \|(t-\cdot)^{-\beta} B(\cdot,\varphi(\cdot))\|_{\gamma(0,t;H,E)} \\
&\qquad \leq C\tilde{K}_{B,\beta} < \infty.
\end{aligned}$$

□

Bemerkung 4.4.2. *Ein Beispiel für die Gültigkeit der Bedingung* (4.4.2) *wurde bereits im Beispiel 4.3.4 vorgestellt.*

Wie bereits erwähnt, ermöglicht es die Analytizität der Halbgruppe nun Inhomogenitäten zu betrachten, die lediglich auf auf einem Banachraum E_1 zwischen $D(A)$ und E definiert sind. Als Teilräume E_1 werden entweder Definitionsbereiche gebrochener Potenzen von $-A$ oder Interpolationsräume zwischen $D(A)$ und E betrachtet. In beiden Fällen haben wir es mit einer Familie von Banachräumen $(E_\eta)_{\eta\in(0,1)}$ zu tun, für welche $D(A) \hookrightarrow_d E_{\eta_1} \hookrightarrow_d E_{\eta_2} \hookrightarrow_d E$ für $\eta_1 \geq \eta_2$ gilt. Dies ermöglicht es, auf einheitliche Weise Bedingungen für beide Fälle anzugeben:

(H1)' Es ist $\eta \in [0, \frac{1}{2})$ und die Abbildung

$$B : [0,\infty) \times E_\eta \longrightarrow \mathcal{B}(H, E)$$

ist stetig und erfüllt die Bedingung

$$(DB_{\eta,\alpha}) \qquad \sup_{t\in[0,T]} \sup_{\varphi\in Bo_b([0,t];E_\eta)} \|(t-\cdot)^{-\alpha} S(t-\cdot) B(\cdot,\varphi(\cdot))\|_{\gamma(0,t;H,E)} \leq K_B < \infty.$$

für ein $\alpha \in (\eta, \frac{1}{2})$.

(H2)' Der Operator R_α gehört zu $\mathcal{K}(L_q([0,T];E), C^\lambda([0,T];E_\eta))$ für alle $(\alpha, q, \eta, \lambda)$ mit $0 \leq \lambda + \eta < \alpha - \frac{1}{q}$, wobei $\alpha \in (0,1]$ und $q \in (1,\infty)$.

(H3)' Es ist $\eta \in [0,1)$ mit $\eta < 1$ und die Abbildung

$$F : [0,\infty) \times E_\eta \longrightarrow E$$

ist stark messbar bezüglich der ersten, stetig bezüglich der zweiten Variable und beschränkt.

In Bezug auf die Bedingung (H2)' sei auf das Kapitel 2 und dort insbesondere auf den Unterabschnitt 2.2.4 verwiesen.
Dann haben wir in Anlehnung an Theorem 4.5 in [20] das folgende Existenzresultat.

Satz 4.4.3. *Es sei E ein separabler Banachraum mit UMD$^-$-Eigenschaft. Zudem gelte entweder $E_\eta := D((-A)^\eta)$ oder $E_\eta := (E, D(A))_\eta$ für beliebiges $\eta \in (0,1)$, wobei $((\cdot,\cdot)_\eta)_{\eta\in(0,1)}$ eine zulässige Interpolationsmethode sei. Der lineare Operator $(A, D(A))$ erzeuge auf E eine beschränkte analytische, stark stetige Halbgruppe $(S(t))_{t\geq 0}$ und die Bedingungen (H1)', (H2)' und (H3)' seien erfüllt mit ein und demselben η in (H1)' und (H3)'. Dann existiert für jedes $u_0 \in E_\theta$, wobei $\theta \in [\eta, \alpha)$ gelte, eine schwache Martingallösung des Problems* (4.1.1) *auf* $[0,T]$, *welche zugleich milde Martingallösung ist und deren Pfade $\mathbb{P}$-fast sicher in $C^\lambda([0,T]; E_\theta)$ liegen für $0 \leq \lambda + \theta < \alpha$ und $\theta \geq \eta$.*

Beweis: Der Beweis teilt sich wie bisher in drei Schritte auf. Sei $T > 0$ wie in der Bedingung (H1)'.

1. ***Approximation***

   Wir wählen einen filtrierten Wahrscheinlichkeitsraum $(\Omega, \mathcal{F}, \mathbb{P}, (\mathcal{F}_t)_{t\geq 0})$ aus, auf dem ein adaptierter H-zylindrischer Wienerprozess W_H definiert ist und dessen Filtration den Bedingungen aus [133] genügt.

   Für ein beliebiges $x \in E_\theta$ gilt dann nach Voraussetzung

   $$\sup_{t\in[0,T]} \|(t-\cdot)^{-\alpha} S(t-\cdot) B(\cdot, x)\|_{\gamma(0,t;H,E)} < \infty.$$

   Wie im Beweis des Satzes 3.4.7 für den Fall von Definitionsbereichen gebrochener Potenzen bzw. des Satzes 3.4.8 für den Fall von Interpolationsräumen kann man dann zeigen, dass $\mathbb{P}$-fast sicher für jedes $t \in [0,T]$ das Zufallselement $\int_0^t S(t-s)B(s,x)\, dW_H(s)$ Werte in E_ζ für jedes $\zeta < \alpha$ annimmt.

   Nun sei $n \in \mathbb{N}$ beliebig aber fest. Für $t \in (0, \frac{T}{2^n}]$ nimmt somit $\tilde{u}_n(t) := \int_0^t S(t-s)B(s,u_0)\, dW_H(s)$ Werte $\mathbb{P}$-fast sicher in E_θ an.

   Für $t \in (\frac{T}{2^n}, 2\frac{T}{2^n}]$ hat man $\mathbb{P}$-fast sicher

   $$\int_{\frac{T}{2^n}}^t S(t-s)B(s, \tilde{u}_n(\frac{T}{2^n}))\, dW_H(s) = \frac{\sin(\pi\alpha)}{\pi}(R_\alpha z_n)(t),$$

   wobei

   $$z_n(t) := \int_{\frac{T}{2^n}}^t (t-s)^{-\alpha} S(t-s)B(s, \tilde{u}_n(\frac{T}{2^n}))\, dW_H(s).$$

   Aufgrund der Abschätzungen im Satz 1.7.14 und der Bedingung (H1)' gilt für beliebiges $p \in (1,\infty)$

   $$\mathbb{E}(\|z_n(t)\|^p) \leq (C^- K_B)^p < \infty.$$

   Nun kann man wie im Beweis des Satzes 3.4.7 für den Fall von Definitionsbereichen gebrochener Potenzen bzw. des Satzes 3.4.8 für den Fall von Interpolationsräumen zeigen, dass $\mathbb{P}$-fast sicher für jedes $t \in (\frac{T}{2^n}, 2\frac{T}{2^n}]$ das Zufallselement $\int_{\frac{T}{2^n}}^t S(t-s)B(s, \tilde{u}_n(\frac{T}{2^n}))\, dW_H(s)$ Werte in E_θ annimmt. Dies zeigt, dass durch

$\tilde{u}_n(0) := u_0$ und für $t \in (0, 2\frac{T}{2^n}]$

$$\begin{aligned}\tilde{u}_n(t) := &\ S(t)u_0 + \int_0^t S(t-s)F(s, \tilde{u}_n(\varphi_n(s)))\, ds \\ &+ \int_0^t S(t-s)B(s, \tilde{u}_n(\varphi_n(s)))\, dW_H(s),\end{aligned} \tag{4.4.3}$$

ein stochastischer Prozess definiert wird, wobei φ_n wie im Beweis des Satzes 4.3.7 für $n \in \mathbb{N}$ definiert sei. Induktiv kann man dann zeigen, dass (4.4.3) für beliebige $t \in (0, T]$ wohldefiniert ist.

Für $f_n(s) := F(s, \tilde{u}_n(\varphi_n(s)))$ gilt dann ebenso wie im Beweis des Satzes 4.3.7, dass wir zu jedem $\epsilon > 0$ ein $a > 0$ so finden können, dass für jedes $n \in \mathbb{N}$ und beliebiges $q \in [1, \infty)$ gilt

$$\mathbb{P}^{f_n}(\overline{B}_{L_q(0,T;E)}(0, a)) \geq 1 - \epsilon.$$

Mit Hilfe des in (H1)' auftretenden $\alpha \in (0, \frac{1}{2})$ definieren wir für jedes $n \in \mathbb{N}$ einen stochastischen Prozess y_n gemäß

$$y_n(t) := \int_0^t (t-s)^{-\alpha} S(t-s)B(s, \tilde{u}_n(\varphi_n(s)))\, dW_H(s).$$

Ähnlich wie oben sehen wir, dass y_n in $L_q(\Omega; E)$ für $q \geq 1$ wohldefiniert ist: zunächst haben wir wegen $(DB_{\eta,\alpha})$

$$\begin{aligned}\mathbb{E}(\|y_n(t)\|^q) &\leq (C^-)^q \|[s \mapsto (t-s)^{-\alpha} S(t-s)B(s, \tilde{u}_n(\varphi_n(s)))]\|^q_{L_q(\Omega;\gamma(0,t;H,E))} \\ &\leq (C^-)^q K_B^q.\end{aligned}$$

Also gilt

$$\sup_{n\in\mathbb{N}} \int_0^T \mathbb{E}(\|y_n(t)\|^q)\, dt \leq (C^-)^q \sup_{n\in\mathbb{N}} \int_0^T K_B^q\, dt = (C^-)^q T K_B^q < \infty.$$

Das bedeutet

$$\begin{aligned}\mathbb{P}(\|y_n\|_{L_q(0,T;E)} \leq a) &= 1 - \mathbb{P}(\|y_n\|_{L_q(0,T;E)} > a) \\ &\geq 1 - \int_\Omega \frac{\|y_n\|^q_{L_q(0,T;E)}}{a^q}\, dP \\ &\geq 1 - a^{-q} \sup_{n\in\mathbb{N}} \mathbb{E}(\|y_n\|^q_{L_q(0,T;E)}).\end{aligned}$$

Somit können wir zu jedem $\epsilon > 0$ ein $a > 0$ so finden, dass für jedes $n \in \mathbb{N}$ gilt

$$\mathbb{P}^{y_n}(\overline{B}_{L_q(0,T;E)}(0, a)) \geq 1 - \epsilon.$$

2. ***Straffheit der Approximation***
Nach der Bedingung (H2)' ist die Abbildung $R_\alpha : \underline{L_q(0,T;E) \longrightarrow C^\lambda}([0,T];E_\theta)$ kompakt für $0 \le \lambda + \theta < \alpha - \frac{1}{q}$, also ist die Menge $\overline{R_\alpha(\overline{B}_{L_q([0,T];E)}(0,a))}$ kompakt in $C^\lambda([0,T];E_\theta)$ für jedes $a > 0$. Wählen wir q hinreichend groß, dann existiert zu jedem $\epsilon > 0$ eine kompakte Menge $K \subseteq C^\lambda([0,T];E_\theta)$ derart, dass für jedes $n \in \mathbb{N}$ gilt
$$\mathbb{P}^{S(\cdot)u_0 + R_1 f_n + \frac{\pi}{\sin(\pi\alpha)} R_\alpha y_n}(K) \ge 1 - \epsilon.$$
Somit ist die auf $(C^\lambda([0,T];E_\theta), \mathfrak{Bo}(C^\lambda([0,T];E_\theta))$ definierte Familie von Wahrscheinlichkeitsmaßen $(\mathbb{P}^{S(\cdot)u_0 + R_1 f_n + \frac{\pi}{\sin(\pi\alpha)} R_\alpha y_n})_{n\in\mathbb{N}}$ straff. Setzen wir
$$u_n(t) := S(t)u_0 + (R_1 f_n)(t) + \frac{\pi}{\sin(\pi\alpha)}(R_\alpha y_n)(t),$$
so gilt für jedes $t \ge 0$ $\mathbb{P}$-fast sicher
$$\tilde{u}_n(t) = u_n(t).$$
Da die Verteilungen von $(u_n)_{n\in\mathbb{N}}$ straff auf $C^\lambda([0,T];E_\theta)$ sind, existiert nach dem Satz 1.8.2 zum einen ein Wahrscheinlichkeitsmaß μ auf $C^\lambda([0,T];E_\theta)$ und zum anderen eine Teilfolge $(u_{n_k})_{k\in\mathbb{N}}$ so, dass $\mathbb{P}^{u_{n_k}}$ im Sinn der Wahrscheinlichkeitstheorie schwach gegen μ konvergiert für $k \to \infty$. Nach dem Satz 1.8.3 existiert also ein Wahrscheinlichkeitsraum $(\tilde{\Omega}, \tilde{\mathcal{F}}, \tilde{\mathbb{P}})$, eine Folge von Prozessen $(\tilde{v}_n)_{n\in\mathbb{N}}$ und ein Prozess $\tilde{v}$ so, dass u_n und $\tilde{v}_n$ die gleiche Verteilung besitzen, $\tilde{v}$ die Verteilung μ besitzt und $\tilde{v}_n$ konvergiert $\tilde{\mathbb{P}}$-fast sicher auf $C^\lambda([0,T];E_\theta)$ gegen $\tilde{v}$.

3. ***Identifizierung des Grenzwerts***
Es gilt für jedes $t \in [0,T]$, jedes $n \in \mathbb{N}$ und $x' \in D(A')$
$$\begin{aligned}\langle x', u_n(t)\rangle &= \langle x', u_0\rangle + \int_0^t \langle A'x', u_n(s)\rangle\, ds \\ &\quad + \int_0^t \langle x', F(s, u_n(\varphi_n(s)))\rangle\, ds \\ &\quad + \int_0^t B(s, u_n(\varphi_n(s)))' x'\, dW_H(s).\end{aligned}$$
Desweiteren wird für $x' \in D(A')$ durch
$$\begin{aligned}M_n(t)x' &:= \langle x', u_n(t)\rangle - \langle x', u_0\rangle \\ &\quad - \int_0^t \langle A'x', u_n(s)\rangle\, ds \\ &\quad - \int_0^t \langle x', F(s, u_n(\varphi_n(s)))\rangle\, ds\end{aligned}$$
ein $D(A')$-zylindrisches stetiges L_2-Martingal $M_n x'$ bezüglich $(\mathcal{F}_t^{u_n})_{t\in[0,T]}$ definiert, sodass für jedes $x' \in D(A')$ gilt
$$[M_n x']_t = \int_0^t \|B(s, u_n(\varphi_n(s)))' x'\|_H^2\, ds,$$

wobei $[\cdot]_t$ die quadratische Variation an der Stelle t bezeichne. Ähnlich wie im Beweis von 8.1 Theorem in [29] sieht man, dass für jedes $t \in [0,T]$ und $x' \in D(A')$ durch

$$\begin{aligned}\tilde{M}_n(t)x' &:= \langle x', \tilde{v}_n(t)\rangle - \langle x', u_0\rangle \\ &\quad - \int_0^t \langle A'x', \tilde{v}_n(s)\rangle \, ds \\ &\quad - \int_0^t \langle x', F(s, \tilde{v}_n(\varphi_n(s)))\rangle \, ds\end{aligned}$$

ein $D(A')$-zylindrisches stetiges L_2-Martingal $\tilde{M}_n x'$ bezüglich $(\tilde{\mathcal{F}}_t^{\tilde{v}_n})_{t\in[0,T]}$ definiert wird, sodass $\tilde{\mathbb{P}}$-fast sicher für jedes $x' \in D(A')$ gilt

$$[\tilde{M}_n x']_t = \int_0^t \|(B(s, \tilde{v}_n(\varphi_n(s))))'x'\|_H^2 \, ds.$$

Aus der $\tilde{\mathbb{P}}$-fast sicheren Konvergenz von $\tilde{v}_n$ gegen v in $C^\lambda([0,T];E_\eta)$ folgt die $\tilde{\mathbb{P}}$-fast sichere Konvergenz von $g_n(s) := F(s, \tilde{v}_n(\varphi_n(s)))$ gegen $g(s) := F(s, \tilde{v}(s))$ in $L_\infty(0,T;E)$. Wegen

$$\int_s^t \|g_n(r) - g(r)\|_E \, dr \;\le\; (t-s)^{\frac{1}{p'}} \|g_n - g\|_{L_p(0,T;E)}$$

konvergiert $\tilde{M}_n x'$ für jedes $x' \in D(A')$ in $C^\lambda([0,T])$ $\tilde{\mathbb{P}}$-fast sicher gegen

$$\tilde{M}(t)x' := \langle x', \tilde{v}(t)\rangle - \langle x', u_0\rangle - \int_0^t \langle A'x', \tilde{v}(s)\rangle \, ds - \int_0^t \langle x', F(s, \tilde{v}(s))\rangle \, ds$$

mit $\tilde{\mathbb{P}}$-fast sicher

$$[\tilde{M}x']_t = \int_0^t \|B(s, \tilde{v}(s))'x'\|_H^2 \, ds.$$

Nun kann man wie im Beweis des Satzes 4.3.7 argumentieren, um die Existenz eines H-zylindrischen Wienerprozesse $\tilde{W}_H$ auf $(\tilde{\Omega}, \tilde{\mathcal{F}}, \tilde{\mathbb{P}}, (\tilde{\mathcal{F}}_t^{\tilde{v}})_{t\ge 0})$ zu zeigen, sodass $\tilde{\mathbb{P}}$-fast sicher für jedes $t \in [0,T]$ und jedes $x' \in D(A')$ gilt

$$\begin{aligned}\int_0^t B(s, \tilde{v}(s))'x' \, dW_H(s) &= \langle x', \tilde{v}(t)\rangle - \langle x', u_0\rangle \\ &\quad - \int_0^t \langle A'x', \tilde{v}(s)\rangle \, ds - \int_0^t \langle x', F(s, \tilde{v}(s))\rangle \, ds.\end{aligned}$$

Mit Hilfe des Satzes 4.2.2 erkennen wir, dass dann $\tilde{\mathbb{P}}$-fast sicher für jedes $t \in [0,T]$ gilt

$$\tilde{v}(t) = S(t)u_0 + \int_0^t S(t-s)F(s, \tilde{v}(s)) \, ds + \int_0^t S(t-s)B(s, \tilde{v}(s)) \, d\tilde{W}_H(s).$$

□

Wiederum können wir die Beschränktheitsforderung an F aufweichen, etwa gemäß

(H4)' Die Abbildung

$$F:\ [0,\infty)\times E_\eta \longrightarrow E$$

ist stark messbar bezüglich der ersten, stetig bezüglich der zweiten Variable und genügt der Wachstumsabschätzung

$$\|F(s,x)\| \le C(1+\|x\|_\eta) \qquad \forall\, s\ge 0, x\in E_\eta.$$

Dann haben wir den folgenden Satz.

Satz 4.4.4. *Es sei E ein separabler Banachraum mit UMD$^-$-Eigenschaft. Zudem gelte entweder $E_\eta := D((-A)^\eta)$ oder $E_\eta := (E, D(A))_\eta$ für beliebiges $\eta \in (0,1)$, wobei $((\cdot,\cdot)_\eta)_{\eta\in(0,1)}$ eine zulässige Interpolationsmethode sei. Der lineare Operator $(A, D(A))$ erzeuge auf E eine beschränkte analytische, stark stetige Halbgruppe $(S(t))_{t\ge 0}$ und die Bedingungen (H1)', (H2)' und (H4)' seien erfüllt mit ein und demselben η in (H1)' und (H4)'. Dann existiert für jedes $u_0 \in E_\theta$, $\theta \in [\eta,\alpha)$, eine schwache Martingallösung des Problems* (4.1.1) *auf $[0,T]$, welche zugleich milde Martingallösung ist und deren Pfade $\mathbb{P}$-fast sicher in $C^\lambda([0,T];E_\theta)$ liegen für $0\le\lambda+\theta<\alpha$ und $\theta\ge\eta$.*

Beweis: Um mit dem Satz 4.4.3 arbeiten zu können, definieren wir für jedes $n\in\mathbb{N}$ eine Funktion $F_n:\ [0,\infty)\times E_\eta \to E$ gemäß

$$F_n(s,x) := \begin{cases} F(s,x) \quad, & \text{falls } \|x\|_\eta \le n,\\ F(s,\frac{n}{\|x\|_\eta}x), & \text{anderenfalls.}\end{cases}$$

Dann gilt für jedes $n\in\mathbb{N}$, jedes $t\ge 0$ und jedes $y\in E_\eta$ die Abschätzung

$$\|F_n(t,y)\| \le C(1+n).$$

Somit existieren gemäß dem Satz 4.4.3 für jedes $n\in\mathbb{N}$ Martingallösungen

$$(\Omega_n, \mathcal{F}_n, \mathbb{P}_n, (\mathcal{F}_{n,t})_{t\ge0}, W_H^{(n)}, (\overline{u}_n(t))_{t\in[0,T]})$$

auf $[0,T]$ zu folgender Gleichung

$$\begin{aligned} d\overline{u}_n(t) &= (A\overline{u}_n(t) + F_n(t,\overline{u}_n(t)))\,dt + B(t,\overline{u}_n(t))\,dW_H^{(n)}(t)\\ \overline{u}_n(0) &= u_0.\end{aligned}$$

Nun definieren wir für jedes $t\in[0,T]$

$$y_n(t) := \int_0^t (t-s)^{-\alpha} S(t-s) B(s,\overline{u}_n(s))\,dW_H^{(n)}(s)$$

und

$$v_n(t) := \frac{\pi}{\sin(\pi\alpha)}(R_\alpha y_n)(t).$$

Ähnlich wie im Beweis des Satzes 4.4.3 sieht man, dass auch hier

$$\sup_{n\geq 1} \mathbb{E}_n\Big(\int_0^T \|y_n(t)\|^q dt\Big) < \infty \tag{4.4.4}$$

für beliebiges $q \in [1,\infty)$ gilt. Also haben wir für $(\alpha,\theta,q) \in (0,1)^2 \times (1,\infty)$ mit $\alpha \in (\frac{1}{q}+\theta, 1]$

$$\begin{aligned}\sup_{n\geq 1} \mathbb{E}_n(\|v_n\|^q_{C([0,T];E_\theta)}) &= \left(\frac{\pi}{\sin(\pi\alpha)}\right)^q \sup_{n\geq 1} \mathbb{E}_n(\|R_\alpha y_n\|^q_{C([0,T];E_\theta)}) \\ &\leq \left(\frac{\pi}{\sin(\pi\alpha)}\right)^q C^q \sup_{n\geq 1} \mathbb{E}_n\Big(\int_0^T \|y_n(t)\|^q dt\Big).\end{aligned} \tag{4.4.5}$$

Somit kann man analog wie oben schließen, dass die Folge von Wahrscheinlichkeitsmaßen $(\mathbb{P}_n^{v_n})_{n\in\mathbb{N}}$ straff auf $(C^\lambda([0,T];E_\theta), \mathfrak{Bo}(C^\lambda([0,T];E_\theta)))$ ist.
Um den Driftterm zu analysieren, definieren wir auf $(\Omega_n, \mathcal{F}_n, \mathbb{P}_n, (\mathcal{F}_{n,t})_{t\geq 0})$ eine Stoppzeit τ_n, diesmal gemäß

$$\tau_n(\omega) := \inf\{t \geq 0 \,:\, \|\overline{u}_n(\omega)\|_\eta \geq n\}.$$

Dann gilt $\mathbb{P}_n$-fast sicher für jedes $t \leq \tau_n$

$$\begin{aligned}\|\overline{u}_n(t)\|_\eta &\leq \|S(t)u_0\|_\eta + \int_0^t \|S(t-s)F_n(s,\overline{u}_n(s))\|_\eta \, ds \\ &\quad + \Big\|\int_0^t S(t-s)B(s,\overline{u}_n(s))\, dW_H^{(n)}(s)\Big\|_\eta \\ &\leq C_1\Big(1 + \int_0^t (t-s)^{-\eta}\|F_n(s,\overline{u}_n(s))\|\, ds + \|v_n(t)\|_\eta\Big) \\ &= C_1\Big(1 + \int_0^t (t-s)^{-\eta}\|F(s,\overline{u}_n(s))\|\, ds + \|v_n(t)\|_\eta\Big) \\ &\leq C_2\Big(1 + \int_0^t (t-s)^{-\eta}C(1+\|\overline{u}_n(s)\|_\eta)\, ds + \|v_n(t)\|_\eta\Big) \\ &\leq C_3\Big(1 + \|v_n(t)\|_\eta + \int_0^t (t-s)^{-\eta}\|\overline{u}_n(s)\|_\eta\, ds\Big),\end{aligned}$$

also nach dem Lemma 1.8.6 für ein $C_4 > 0$ $\mathbb{P}_n$-fast sicher

$$\sup_{t\leq\tau_n} \|\overline{u}_n(t)\|_\eta \leq C_4(1 + \sup_{t\leq T}\|v_n(t)\|_\eta).$$

Zudem gilt aufgrund der Pfadstetigkeit für $r \in \mathbb{R}$ und beliebiges $n \in \mathbb{N}$ mit $n \geq r$

$$\{\sup_{0\leq t\leq\tau_n} \|\overline{u}_n(t)\|_\eta \geq r\} = \{\sup_{0\leq t\leq T} \|\overline{u}_n(t)\|_\eta \geq r\}.$$

Folglich haben wir für $m \in \mathbb{N}$ mit $m \geq C(1+C_4)$, $n \in \mathbb{N}$ mit $n \geq \frac{m}{c} - 1$ und beliebiges $q \in [\frac{1}{\alpha}, \infty)$ wegen (4.4.4) und (4.4.5)

$$\begin{aligned}
\mathbb{P}_n(\sup_{t\leq T} \|F(t,\overline{u}_n(t))\| \geq m) &\leq \mathbb{P}_n(\sup_{t\leq T} \|\overline{u}_n(t)\|_\eta \geq \frac{m}{C} - 1) \\
&\leq \mathbb{P}_n(\sup_{t\leq \tau_n} \|\overline{u}_n(t)\|_\eta \geq \frac{m}{C} - 1) \\
&\leq \mathbb{P}_n(\sup_{t\leq T} \|v_n(t)\|_\eta \geq \frac{\frac{m}{C}-1}{C_4} - 1) \\
&\leq \frac{1}{(\frac{\frac{m}{C}-1}{C_4} - 1)^q} \mathbb{E}_n(\sup_{t\leq T} \|v_n(t)\|_\eta^q).
\end{aligned}$$

Dies zeigt, dass wir zu jedem $\epsilon > 0$ ein $m \in \mathbb{N}$ finden können, so dass für schließlich jedes $n \in \mathbb{N}$ gilt

$$\mathbb{P}_n^{F(\cdot,\overline{u}_n(\cdot))}(B_{L_q(0,T;E)}(0,m)) \leq \epsilon.$$

Wegen der Kompaktheit von R_1 ist dann die Familie von Wahrscheinlichkeitsmaßen $(\mathbb{P}_n^{\int_0^\cdot S(\cdot-s)F(s,\overline{u}_n(s))\,ds})_{n\in\mathbb{N}}$ straff auf $(C^\lambda([0,T];E_\eta), \mathfrak{Bo}(C^\lambda([0,T];E_\eta)))$.
Da die Folge $(\mathbb{P}_n^{S(\cdot)u_0})_{n\in\mathbb{N}}$ straff auf $(C^\lambda([0,T];E_\eta), \mathfrak{Bo}(C([0,T];E_\eta)))$ ist, gilt selbiges auch für $(\mathbb{P}_n^{\overline{u}_n})_{n\in\mathbb{N}}$. Also existieren eine Teilfolge $(n_k)_{k\in\mathbb{N}}$, ein Wahrscheinlichkeitsraum $(\Omega, \mathcal{F}, \mathbb{P})$ und Zufallselemente u, u_k mit $\mathbb{P}^{u_k} = \mathbb{P}_{n_k}^{\overline{u}_{n_k}}$ mit $u_k \to u$ $\mathbb{P}$-fast sicher auf $C^\lambda([0,T];E_\eta)$.
Der dritte Schritt, d.h. die Identifizierung des Grenzwerts, vollzieht sich analog zu dem Vorgehen im Satz 4.4.3, da dort lediglich die Stetigkeit von F und nicht seine Beschränktheit benutzt wird. □

Bemerkung 4.4.5. *Man kann die Beschränktheitsforderung an F auch wie in [20] mit Hilfe von Dissipativitätsannahmen wie in der Einleitung aufgeführt aufweichen und kann unter diesen Bedingungen auch asymptotische Eigenschaften, wie zum Beispiel die Existenz invarianter Maße behandeln. Da wir im Folgenden jedoch keine asymptotischen Betrachtungen anstellen, wird auf eine detaillierte Darstellung verzichtet, die entsprechenden Resultate aus [20] übertragen sich aber auf den hier betrachteten Fall.*
Die Forderung, dass $(A, D(A))$ eine beschränkte analytische Halbgruppe erzeugt, ist keine Einschränkung, da man sich durch Betrachten des Paares $(A+w, F-w)$ statt (A,F) für ein geeignetes $w \in \mathbb{R}$ stets auf diesen Fall zurückziehen kann.

Die Resultate des Unterabschnitts 2.2.4 implizieren nun

Korollar 4.4.6. *Es sei E ein separabler Banachraum mit UMD$^-$-Eigenschaft. Der lineare Operator $(A, D(A))$ erzeuge auf E eine beschränkte analytische, stark stetige Halbgruppe $(S(t))_{t\geq 0}$ mit kompakter Resolvente und die Bedingungen (H1)' und (H3)' seien erfüllt mit ein und demselben η. Dann existiert für jedes $u_0 \in E_\delta$, $\delta \in [\eta, \alpha)$, eine schwache Martingallösung des Problems (4.1.1) auf $[0,T]$, welche zugleich milde Martingallösung ist und deren Pfade $\mathbb{P}$-fast sicher in $C^\lambda([0,T];E_\delta)$ liegen für $0 \leq \lambda + \delta < \alpha$ und $\delta \geq \eta$.*

Beweis: Mit Hilfe des Lemmas 2.2.12 für den Fall von Definitionsbereichen gebrochener Potenzen bzw. des Lemmas 2.2.13 für den Fall von Interpolationsräumen sieht man, dass in diesem Fall auch (H2)' erfüllt ist. □

Für unbeschränkte Inhomogenitäten haben wir

Korollar 4.4.7. *Es sei E ein separabler Banachraum mit UMD^--Eigenschaft. Der lineare Operator $(A, D(A))$ erzeuge auf E eine beschränkte analytische, stark stetige Halbgruppe $(S(t))_{t\geq 0}$ mit kompakter Resolvente und die Bedingungen (H1)' und (H4)' seien erfüllt mit ein und demselben η. Dann existiert für jedes $u_0 \in E_\delta$, $\delta \in [\eta, \alpha)$, eine schwache Martingallösung des Problems (4.1.1) auf $[0,T]$, welche zugleich milde Martingallösung ist und deren Pfade $\mathbb{P}$-fast sicher in $C^\lambda([0,T]; E_\delta)$ liegen für $0 \leq \lambda + \delta < \alpha$ und $\delta \geq \eta$.*

Beweis: Mit Hilfe von des Lemmas 2.2.12 für den Fall von Definitionsbereichen gebrochener Potenzen bzw. des Lemmas 2.2.13 für den Fall von Interpolationsräumen sieht man, dass in diesem Fall auch (H2)' erfüllt ist. □

Ein einfaches Beispiel für die Gültigkeit der Bedingung $(DB_{\eta,\alpha})$ ist Gegenstand von

Beispiel 4.4.8. *Es sei $G \subset \mathbb{R}^n$ ein beschränktes Gebiet, dessen Rand von der Klasse C^4 ist. Außerdem sei $(A_p, D(A_p))$ die Realisierung des Quadrats des Neumann-Laplace-Operators auf $L_p(G)$ für ein $p \in (1,\infty)$, d.h.*

$$D(A_p) = \{f \in H_p^4(G)^3 \,|\, \frac{\partial f}{\partial n}|_{\partial G} = \frac{\partial^2 f}{\partial n^2}|_{\partial G} = 0\}$$

und für $f \in D(A_p)$

$$A_p f = \Delta^2 f.$$

Zudem seien $H = \ell^2$ mit Basis $(e_n)_{n\in\mathbb{N}}$ und $b_k : [0,T] \times \mathbb{R} \times \mathbb{R}^n \to \mathbb{R}$ für jedes $k \in \mathbb{N}$ beschränkte stetige Funktionen mit Schranke C_k so, dass $(C_k)_{k\in\mathbb{N}} \in \ell^2$.
Dann definieren wir eine Abbildung $B : [0,T] \times H_p^1(G) \to \mathcal{B}(H, L_p(G))$ gemäß

$$(B(t,f)h)(x) := \sum_{k\in\mathbb{N}} (h, e_k) b_k(t, f(x), \nabla f(x)).$$

Es gilt für jedes $t \in (0,T]$, beliebiges $\varphi \in Bo_b([0,t]; H_p^1(G))$ und beliebiges $\alpha \in (0, \frac{1}{2})$ aufgrund von (4.4.1)

$$\begin{aligned}
&\|(t-\cdot)^{-\alpha} S(t-\cdot) B(\cdot, \varphi(\cdot))\|_{\gamma(0,t;H,L_p(G))} \\
&\quad\leq C \|(t-\cdot)^{-\beta} B(\cdot,\varphi(\cdot))\|_{\gamma(0,t;H,L_p(G))} \\
&\quad\leq \tilde{C} \left(\int_G \left[\sum_k \|(t-\cdot)^{-\beta} (B(\cdot,\varphi(\cdot)) e_k)(x)\|^2_{L_2(0,t)} \right]^{\frac{p}{2}} dx \right)^{\frac{1}{p}} \\
&\quad\leq \tilde{C} \left(\int_G \left[\sum_k C_k^2 \frac{1}{1-2\beta} t^{1-2\beta} \right]^{\frac{p}{2}} dx \right)^{\frac{1}{p}} < \infty,
\end{aligned}$$

[3]Sobolevräume seien definiert wie in [131].

wobei $\beta \in (\alpha, \frac{1}{2})$ beliebig ist.
Dies zeigt, dass dann die Bedingung $(DB_{\eta,\alpha})$ für $E_{\frac{1}{4}} := [L_p(G), D(A_p)]_{\frac{1}{4}} = H^1_p(G)$ (siehe Theorem 4.3.3 in [131]) für beliebiges $\alpha \in (0, \frac{1}{2})$ erfüllt ist.

Verallgemeinerungen für Definitionsbereiche gebrochener Potenzen

Nun betrachten wir den Fall $E_\theta = D((-A)^\theta)$ und die neue Bedingungen

(H1)" Es ist $\eta_1, \eta_2 \in [0,1]$ und $\alpha \in (0, \frac{1}{2})$ mit $0 \leq \eta_1 - \eta_2 < \alpha$ und die Abbildung

$$B : [0,\infty) \times E_{\eta_1} \longrightarrow \mathcal{B}(H, E_{\eta_2})$$

ist stetig und erfüllt die Bedingung

$$(DB_{\eta_1,\eta_2,\alpha}) \qquad \sup_{t\in[0,T]} \sup_{\varphi \in Bo_b([0,t];E_{\eta_1})} \|(t-\cdot)^{-\alpha} B(\cdot, \varphi(\cdot))\|_{\gamma(0,t;H,E_{\eta_2})} \leq K_B < \infty.$$

(H3)" Es ist $\eta_1, \eta_2 \in [0,1]$ mit $0 \leq \eta_1 - \eta_2 < 1$ und die Abbildung

$$F : [0,\infty) \times E_{\eta_1} \longrightarrow E_{\eta_2}$$

ist stetig und beschränkt.

Dann können wir den folgenden Satz beweisen.

Satz 4.4.9. *Es sei E ein separabler Banachraum mit UMD^--Eigenschaft. Der lineare Operator $(A, D(A))$ erzeuge auf E eine beschränkte analytische, stark stetige Halbgruppe $(S(t))_{t\geq 0}$ mit kompakter Resolvente, es gelte $E_\eta := D((-A)^\eta)$ beliebiges $\eta \in (0,1]$ und die Bedingungen (H1)", und (H3)" seien erfüllt mit denselben η_1, η_2 in (H1)" und (H3)". Dann existiert für jedes $u_0 \in E_\theta$, $\theta \in [\eta_1, \eta_1 + \alpha)$, eine schwache Martingallösung des Problems (4.1.1) auf $[0,T]$, welche zugleich milde Martingallösung ist und deren Pfade $\mathbb{P}$-fast sicher in $C^\lambda([0,T]; E_\theta)$ liegen für $0 \leq \lambda + \theta < \alpha + \eta_2$ und $\theta \geq \eta_1$.*

Beweis: Der Beweis teilt sich wie bisher in drei Schritte auf. Sei $T > 0$ wie in der Bedingung (H1)".

1. ***Approximation***
   Wir wählen einen filtrierten Wahrscheinlichkeitsraum $(\Omega, \mathcal{F}, \mathbb{P}, (\mathcal{F}_t)_{t\geq 0})$ aus, auf dem ein adaptierter H-zylindrischer Wienerprozess W_H definiert ist und dessen Filtration den Bedingungen aus [133] genügt.

   Für ein beliebiges $x \in E_{\eta_1}$ gilt dann nach der Bedingung (H1)" und dem Lemma 1.3.3

$$\begin{aligned}
\mathbb{E}(\|\int_0^t S(t-s)B(s,x)\,dW_H(s)\|_\zeta^2) &= \|[s \mapsto S(t-s)B(s,x)]\|^2_{\gamma(0,t;H,E_\zeta)} \\
&= \|[s \mapsto (-A)^\zeta S(t-s)B(s,x)]\|^2_{\gamma(0,t;H,E)} \\
&= \|[s \mapsto (-A)^{\zeta-\eta_2} S(t-s)(-A)^{\eta_2} B(s,x)]\|^2_{\gamma(0,t;H,E)} \\
&\leq C\|[s \mapsto (t-s)^{-\alpha} B(s,x)]\|^2_{\gamma(0,t;H,E_{\eta_2})} < \infty
\end{aligned}$$

für jedes $\zeta \in (0,1]$ mit $\zeta < \alpha + \eta_2$, also nimmt das Zufallselement $\int_0^t S(t-s)B(s,x)\,dW_H(s)$ Werte $\mathbb{P}$-fast sicher in E_ζ an für jedes $\zeta < \alpha + \eta_2$.

Nun sei $n \in \mathbb{N}$ beliebig aber fest. Für $t \in (0, \frac{T}{2^n}]$ nimmt somit $\tilde{u}_n(t) := \int_0^t S(t-s)B(s,u_0)\,dW_H(s)$ Werte $\mathbb{P}$-fast sicher in E_{η_1} an.

Für $t \in (\frac{T}{2^n}, 2\frac{T}{2^n}]$ gilt wegen der Bedingung (H1)" und des Lemmas 1.3.3

$$
\begin{aligned}
&\mathbb{E}(\| \int_{\frac{T}{2^n}}^t S(t-s)B(s,u_n(\frac{T}{2^n}))\,dW_H(s)\|_\zeta^2) \\
\leq\;& (C^-)^2\mathbb{E}(\|[s \mapsto S(t-s)B(s,u_n(\frac{T}{2^n}))]\|^2_{\gamma(\frac{T}{2^n},t;H,E_\zeta)}) \\
=\;& (C^-)^2\mathbb{E}(\|[s \mapsto (-A)^\zeta S(t-s)B(s,u_n(\frac{T}{2^n}))]\|^2_{\gamma(\frac{T}{2^n},t;H,E)}) \\
=\;& (C^-)^2\mathbb{E}(\|[s \mapsto (-A)^{\zeta-\eta_2} S(t-s)(-A)^{\eta_2}B(s,u_n(\frac{T}{2^n}))]\|^2_{\gamma(\frac{T}{2^n},t;H,E)}) \\
\leq\;& C\mathbb{E}(\|[s \mapsto (t-s)^{-\alpha}B(s,u_n(\frac{T}{2^n}))]\|^2_{\gamma(\frac{T}{2^n},t;H,E_{\eta_2})}) \\
\leq\;& CK_B^2 < \infty
\end{aligned}
$$

für jedes $\zeta \in [0,1]$ mit $\zeta < \alpha + \eta_2$.

Somit nimmt das Zufallselement

$$\int_{\frac{T}{2^n}}^t S(t-s)B(s,\tilde{u}_n(\frac{T}{2^n}))\,dW_H(s)$$

$\mathbb{P}$-fast sicher Werte in E_{η_1} an. Dies zeigt, dass wir durch $\tilde{u}_n(0) := u_0$ und für $t \in (0, 2\frac{T}{2^n}]$ durch

$$
\begin{aligned}
\tilde{u}_n(t) :=\;& S(t)u_0 + \int_0^t S(t-s)F(s,\tilde{u}_n(\varphi_n(s)))\,ds \\
&+ \int_0^t S(t-s)B(s,\tilde{u}_n(\varphi_n(s)))\,dW_H(s),
\end{aligned}
\tag{4.4.6}
$$

einen stochastischen Prozess definieren können, wobei φ_n wie im Beweis des Satzes 4.3.7 für $n \in \mathbb{N}$ definiert sei. Induktiv kann man dann zeigen, dass (4.4.6) für beliebige $t \in (0,T]$ wohldefiniert ist.

Für $f_n(s) := F(s,\tilde{u}_n(\varphi_n(s)))$ gilt dann ebenso wie im Beweis des Satzes 4.3.7, dass wir zu jedem $\epsilon > 0$ ein $a > 0$ so finden können, dass für jedes $n \in \mathbb{N}$ und beliebiges $q \in [1,\infty)$ gilt

$$\mathbb{P}^{f_n}(\overline{B}_{L_q(0,T;E_{\eta_2})}(0,a)) \geq 1 - \epsilon.$$

Mit Hilfe des in $(DB_{\eta_1,\eta_2,\alpha})$ auftretenden $\alpha \in (0,\frac{1}{2})$ definieren wir für jedes $n \in \mathbb{N}$ einen stochastischen Prozess y_n gemäß

$$y_n(t) := \int_0^t (t-s)^{-\alpha}S(t-s)B(s,\tilde{u}_n(\varphi_n(s)))\,dW_H(s).$$

Dann gilt wegen $(DB_{\eta_1,\eta_2,\alpha})$ und des Lemmas 1.3.3 für beliebiges $q \in (1,\infty)$

$$\begin{aligned}
&\mathbb{E}(\|y_n(t)\|_\nu^q) \\
&\leq (C^-)^q \|[s \mapsto (t-s)^{-\alpha} S(t-s) B(s, \tilde{u}_n(\varphi_n(s)))]\|^q_{L_q(\Omega;\gamma(0,t;H,E_\nu))} \\
&= (C^-)^q \|(-A)^{\nu-\eta_2} S(t-\cdot)(t-\cdot)^{-\alpha}(-A)^{\eta_2} B(\cdot, \tilde{u}_n(\varphi_n(\cdot)))\|^q_{L_q(\Omega;\gamma(0,t;H,E))} \\
&\leq (C^-)^q (\gamma(\{(-A)^{\nu-\eta_2} S(t) \,|\, t \in (0,T)\}))^q K_B^q < \infty
\end{aligned}$$

für $\nu < \eta_2$ unabhängig von $n \in \mathbb{N}$, also

$$\begin{aligned}
\sup_{n\in\mathbb{N}} \int_0^T \mathbb{E}(\|y_n(t)\|_\nu^q)\, dt &\leq (C^-)^q \sup_{n\in\mathbb{N}} \int_0^T K_B^q \, dt \\
&= (C^-)^q (\gamma(\{(-A)^{\nu-\eta_2} S(t) \,|\, t \in (0,T)\}))^q T K_B^q < \infty.
\end{aligned}$$

Das bedeutet für beliebiges $\nu < \eta_2$

$$\begin{aligned}
\mathbb{P}(\|y_n\|_{L_q(0,T;E_\nu)} \leq a) &= 1 - \mathbb{P}(\|y_n\|_{L_q(0,T;E_\nu)} > a) \\
&\geq 1 - \int_\Omega \frac{\|y_n\|^q_{L_q(0,T;E_\nu)}}{a^q}\, dP \\
&\geq 1 - a^{-q} \sup_{n\in\mathbb{N}} \mathbb{E}(\|y_n\|^q_{L_q(0,T;E_\nu)}).
\end{aligned}$$

Also können wir zu jedem $\epsilon > 0$ ein $a > 0$ so finden, dass für jedes $n \in \mathbb{N}$ gilt

$$\mathbb{P}^{y_n}(\overline{B}_{L_q(0,T;E_\nu)}(0,a)) \geq 1 - \epsilon.$$

2. ***Straffheit der Approximation***
Es sei $\nu < \eta_2$ beliebig. Nach dem Lemma 2.2.12 ist der Faktorisierungsoperator $R_\alpha : L_q(0,T;E_\nu) \longrightarrow C^\lambda([0,T];E_\theta)$ kompakt für $0 \leq \lambda + \theta - \nu < \alpha - \frac{1}{q}$, also ist $\overline{R_\alpha(\overline{B}_{L_q([0,T];E_\nu)}(0,a))}$ kompakt in $C^\lambda([0,T];E_\theta)$ für jedes $a > 0$. Wählen wir q hinreichend groß, dann existiert zu jedem $\epsilon > 0$ eine kompakte Menge $K \subseteq C^\lambda([0,T];E_\theta)$ derart, dass für jedes $n \in \mathbb{N}$ gilt

$$\mathbb{P}^{S(\cdot)u_0 + R_1 f_n + \frac{\pi}{\sin(\pi\alpha)} R_\alpha y_n}(K) \geq 1 - \epsilon.$$

Somit ist die auf $(C^\lambda([0,T];E_\theta), \mathfrak{Bo}(C^\lambda([0,T];E_\theta)))$ definierte Familie von Wahrscheinlichkeitsmaßen $(\mathbb{P}^{S(\cdot)u_0 + R_1 f_n + \frac{\pi}{\sin(\pi\alpha)} R_\alpha y_n})_{n\in\mathbb{N}}$ straff. Setzen wir

$$u_n(t) := S(t)u_0 + (R_1 f_n)(t) + \frac{\pi}{\sin(\pi\alpha)} (R_\alpha y_n)(t),$$

so gilt für jedes $t \geq 0$ $\mathbb{P}$-fast sicher

$$\tilde{u}_n(t) = u_n(t).$$

Wiederum existiert also ein Wahrscheinlichkeitsraum $(\tilde{\Omega}, \tilde{\mathcal{F}}, \tilde{\mathbb{P}})$, eine Folge von Prozessen $(\tilde{v}_n)_{n\in\mathbb{N}}$ und ein Prozess $\tilde{v}$ so, dass u_n und $\tilde{v}_n$ die gleiche Verteilung besitzen, $\tilde{v}$ die Verteilung μ besitzt und die Folge $(\tilde{v}_n)_{n\in\mathbb{N}}$ konvergiert $\tilde{\mathbb{P}}$-fast sicher auf $C^\lambda([0,T];E_\theta)$ gegen $\tilde{v}$.

3. ***Identifizierung des Grenzwerts***
   Dieser Schritt vollzieht sich wie im Beweis des Satzes 4.4.3.

□

Bemerkung 4.4.10. *Der Satz 4.4.9 zeigt, dass man sogar Lösungen mit Werten in $D(A)$ bekommen kann, wenn nur die Inhomogenitäten B und F hinreichend reguläre Bildräume besitzen.*

4.4.1 Spezialfall mit banachraumwertigen Wienerprozessen

Wie im Unterabschnitt 4.3.1 wenden wir uns nun dem Spezialfall (4.3.9) im analytischen Fall zu.
Die Überlegungen zu Beginn des Abschnitts 4.4 zur γ-Beschränktheit zeigen, dass wir im analytischen Fall auch mit folgender Bedingung arbeiten können

$$\sup_{t\in[0,T]} \gamma(\{(-A)^{-\sigma}B(s,x) \mid s \in [0,t], x \in E_1\}) \leq \tilde{K}_B < \infty, \tag{4.4.7}$$

wobei $\sigma \in [0, \frac{1}{2})$.
Wie das folgende Lemma zeigt, können wir auch unbeschränkte $B(s,x) \in \mathcal{L}(E)$ betrachten.

Lemma 4.4.11. *Es sei E ein separabler Banachraum und der Operator $(A, D(A))$ erzeuge auf E die beschränkte analytische, stark stetige Halbgruppe $(S(t))_{t\geq 0}$. Außerdem gelte $C \in \gamma(H, E)$ sowie die Bedingung (4.4.7) für ein $\sigma \in [0, \frac{1}{2})$, dann ist auch Bedingung (4.3.1) für beliebiges $\alpha \in [0, \frac{1}{2} - \sigma)$ erfüllt.*

Beweis: Es sei $\varphi \in Bo_b([0,t]; E_1)$ beliebig für beliebiges $t \in [0,T]$ und $\alpha \in [0, \frac{1}{2} - \sigma)$, dann gilt für ein beliebiges $\beta \in (\alpha + \sigma, \frac{1}{2})$

$$\begin{aligned}
&\|(t-\cdot)^{-\alpha}S(t-\cdot)B(\cdot,\varphi(\cdot))C\|_{\gamma(0,t;H,E)} \\
&\leq \gamma(\{(t-s)^{\beta-\alpha}A^{\sigma}S(t-s)(-A)^{-\sigma}B(s,\varphi(s)) \mid s \in [0,t]\})\|(t-\cdot)^{-\beta}C\|_{\gamma(0,t;H,E)} \\
&\leq \frac{1}{\beta-\alpha-\sigma}(1+\frac{1}{\beta-\alpha-\sigma})t^{\beta-\alpha-\sigma}\tilde{K}_B(\frac{1}{1-2\beta})^{\frac{1}{2}}t^{\frac{1}{2}-\beta}\|C\|_{\gamma(H,E)} \\
&= \frac{1}{\beta-\alpha-\sigma}(1+\frac{1}{\beta-\alpha-\sigma})(\frac{1}{1-2\beta})^{\frac{1}{2}}t^{\frac{1}{2}-\alpha-\sigma}\tilde{K}_B\|C\|_{\gamma(H,E)}.
\end{aligned}$$

□

Was können wir uns unter der Bedingung (4.4.7) vorstellen? Dazu ein einfaches Beispiel für den Fall $\sigma = 0$.

Beispiel 4.4.12. *Es sei $E = L_p(G)$ für $p \in [1, \infty)$, $G \subset \mathbb{R}^n$ ein beschränktes Gebiet und $b : [0,\infty) \times G \times \mathbb{R} \to \mathbb{R}$ beschränkt. Definieren wir*

$$B : \begin{cases} [0,\infty) \times E & \to & \mathcal{B}(E) \\ (t,f) & \mapsto & [e \mapsto [x \mapsto b(t,x,f(x))e(x)]] \end{cases},$$

so erfüllt dieses B die Bedingung (4.4.7) für $\sigma = 0$. Die Wohldefiniertheit und Stetigkeit überprüfe man wie im Beispiel 4.3.4, dann haben wir

$$\begin{aligned}
\mathbb{E}(\|\sum_{k=1}^{n} g_k B(t_k, f_k)e_k\|_E^p) &= \int_G \int_\Omega |\sum_{k=1}^{n} g_k(B(t_k, f_k)e_k)(x)|^p \,\lambda(dx)\,\mathbb{P}(d\omega) \\
&= \mathbb{E}(|g_1|^p) \int_G \left(\sum_{k=1}^{n} |b(t_k, x, f_k(x))|^2 |e_k(x)|^2\right)^{\frac{p}{2}} \lambda(dx) \\
&\leq C^p \mathbb{E}(|g_1|^p) \int_G \left(\sum_{k=1}^{n} |e_k(x)|^2\right)^{\frac{p}{2}} \lambda(dx) \\
&= C^p \int_G \int_\Omega |\sum_{k=1}^{n} g_k e_k(x)|^p \,\lambda(dx)\,\mathbb{P}(d\omega) \\
&= C^p \mathbb{E}(\|\sum_{k=1}^{n} g_k e_k\|_E^p).
\end{aligned}$$

Bemerkung 4.4.13. *In diesem Spezialfall ist es so, dass $[s \mapsto B(s, \varphi(s))C]$ Werte in $\gamma(H, E)$ annimmt. Dies ermöglicht es, im dritten Schritt der Beweise der Sätze des vorangehenden Teils dieses Unterabschnitts, der Identifizierung der Grenzwerte, ebenso wie in [20] einen anderen Darstellungssatz zu verwenden, nämlich Theorem 2.4 aus [39].*

4.5 Beliebige Anfangsverteilungen

Nachdem wir in den vorherigen Abschnitten für beliebige deterministische Anfangswerte milde Martingallösungen konstruiert haben, stellt sich die Frage, welche Verallgemeinerungen in Bezug auf die Anfangswerte erlaubt sind.
Formuliert man die Ergebnisse des Abschnitts 4.4 um, so hat man: zu jedem $u_0 \in E_\eta$ existiert auf dem Messraum $(C^\lambda([0,T]; E_\eta), \mathfrak{Bo}(C^\lambda([0,T]; E_\eta)))$ ein Wahrscheinlichkeitsmaß $\mathbb{P}_{u_0}$, welches die Verteilung der konstruierten Martingallösung ist. Der für Martingallösungen verwendete Eindeutigkeitsbegriff führt nun gerade dazu, dass man bei eindeutiger Lösbarkeit der Gleichung eine Abbildung S von E_η in die Menge der Wahrscheinlichkeitsmaße auf dem Messraum $(C^\lambda([0,T]; E_\eta), \mathfrak{Bo}(C^\lambda([0,T]; E_\eta)))$ definieren kann.
Wenn wir nun wüssten, dass S messbar ist, so könnten wir für jedes Wahrscheinlichkeitsmaß μ auf $(E_\eta, \mathfrak{Bo}(E_\eta))$ auf $(C^\lambda([0,T]; E_\eta), \mathfrak{Bo}(C^\lambda([0,T]; E_\eta)))$ ein Wahrscheinlichkeitsmaß $\mathbb{P}_\mu$ gemäß

$$\mathbb{P}_\mu(B) := \int_{E_\eta} \mathbb{P}^{u(\cdot;x)}(B)\,\mu(dx)$$

definieren. Zu diesem neuen Wahrscheinlichkeitsmaß gehört dann wiederum ein E_η-wertiger stochastischer Prozess $(u(t))_{t\geq 0}$ mit den gleichen Pfadeigenschaften, welcher das Problem

$$\begin{aligned} du(t) &= (Au(t) + F(t,u(t))\,dt + B(t,u(t))\,dW_H(t), \\ u(0) &= \xi \end{aligned}$$

löst, wobei $\mathbb{P}^\xi = \mu$ ist.
Mit diesem Problemkreis beschäftigen sich MARTIN ONDREJÁT in [105], NOBUYUKI IKEDA und SHINZO WATANABE in [59] sowie DANIEL W. STROOCK und S.R. SRINIVASA VARADHAN in [121]. Für den Fall von UMD$^-$-Banachräumen existieren in der Literatur keine Resultate. In den bisher in der Literatur betrachteten Fällen ist eine hinreichende Bedingung für die Messbarkeit, dass F und B stetig sind und nicht von t abhängen. Für die eingangs angesprochene Eindeutigkeit sind bereits im eindimensionalen Fall hinreichende Bedingungen, welche nicht lipschitzartige sind, wesentlich komplizierter aufgebaut; für die Details sei auf die entsprechenden Teile in [121] verwiesen.

4.6 Beispiele

Die nachfolgend verwendeten Sobolev-Räume seien wie in [131] definiert.

Beispiel 4.6.1. *Es sei $G \subseteq \mathbb{R}^n$ ein beschränktes Gebiet, dessen Rand von der Klasse C^4 sei. Dort betrachte man*

$$(4.6.1)\qquad \begin{cases} du(t,x) = (\Delta_x^2 u(t,x) + f(t,u(t,x),\nabla u(t,x)))\,dt \\ \qquad\qquad + b(t,u(t,x),\nabla u(t,x))\,dw(x,t), \quad t \in (0,T], x \in G, \\ C_1(t,x)u(t,x) = 0, \\ C_2(t,x)u(t,x) = 0, \quad t \in (0,T], x \in \partial G \\ u(0,x) = 0, \quad x \in G, \end{cases}$$

wobei

$$C_1(t,x) := \frac{\partial}{\partial n},\ C_2(t,x) := \frac{\partial \Delta_x}{\partial n}$$

und $\frac{\partial}{\partial n}$ die äußere Normalenableitung bezeichnet. Die Abbildungen $f, b : [0,T] \times G \times \mathbb{R} \times \mathbb{R}^n \to \mathbb{R}$ seien stetig, b zudem beschränkt mit Schranke C_b und f erfülle für beliebige $t \in [0,T]$, $x \in G$, $y \in \mathbb{R}$, $z \in \mathbb{R}^n$ die Ungleichung

$$|f(t,x,y,z)| \leq C(1 + |z|).$$

Der Rauschterm sei genauso wie im Beispiel 3.4.14, d.h. wir sind in der Situation von Gleichung (4.3.9)*:*

$$\begin{aligned} du(t) &= (A_C u(t) + F(t,u(t)))\,dt + B(t,u(t))C\,dW_H(t) \\ u(0) &= u_0. \end{aligned}$$

Mit Hilfe des Satzes 1.3.7 erkennen wir, dass die Realisierung A_C von (Δ_x^2, C_1, C_2) auf $E = L_p(G)$, $p \in (1,\infty)$, eine R-analytische, stark stetige Halbgruppe mit $\omega_R(A_C) < \frac{\pi}{2}$

erzeugt. Nach dem Satz 7.2 aus [141] besitzt A_C darüber hinaus kompakte Resolventen. Zudem erfüllt die Abbildung (siehe auch Beispiel 4.3.5)

$$F : \begin{cases} [0,T] \times H_p^1(G) & \to & L_p(G) \\ (t,u) & \mapsto & (x \mapsto f(t,x,u(x),\nabla u(x))) \end{cases}$$

die Bedingung (H4)' für $\eta = \frac{1}{4}$ und $E_\eta := [E, D(A_C)]_{\frac{1}{4}}$. Die Abbildung

$$B : \begin{cases} [0,T] \times H_p^1(G) & \to & \mathcal{B}(L_p(G)) \\ (t,u) & \mapsto & (v \mapsto (x \mapsto b(t,x,u(x),\nabla u(x))v(x))) \end{cases}$$

erfüllt die Bedingung (4.4.7)*, wie man genauso wie im Beispiel 4.4.12 nachrechnen kann. Nach dem Lemma 4.4.11 ist dann die Bedingung ($DB_{\eta,\alpha}$) erfüllt, also auch die Bedingung (H1)' für jedes $\alpha < \frac{1}{2}$. Somit hat das Problem* (4.6.1) *nach dem Korollar 4.4.7 für jedes $u_0 \in H_p^1(G)$ eine milde Martingallösung mit Pfaden $\mathbb{P}$-fast sicher in $C^\lambda([0,T]; H_p^1(G))$ für jedes $\lambda < \frac{1}{4}$. Wegen $H_p^s(G) \hookrightarrow C^\lambda(G)$ für $s > \lambda + \frac{n}{p}$, siehe Theorem 4.6.1 in [131], existiert für $\frac{n}{p} \leq \frac{3}{4}$ eine milde Martingallösung mit Pfaden $\mathbb{P}$-fast sicher in $C^\lambda([0,T] \times G)$ für $\lambda < \frac{1}{4}$.*

Mit Hilfe des Satzes 1.3.7 können wir Teile von Theorem 6.4 aus [20] verallgemeinern.

Satz 4.6.2. *Es sei $G \subset \mathbb{R}^n$ ein beschränktes Gebiet, dessen Rand von der Klasse C^{2m} für ein $m \in \mathbb{N}$ ist. Weiter sei durch*

$$A(x,D) := \sum_{|\alpha| \leq 2m} a_\alpha(x) D^\alpha$$

und

$$C_j(x,D) := \sum_{|\beta| \leq m_j} c_{j,\beta}(x) D^\beta$$

ein Randwertproblem gegeben, welches den Bedingungen (GB) und (RB) aus dem Abschnitt 1.3 genüge. Die Abbildungen $f, b_k : [0,T] \times G \times \mathbb{R} \to \mathbb{R}$ seien stetig, b_k zudem beschränkt mit Schranke C_k und $(C_k)_{k \in \mathbb{N}} \in \ell^2$ und f erfülle für beliebige $t \in [0,T]$, $x \in G$, $y \in \mathbb{R}$ die Ungleichung

$$|f(t,x,y)| \leq C(1 + |y|).$$

Dann erfüllt die Abbildung

$$F : \begin{cases} [0,T] \times L_p(G) & \to & L_p(G) \\ (t,u) & \mapsto & (x \mapsto f(t,x,u(x))) \end{cases}$$

die Bedingung (H4)' für $\eta = 0$ und die Abbildung

$$B : \begin{cases} [0,T] \times L_p(G) & \to & \mathcal{B}(\ell^2, L_p(G)) \\ (t,u) & \mapsto & (h \mapsto (x \mapsto \sum_{k \in \mathbb{N}} (h, e_k) b_k(t,x,u(x)))) \end{cases}$$

die Bedingung ($DB_{\eta,\alpha}$) für $E = L_p(G)$, $\eta = 0$ und beliebiges $\alpha \in (0, \frac{1}{2})$.

Somit besitzt die stochastische Evolutionsgleichung

$$du(t) = (A_C u(t) + F(t, u(t)))\, dt + B(t, u(t))\, dW_{\ell^2}(t)$$
$$u(0) = u_0$$

für jedes $u_0 \in E_\eta$, $\eta \in (0, \frac{1}{2})$, *eine milde Martingallösung auf* $[0, T]$ *mit* $\mathbb{P}$*-fast allen Pfaden in* $C^\lambda([0, T]; E_\eta)$ *für* $0 \leq \lambda + \eta < \frac{1}{2}$, *wobei* $E_\eta = D((-A_C)^\eta)$ *oder* $E_\eta = (E, D(A_C))_\eta$ *für eine zulässige Interpolationsmethode* $((\cdot, \cdot)_\eta)_{\eta \in (0,1)}$.

Beweis: Für ein $\mu \geq 0$ ist die Realisierung $\mu + A_C$ in $L_p(G)$ nach dem Satz 1.3.7 R-sektoriell mit $\omega_R(A) < \frac{\pi}{2}$ und besitzt nach dem Satz 7.2 aus [141] kompakte Resolventen. Ohne Beschränkung der Allgemeinheit können wir $\mu = 0$ annehmen, da wir sonst statt A_C gerade $\mu + A_C$ und statt F gerade $F - \mu$ betrachten können, dabei erfüllt $F - \mu$ trivialerweise ebenfalls die Bedingung (H4)'. Also ist nach dem Lemma 2.2.13 Bedingung (H2)' erfüllt. Dass die Abbildung F die Bedingung (H4)' erfüllt, kann man leicht nachrechnen. Verfährt man wie im Beispiel 4.4.8, so sieht man, dass B die Bedingung (H1)' für beliebiges $\alpha \in (0, \frac{1}{2})$ und $E_1 = E = L_p(G)$ erfüllt. Dann lassen sich die Behauptungen mit Hilfe des Satzes 4.4.4 verifizieren. □

Bemerkung 4.6.3. *Der Satz 4.6.2 ermöglicht es im Vergleich zu Theorem 6.4 in [20], eine größere Klasse von Differentialoperatoren zu betrachten, da man zum Nachweis der in [20] geforderten Existenz beschränkter imaginärer Potenzen im Allgemeinen auf hölderstetige Koeffizienten angewiesen ist, wohingegen wir hier mit stetigen Koeffizienten arbeiten. Zudem ermöglicht es der Verzicht auf die Rademachertyp-Bedingung, auch in Räumen* $L_p(G)$ *mit* $p \in [1, 2)$ *zu arbeiten. Die restlichen Teile von Theorem 6.4 aus [20] beschäftigen sich mit der Existenz invarianter Maße, deren Betrachtung hier außen vor bleibt.*

Schlussbemerkung

Dass in diesem Kapitel im Gegensatz zum Kapitel 3 lediglich autonome Probleme betrachtet werden, hat seine Ursache darin, dass es keinen Martingaldarstellungssatz gibt für allgemeine Funktionale, wie sie in der Definition schwacher nichtautonomer Lösungen verwendet werden. Bis auf diesen Schritt übertragen sich alle anderen Schritte aus den Beweisen für die autonome Situation problemlos auf die nichtautonome Situation.

«On ne finit pas une œuvre, on l'abandonne.»

(G. FLAUBERT (1821-1880))

Abriss des Lebens- und Bildungsgangs

Persönliche Daten	
Name:	Jan Zimmerschied
Geburtsdatum:	02.06.1977
Geburtsort:	Erbach im Odenwald
Schulbildung	
1983 – 1987	Blücherschule (Grundschule), Wiesbaden
1987 – 1996	Leibnizschule (Gymnasium), Wiesbaden
11.06.1996	Abitur (Allgemeine Hochschulreife)
Zivildienst	
01.08.1996 – 31.08.1997	ASB Wiesbaden
Studium	
Fachrichtung:	Wirtschaftsmathematik
Hochschulen:	Universität Karlsruhe (TH) und Université Joseph Fourier, Grenoble
Studiendauer:	Oktober 1997 bis Januar 2003
Diplomvorprüfung:	04.10.1999
Diplomarbeit:	*Stochastische Integration in UMD-Räumen und Anwendungen*
Diplomprüfung:	14.01.2003
Berufstätigkeit	
seit 01.04.2003	Wissenschaftlicher Angestellter (Institut für Analysis, Universität Karlsruhe (TH))

Literaturverzeichnis

Namen von Autoren, welche in natura in kyrillischer Schrift geschrieben werden, sind hier in der Form „Transliteration des Namens (in der zitierten Arbeit verwendete Schreibweise des Namens)“ angegeben. Bei Gleichheit entfällt der zweite Teil.

Bsp.: Skorohod, Anatolìj Volodimirovič (Skorokhod, Anatoli Volodimirovich)

[1] Acquistapace, Paolo: Evolution operators and strong solutions of abstract linear parabolic equations. In: *Differential and Integral Equations. An International Journal for Theory and Applications* 1 (1988), Nr. 4, S. 433–457. – ISSN 0893–4983

[2] Acquistapace, Paolo: Abstract linear nonautonomous parabolic equations: a survey. In: *Differential equations in Banach spaces (Bologna, 1991), Lecture Notes in Pure and Applied Mathematics* Bd. 148. New York : Dekker, 1993, S. 1–19 – ISBN 0-8247-9067-7

[3] Acquistapace, Paolo ; Terreni, Brunello: A unified approach to abstract linear nonautonomous parabolic equations. In: *Rendiconti del Seminario Matematico della Università di Padova. The Mathematical Journal of the University of Padova* 78 (1987), S. 47–107. – ISSN 0041–8994

[4] Acquistapace, Paolo ; Terreni, Brunello: Regularity properties of the evolution operator for abstract linear parabolic equations. In: *Differential and Integral Equations. An International Journal for Theory and Applications* 5 (1992), Nr. 5, S. 1151–1184. – ISSN 0893–4983

[5] Albiac, Fernando ; Kalton, Nigel J.: *Graduate Texts in Mathematics.* Bd. 233: *Topics in Banach Space Theory.* Springer-Verlag, 2006 – XIV + 336 S. mit 6 Abb. – ISBN 038728141X

[6] Aldous, David J.: Unconditional bases and martingales in $L_p(F)$. In: *Mathematical Proceedings of the Cambridge Philosophical Society* 85 (1979), Nr. 1, S. 117–123. – ISSN 0305–0041

[7] Amann, Herbert: *Monographs in Mathematics.* Bd. 89: *Linear and quasilinear parabolic problems. Vol. I.* Boston, MA : Birkhäuser Boston Inc., 1995. – xxxvi+335 S. – ISBN 3–7643–5114–4.

[8] Appell, Jürgen ; Zabrejko, Petr P.: *Cambridge Tracts in Mathematics.* Bd. 95: *Nonlinear superposition operators.* Cambridge : Cambridge University Press, 1990. – viii+311 S. – ISBN 0–521–36102–8

[9] BARBU, Dorel: Local and global existence for mild solutions of stochastic differential equations. In: *Portugaliae Mathematica* 55 (1998), Nr. 4, S. 411–424. – ISSN 0032–5155

[10] BARBU, Dorel ; BOCŞAN, Gheorghe: Approximations to mild solutions of stochastic semilinear equations with non-Lipschitz coefficients. In: *Czechoslovak Mathematical Journal* 52(127) (2002), Nr. 1, S. 87–95. – ISSN 0011–4642

[11] BAXENDALE, Peter: Gaussian measures on function spaces. In: *Amer. J. Math.* 98 (1976), Nr. 4, S. 891–952. – ISSN 0002–9327

[12] BERGH, Jöran ; LÖFSTRÖM, Jörgen: *Interpolation spaces. An introduction.* Berlin : Springer-Verlag, 1976. – x+207 S. – Grundlehren der Mathematischen Wissenschaften, No. 223 – ISBN: 3-540-07875-4, 0-387-07875-4

[13] BERKSON, Earl R. ; GILLESPIE, T. A.: Spectral decompositions and harmonic analysis on UMD spaces. In: *Studia Mathematica* 112 (1994), Nr. 1, S. 13–49. – ISSN 0039–3223

[14] BOGAČEV, Vladimir Igorevič (BOGACHEV, Vladimir Igorevich): Deterministic and stochastic differential equations in infinite-dimensional spaces. In: *Acta Applicandae Mathematicae. An International Survey Journal on Applying Mathematics and Mathematical Applications* 40 (1995), Nr. 1, S. 25–93. – ISSN 0167–8019

[15] BOGAČEV, Vladimir Igorevič (BOGACHEV, Vladimir Igorevich): *Mathematical Surveys and Monographs.* Bd. 62: *Gaussian measures*. Providence, RI : American Mathematical Society, 1998. – xii+433 S. – ISBN 0–8218–1054–5

[16] BOGAČEV, Vladimir Igorevič (BOGACHEV, Vladimir Igorevich) ; KOBANENKO, Konstantin: Liens entre équations différentielles stochastiques et ordinaires en dimension infinie. In: *Comptes Rendus des Séances de l'Académie des Sciences. Série I. Mathématique* 321 (1995), Nr. 7, S. 913–917. – ISSN 0764–4442

[17] BOURGAIN, Jean: Some remarks on Banach spaces in which martingale difference sequences are unconditional. In: *Arkiv för Matematik* 21 (1983), Nr. 2, S. 163–168. – ISSN 0004–2080

[18] BOURGAIN, Jean: Vector-valued singular integrals and the H^1-BMO duality. In: *Probability theory and harmonic analysis (Cleveland, Ohio, 1983), Monographs and Textbooks in Pure and Applied Mathematics* Bd. 98. New York : Dekker, 1986, S. 1–19 – ISBN 0-8247-7473-6

[19] BRZEŹNIAK, Zdzisław: Stochastic partial differential equations in M-type 2 Banach spaces. In: *Potential Analysis. An International Journal Devoted to the Interactions between Potential Theory, Probability Theory, Geometry and Functional Analysis* 4 (1995), Nr. 1, S. 1–45. – ISSN 0926–2601

[20] BRZEŹNIAK, Zdzisław ; GĄTAREK, Dariusz: Martingale solutions and invariant measures for stochastic evolution equations in Banach spaces. In: *Stochastic Processes and their Applications* 84 (1999), Nr. 2, S. 187–225. – ISSN 0304–4149

[21] BRZEŹNIAK, Zdzisław ; NEERVEN, Jan M.A.M. v.: Stochastic convolution in separable Banach spaces and the stochastic linear Cauchy problem. In: *Studia Mathematica* 143 (2000), Nr. 1, S. 43–74. – ISSN 0039–3223

[22] BURKHOLDER, Donald L.: Martingales and Fourier analysis in Banach spaces. In: *Probability and analysis (Varenna, 1985)*, *Lecture Notes in Mathematics* Bd. 1206. Berlin : Springer, 1986, S. 61–108 – ISBN 3-540-16787-0

[23] CHOJNOWSKA-MICHALIK, Anna: Stochastic differential equations in Hilbert spaces. In: *Probability theory (Papers, VIIth Semester, Stefan Banach Internat. Math. Center, Warsaw, 1976)*, *Banach Center Publications* Bd. 5. Warsaw : PWN, 1979, S. 53–74 – ISBN 83-01-01492-X

[24] CHUNG, Kai L. ; WILLIAMS, Ruth J.: *Introduction to stochastic integration.* Zweite Auflage. Boston, MA : Birkhäuser Boston Inc., 1990 (Probability and its Applications). – xvi+276 S. – ISBN 0–8176–3386–3

[25] CLÉMENT, Philippe ; DE PAGTER, Ben ; SUKOČEV, Fëdor A. (SUKOCHEV, Fyodor A.) ; WITVLIET, Henriko: Schauder decomposition and multiplier theorems. In: *Studia Mathematica* 138 (2000), Nr. 2, S. 135–163. – ISSN 0039–3223

[26] COWLING, Michael G. ; DOUST, Ian ; MCINTOSH, Alan ; YAGI, Atsushi: Banach space operators with a bounded H^∞ functional calculus. In: *Australian Mathematical Society. Journal. Series A. Pure Mathematics and Statistics* 60 (1996), Nr. 1, S. 51–89. – ISSN 0263–6115

[27] DA PRATO, Giuseppe ; IANNELLI, Mimmo ; TUBARO, Luciano: On the path regularity of a stochastic process in a Hilbert space, defined by the Itô integral. In: *Stochastics. An International Journal of Probability and Stochastic Processes* 6 (1981/82), Nr. 3-4, S. 315–322. – ISSN 0090–9491

[28] DA PRATO, Giuseppe ; KWAPIEŃ, Stanisław ; ZABCZYK, Jerzy: Regularity of solutions of linear stochastic equations in Hilbert spaces. In: *Stochastics. An International Journal of Probability and Stochastic Processes* 23 (1987), Nr. 1, S. 1–23. – ISSN 0090–9491

[29] DA PRATO, Giuseppe ; ZABCZYK, Jerzy: *Encyclopedia of Mathematics and its Applications.* Bd. 44: *Stochastic equations in infinite dimensions*. Cambridge : Cambridge University Press, 1992. – xviii+454 S. – ISBN 0–521–38529–6

[30] DANERS, Daniel ; KOCH MEDINA, Pablo: *Pitman Research Notes in Mathematics Series.* Bd. 279: *Abstract evolution equations, periodic problems and applications*. Harlow : Longman Scientific & Technical, 1992. – iv+249 S. – ISBN 0–582–09635–9

[31] Dawson, Donald A. ; Gorostiza, Luis G.: *-solutions of evolution equations in Hilbert space. In: *Journal of Differential Equations* 68 (1987), Nr. 3, S. 299–319. – ISSN 0022–0396

[32] Deimling, Klaus: *Lecture Notes in Mathematics.* Bd. 596: *Ordinary differential equations in Banach spaces.* Springer-Verlag, 1977. – vi+137 S. – ISBN 3–540–08260–3, 0–387–08260–3

[33] Dellacherie, Claude ; Meyer, Paul-André: *North-Holland Mathematics Studies.* Bd. 29: *Probabilities and potential.* Amsterdam : North-Holland Publishing Co., 1978. – viii+189 S. – ISBN 0–7204–0701–X

[34] Denk, Robert ; Dore, Giovanni ; Hieber, Matthias ; Prüss, Jan ; Venni, Alberto: New thoughts on old results of R. T. Seeley. In: *Mathematische Annalen* 328 (2004), Nr. 4, S. 545–583. – ISSN 0025–5831

[35] Denk, Robert ; Hieber, Matthias ; Prüss, Jan: R-boundedness, Fourier multipliers and problems of elliptic and parabolic type. In: *Memoirs of the American Mathematical Society* 166 (2003), Nr. 788, S. viii+114. – ISSN 0065–9266

[36] Dettweiler, Egbert: Banach space valued processes with independent increments and stochastic integration. In: *Probability in Banach spaces, IV (Oberwolfach, 1982), Lecture Notes in Mathematics* Bd. 990. Berlin : Springer, 1983, S. 54–83 – ISBN 3-540-12295-8

[37] Dettweiler, Egbert: Stochastic integral equations and diffusions on Banach spaces. In: *Probability theory on vector spaces, III (Lublin, 1983), Lecture Notes in Mathematics* Bd. 1080. Berlin : Springer, 1984, S. 9–45 – ISBN 3-540-13388-7

[38] Dettweiler, Egbert: On the martingale problem for Banach space valued stochastic differential equations. In: *Journal of Theoretical Probability* 2 (1989), Nr. 2, S. 159–191. – ISSN 0894–9840

[39] Dettweiler, Egbert: Representation of Banach space valued martingales as stochastic integrals. In: *Probability in Banach spaces, 7 (Oberwolfach, 1988), Progress in Probability* Bd. 21. Boston, MA : Birkhäuser Boston, 1990, S. 43–62 – ISBN 0-8176-3475-4

[40] Dettweiler, Johanna ; Neerven, Jan M.A.M. v.: Continuity versus nonexistence for a class of linear stochastic Cauchy problems driven by a Brownian motion. In: *Czechoslovak Mathematical Journal* – ISSN: 0011-4642

[41] Dettweiler, Johanna ; Neerven, Jan M.A.M. v. ; Weis, Lutz: Space-time regularity of solutions of the parabolic stochastic Cauchy problem. In: *Stochastic Analysis and Applications.* – ISSN: 0736-2994

[42] DIESTEL, Joseph ; JARCHOW, Hans ; TONGE, Andrew: *Cambridge Studies in Advanced Mathematics.* Bd. 43: *Absolutely summing operators*. Cambridge : Cambridge University Press, 1995. – xvi+474 S. – ISBN 0–521–43168–9

[43] DIESTEL, Joseph ; UHL, John J. Jr.: *Mathematical Surveys.* Nr. 15 *Vector measures.* 2. Auflage. Providence, R.I. : American Mathematical Society, 1979. – xiii+322 S. – ISBN: 0-8218-1515-6

[44] ENGEL, Klaus-Jochen ; NAGEL, Rainer: *Graduate Texts in Mathematics.* Bd. 194: *One-parameter semigroups for linear evolution equations*. New York : Springer-Verlag, 2000. – xxii+586 S. – ISBN 0–387–98463–1.

[45] FRÉCHET, Maurice: Généralisations de la loi de probabilité de Laplace. In: *Annales de l'Institut Henri Poincaré* 12 (1951), S. 1–29

[46] FRÖHLICH, Andreas: *H^∞-Kalkül und Dilatationen*, Universität Karlsruhe (TH), Diss., 2003

[47] GARLING, David J. H.: Random martingale transform inequalities. In: *Probability in Banach spaces 6 (Sandbjerg, 1986), Progress in Probability* Bd. 20. Boston, MA : Birkhäuser Boston, 1990, S. 101–119 – ISBN 0-8176-3494-0

[48] GĄTAREK, Dariusz: A note on nonlinear stochastic equations in Hilbert spaces. In: *Statistics & Probability Letters* 17 (1993), Nr. 5, S. 387–394. – ISSN 0167–7152

[49] GĄTAREK, Dariusz ; GOŁDYS, Beniamin: On weak solutions of stochastic equations in Hilbert spaces. In: *Stochastics and Stochastics Reports* 46 (1994), Nr. 1-2, S. 41–51. – ISSN 1045–1129

[50] GAWARECKI, Leszek ; MANDREKAR, Vidyadhar S. ; RICHARD, Phil H.: Existence of weak solutions for stochastic differential equations and martingale solutions for stochastic semilinear equations. In: *Random Operators and Stochastic Equations* 7 (1999), Nr. 3, S. 215–240. – ISSN 0926–6364

[51] GIHMAN, Iosif Il'ič (GICHMAN, I.I.) ; SKOROHOD, Anatolìj Volodimirovič (SKOROHOD, ANATOLI V.): *Grundlehren der Mathematischen Wissenschaften [Fundamental Principles of Mathematical Sciences].* Bd. 210: *The theory of stochastic processes. I*. English. Berlin : Springer-Verlag, 1980. – viii+574 S. – ISBN 3–540–06573–3. – Translated from the Russian by Samuel Kotz

[52] GODUNOV, Aleksandr Nikolaevič (GODUNOV, A. N.): The Peano theorem in Banach spaces. In: *Akademija Nauk SSSR. Funkcional'nyi Analiz i ego Priloženija* 9 (1974), Nr. 1, S. 59–60. – ISSN 0374–1990

[53] GOROSTIZA, Luis G. ; LEÓN, Jorge A.: A stochastic Fubini theorem and equivalence of extended solutions of stochastic evolution equations in Hilbert space. In: *Random partial differential equations (Oberwolfach, 1989), International Series*

of Numerical Mathematics. Bd. 102. Basel : Birkhäuser, 1991, S. 85–94 – ISBN 3-7643-2688-3

[54] Govindan, T. E.: Existence and stability of solutions of stochastic semilinear evolution equations. In: *Communications in Applied Analysis* 7 (2003), Nr. 1, S. 101–114. – ISSN 1083–2564

[55] Haak, Bernhard H.: *Kontrolltheorie in Banachräumen und quadratische Abschätzungen*, Universität Karlsruhe (TH), Diss., 2004

[56] Haase, Markus: *The Functional Calculus for Sectorial Operators and Similarity Methods*, Universität Ulm, Diss., 2003

[57] Haase, Markus: *The Functional Calculus for Sectorial Operators*. Birkhäuser Verlag, Basel, 2006 (Operator Theory: Advances and Applications 169). – ISBN 3–7643–7697–X

[58] Hackenbroch, Wolfgang ; Thalmaier, Anton: *Stochastische Analysis*. Stuttgart : B. G. Teubner, 1994 (Mathematische Leitfäden.). – 560 S. – ISBN 3–519–02229–X.

[59] Ikeda, Nobuyuki ; Watanabe, Shinzo: *North-Holland Mathematical Library*. Bd. 24: *Stochastic differential equations and diffusion processes*. Second. Amsterdam : North-Holland Publishing Co., 1989. – xvi+555 S. – ISBN 0–444–87378–3

[60] Johnson, William B. (Hrsg.) ; Lindenstrauss, Joram (Hrsg.): *Handbook of the geometry of Banach spaces. Vol. I*. Amsterdam : North-Holland Publishing Co., 2001. – x+1005 S. – ISBN 0–444–82842–7

[61] Johnson, William B. (Hrsg.) ; Lindenstrauss, Joram (Hrsg.): *Handbook of the geometry of Banach spaces. Vol. 2*. Amsterdam : North-Holland, 2003. – xii+1866 S. – ISBN 0–444–51305–1

[62] Kallenberg, Olav: *Foundations of modern probability*. Second. New York : Springer-Verlag, 2002 (Probability and its Applications (New York)). – xx+638 S. – ISBN 0–387–95313–2

[63] Kalton, Nigel J. ; Weis, Lutz W.: *The H^∞-calculus and square function estimates*. – in Vorbereitung

[64] Kalton, Nigel J. ; Weis, Lutz W.: The H^∞-calculus and sums of closed operators. In: *Mathematische Annalen* 321 (2001), Nr. 2, S. 319–345. – ISSN 0025–5831

[65] Karatzas, Ioannis ; Shreve, Steven E.: *Graduate Texts in Mathematics*. Bd. 113: *Brownian motion and stochastic calculus*. Second. New York : Springer-Verlag, 1991. – xxiv+470 S. – ISBN 0–387–97655–8

[66] KATO, Tosio: Abstract evolution equations of parabolic type in Banach and Hilbert spaces. In: *Nagoya Mathematical Journal* 19 (1961), S. 93–125. – ISSN 0027–7630

[67] KOLMOGOROV, Andrej Nikolaevič (KOLMOGOROFF, A.): La transformation de Laplace dans les espaces linéaires. In: *C. R. Acad. Sci., Paris* 200 (1935), S. 1717–1718

[68] KOTELENEZ, Peter: The Hölder continuity of Hilbert space valued stochastic integrals with an application to SPDE. In: *Stochastic differential systems (Visegrád, 1980), Lecture Notes in Control and Information Sciences* Bd. 36. Berlin : Springer, 1981, S. 110–116 – ISBN 3-540-11038-0

[69] KOTELENEZ, Peter: Local behaviour of Hilbert space valued stochastic integrals and the continuity of mild solutions of stochastic evolution equations. In: *Stochastic integrals (Proc. Sympos., Univ. Durham, Durham, 1980), Lecture Notes in Mathematics* Bd. 851. Berlin : Springer, 1981, S. 492–496 – ISBN 3-540-10690-1

[70] KOTELENEZ, Peter: A submartingale type inequality with applications to stochastic evolution equations. In: *Stochastics* 8 (1982/83), Nr. 2, S. 139–151. – ISSN 0090–9491

[71] KOTELENEZ, Peter: Continuity properties of Hilbert space valued martingales. In: *Stochastic Processes and Applications* 17 (1984), Nr. 1, S. 115–125. – ISSN 0304–4149

[72] KOTELENEZ, Peter: A stopped Doob inequality for stochastic convolution integrals and stochastic evolution equations. In: *Stochastic Analysis and Applications* 2 (1984), Nr. 3, S. 245–265. – ISSN 0736–2994

[73] KOTELENEZ, Peter: A maximal inequality for stochastic convolution integrals on Hilbert spaces and space-time regularity of linear stochastic partial differential equations. In: *Stochastics* 21 (1987), Nr. 4, S. 345–358. – ISSN 0090–9491

[74] KOTELENEZ, Peter: Existence, uniqueness and smoothness for a class of function valued stochastic partial differential equations. In: *Stochastics and Stochastics Reports* 41 (1992), Nr. 3, S. 177–199. – ISSN 1045–1129

[75] KRYLOV, Nikolaj Vladimirovič (KRYLOV, Nikolai V.): An analytic approach to SPDEs. In: *Stochastic partial differential equations: six perspectives, Mathematical Surveys and Monographs* Bd. 64. Providence, RI : Amer. Math. Soc., 1999, S. 185–242 – ISBN 0-8218-0806-0

[76] KUNSTMANN, Peer C. ; WEIS, Lutz W.: Maximal L_p-regularity for parabolic equations, Fourier multiplier theorems and H^∞-functional calculus. In: *Functional analytic methods for evolution equations, Lecture Notes in Mathematics* Bd. 1855. Berlin : Springer, 2004, S. 65–311 – ISBN: 3-540-23030-0

[77] KWAPIEŃ, Stanisław ; WOYCZYŃSKI, Wojbor A.: *Random series and stochastic integrals: single and multiple.* Boston, MA : Birkhäuser Boston Inc., 1992 (Probability and its Applications). – xvi+360 S. – ISBN 0–8176–3572–6

[78] LEDOUX, Michel ; TALAGRAND, Michel: *Ergebnisse der Mathematik und ihrer Grenzgebiete (3) [Results in Mathematics and Related Areas (3)].* Bd. 23: *Probability in Banach spaces.* Berlin : Springer-Verlag, 1991. – xii+480 S. – ISBN 3–540–52013–9.

[79] LEÓN, Jorge A.: Stochastic evolution equations with respect to semimartingales in Hilbert space. In: *Stochastics and Stochastics Reports* 27 (1989), Nr. 1, S. 1–21. – ISSN 1045–1129

[80] LINDE, Werner: *Probability in Banach spaces—stable and infinitely divisible distributions.* Second. Chichester : John Wiley & Sons Ltd., 1986 (A Wiley-Interscience Publication). – 195 S. – ISBN 0–471–90893–2

[82] LINDENSTRAUSS, Joram ; TZAFRIRI, Lior: *Classics in Mathematics: Classical Banach Spaces I and II.* Berlin: Springer-Verlag, 1996. – ISBN 3–540–60628–9.

[83] LIPCER, Robert Ševilevič (LIPTSER, Robert S.) ; ŠIRÂEV, Al'bert Nikolaevič (SHIRYAEV, Albert N.): *Statistics of random processes. II.* New York : Springer-Verlag, 1978. – x+339 S. – ISBN 0–387–90236–8. – Translated from the Russian by A. B. Aries

[84] LUNARDI, Alessandra: *Analytic semigroups and optimal regularity in parabolic problems.* Basel : Birkhäuser Verlag, 1995 (Progress in Nonlinear Differential Equations and their Applications, 16). – xviii+424 S. – ISBN 3–7643–5172–1

[85] LUNARDI, Alessandra: A unified approach to semilinear parabolic problems. In: *Dynamical Systems and Applications* 4 (1995), Nr. 1, S. 103–123. – ISSN 1056–2176

[86] LUNARDI, Alessandra: *Interpolation Theory.* Scuola Normale Superiore Pisa, 1999 (Appunti)

[87] MCKEAN, Henry P. Jr. ; ITÔ, Kiyosi: *Diffusion Processes and their Sample Paths.* Neudruck der zweiten Auflage von 1974. Springer-Verlag, 1996 (Classics in Mathematics) – xviii+326 S. – ISBN 3-540-60629-7

[88] MÉTIVIER, Michel: *de Gruyter Studies in Mathematics.* Bd. 2: *Semimartingales.* Berlin : Walter de Gruyter & Co., 1982. – xi+287 S. – ISBN 3–11–008674–3.

[89] MÉTIVIER, Michel ; PELLAUMAIL, Jean: *Stochastic integration.* New York : Academic Press [Harcourt Brace Jovanovich Publishers], 1980. – xii+196 S. – ISBN 0–12–491450–0.

[90] MÉTIVIER, Michel ; VIOT, Michel: On weak solutions of stochastic partial differential equations. In: *Stochastic analysis (Paris, 1987), Lecture Notes in Mathematics* Bd. 1322. Berlin : Springer, 1988, S. 139–150 – ISBN 3-540-19352-9

[91] MIKULEVICIUS, Remigijus ; ROZOVSKIJ, Boris L'vovič (ROZOVSKII, Boris L.): Martingale problems for stochastic PDE's. In: *Stochastic partial differential equations: six perspectives* Bd. 64. Providence, RI : Amer. Math. Soc., 1999, S. 243–325 – ISBN 0-8218-0806-0

[92] MIKULEVICIUS, Remigijus ; ROZOVSKIJ, Boris L'vovič (ROZOVSKII, Boris L.): On martingale problem solutions for stochastic Navier-Stokes equation. In: *Stochastic partial differential equations and applications (Trento, 2002), Lecture Notes in Pure and Applied Mathematics* Bd. 227. New York : Dekker, 2002, S. 405–415 – ISBN 0-8247-0792-3

[93] MILLET, Annie ; SMOLEŃSKI, Włodzimierz H.: On the continuity of Ornstein-Uhlenbeck processes in infinite dimensions. In: *Probability Theory and Related Fields* 92 (1992), Nr. 4, S. 529–547. – ISSN 0178–8051

[94] NEERVEN, Jan M.A.M.: *Lecture Notes in Mathematics*. Bd. 1529: *The adjoint of a semigroup of linear operators*. Berlin : Springer-Verlag, 1992. – x+195 S. – ISBN 3–540–56260–5

[95] NEERVEN, Jan M.A.M. ; VERAAR, Mark C.: On the stochastic Fubini theorem in infinite dimensions. In: *Stochastic Partial Differential Equations and Applications - VII, Lecture Notes in Pure and Applied Mathematics* Bd. 245. Chapman & Hall/ CRC, 2005, S. 323–336 – ISBN: 978-0-8247-0027-0; 0-8247-0027-9

[96] NEERVEN, Jan M.A.M. ; VERAAR, Mark C. ; WEIS, Lutz W.: *Stochastic equations in UMD Banach spaces*. – in Vorbereitung

[97] NEERVEN, Jan M.A.M. ; VERAAR, Mark C. ; WEIS, Lutz W.: Stochastic integration in UMD Banach spaces. In: *Annals of Probability*. – akzeptiert – ISSN: 0091-1798.

[98] NEERVEN, Jan M.A.M. ; WEIS, Lutz: Asymptotic behaviour of the linear stochastic Cauchy problem and R-boundedness of the resolvent. In: *Journal of Evolution Equations* 6 (2006), S. 205–228. – ISSN: 1424-3199.

[99] NEERVEN, Jan M.A.M. ; WEIS, Lutz W.: Stochastic integration of functions with values in a Banach space. In: *Studia Mathematica* 166 (2005), Nr. 2, S. 131–170. – ISSN 0039–3223

[100] NEERVEN, Jan M.A.M. ; WEIS, Lutz W.: Weak limits and integrals of Gaussian covariances in Banach spaces. In: *Probability and Mathematical Statististics* 25 (2005), S. 55–74. – ISSN: 0208-4147.

[101] NEIDHARDT, Arnold L.: *Stochastic Integrals in 2-smooth spaces*, University of Wisconsin, Diss., 1978

[102] NICKEL, Gregor: *On evolution semigroups and wellposedness of nonautonomous Cauchy problems.*, Tübingen: Univ. Tübingen, Math. Fak. 91 S. , Diss., 1996

[103] NICKEL, Gregor: Evolution semigroups for nonautonomous Cauchy problems. In: *Abstract and Applied Analysis* 2 (1997), Nr. 1-2, S. 73–95. – ISSN 1085–3375

[104] ONDREJÁT, Martin: *Équations d'évolution stochastiques dans les espaces de Banach: unicités abstraites, propriété de Markov forte, équations hyperboliques*, Diss., 2003

[105] ONDREJÁT, Martin: Uniqueness for stochastic evolution equations in Banach spaces. In: *Polska Akademia Nauk. Instytut Matematyczny. Dissertationes Mathematicae. Rozprawy Matematyczne* 426 (2004), S. 63. – ISSN 0012–3862

[106] ONDREJÁT, Martin: *Integral Representation of Cylindrical Local Martingales in every separable Banach space.* 2005. – eingereicht

[107] PAZY, Amnon: *Applied Mathematical Sciences.* Bd. 44: *Semigroups of linear operators and applications to partial differential equations.* New York : Springer-Verlag, 1983. – viii+279 S. – ISBN 0–387–90845–5

[108] PEÑA, Víctor H. ; GINÉ, Evarist: *Decoupling.* New York : Springer-Verlag, 1999 (Probability and its Applications (New York)). – xvi+392 S. – ISBN 0–387–98616–2.

[109] PETTIS, Billy J.: On integration in vector spaces. In: *Transactions of the American Mathematical Society* 44 (1938), Nr. 2, S. 277–304. – ISSN 0002–9947

[110] PISIER, Gilles: Probabilistic methods in the geometry of Banach spaces. In: *Probability and analysis (Varenna, 1985), Lecture Notes in Mathematics* Bd. 1206. Berlin : Springer, 1986, S. 167–241 – ISBN 3-540-16787-0

[111] PROTTER, Philip E.: *Applications of Mathematics (New York).* Bd. 21: *Stochastic integration and differential equations.* Second. Berlin : Springer-Verlag, 2004. – xiv+415 S. – ISBN 3–540–00313–4.

[112] PRÜSS, Jan: On semilinear parabolic evolution equations on closed sets. In: *Journal of Mathematical Analysis and Applications* 77 (1980), Nr. 2, S. 513–538. – ISSN 0022–247X

[113] ROGERS, L. C. G. ; WILLIAMS, David: *Diffusions, Markov processes, and martingales. Vol. 2.* Cambridge : Cambridge University Press, 2000 (Cambridge Mathematical Library). – xiv+480 S. – ISBN 0–521–77593–0.

[114] ROSSI, Riccarda ; SAVARÉ, Giuseppe: Tightness, integral equicontinuity and compactness for evolution problems in Banach spaces. In: *Annali della Scuola Normale Superiore di Pisa. Classe di Scienze. Serie V* 2 (2003), Nr. 2, S. 395–431. – ISSN 0391–173X

[115] SCHAUMLÖFFEL, Kay-Uwe: White noise in space and time as the time-derivative of a cylindrical Wiener process. In: *Stochastic partial differential equations and applications, II (Trento, 1988), Lecture Notes in Mathematics* Bd. 1390. Berlin : Springer, 1989, S. 225–229 – ISBN 3-540-51510-0

[116] SCHNAUBELT, Roland: Asymptotic behaviour of parabolic nonautonomous evolution equations. In: *Functional analytic methods for evolution equations, Lecture Notes in Mathematics* Bd. 1855. Berlin : Springer, 2004, S. 401–472 – ISBN: 3-540-23030-0.

[117] SEIDLER, Jan: Da Prato-Zabczyk's maximal inequality revisited. I. In: *Academy of Sciences of the Czech Republic. Mathematical Institute. Mathematica Bohemica* 118 (1993), Nr. 1, S. 67–106. – ISSN 0862–7959

[118] SIMON, Jacques: Compact sets in the space $L^p(0,T;B)$. In: *Annali di Matematica Pura ed Applicata. Serie IV* 146 (1987), S. 65–96. – ISSN 0003–4622

[119] SOBOLEVSKIJ, Pavel Evseevič (SOBOLEVSKIĬ, Pavel E.): Equations of parabolic type in a Banach space. In: *Trudy Moskovskogo Matematičeskogo Obščestva 10 (1961) bzw. American Mathematical Society Translations 49 (1966).* – ISSN 0134–8663

[120] SOBOLEVSKIJ, Pavel Evseevič (SOBOLEVSKIĬ, Pavel E.): Parabolic equations in a Banach space with an unbounded variable operator, a fractional power of which has a constant domain of definition. In: *Doklady Akademii Nauk SSSR* 138 (1961), S. 59–62. – ISSN 0002–3264

[121] STROOCK, Daniel W. ; VARADHAN, S. R. S.: *Grundlehren der Mathematischen Wissenschaften [Fundamental Principles of Mathematical Sciences].* Bd. 233: *Multidimensional diffusion processes.* Berlin : Springer-Verlag, 1979. – xii+338 S. – ISBN 3–540–90353–4

[122] TANABE, Hiroki: On the equations of evolution in a Banach space. In: *Osaka Mathematical Journal* 12 (1960), S. 363–376

[123] TANABE, Hiroki: Remarks on the equations of evolution in a Banach space. In: *Osaka Mathematical Journal* 12 (1960), S. 145–166

[124] TANABE, Hiroki: *Monographs and Studies in Mathematics.* Bd. 6: *Equations of evolution.* Boston, Mass. : Pitman (Advanced Publishing Program), 1979. – xii+260 S. – ISBN 0–273–01137–5. – Translated from the Japanese by N. Mugibayashi and H. Haneda

[125] TANABE, Hiroki: *Monographs and Textbooks in Pure and Applied Mathematics*. Bd. 204: *Functional analytic methods for partial differential equations*. New York : Marcel Dekker Inc., 1997. – x+414 S. – ISBN 0–8247–9774–4

[126] TANIGUCHI, Takeshi: On sufficient conditions for nonexplosion of solutions to stochastic differential equations. In: *Journal of Mathematical Analysis and Applications* 153 (1990), Nr. 2, S. 549–561. – ISSN 0022–247X

[127] TANIGUCHI, Takeshi: On the estimate of solutions of perturbed linear differential equations. In: *Journal of Mathematical Analysis and Applications* 153 (1990), Nr. 1, S. 288–300. – ISSN 0022–247X

[128] TANIGUCHI, Takeshi: Successive approximations to solutions of stochastic differential equations. In: *Journal of Differential Equations* 96 (1992), Nr. 1, S. 152–169. – ISSN 0022–0396

[129] TRIEBEL, Hans: *Monographs in Mathematics*. Bd. 78: *Theory of function spaces*. Basel : Birkhäuser Verlag, 1983. – 284 S. – ISBN 3–7643–1381–1

[130] TRIEBEL, Hans: *Monographs in Mathematics*. Bd. 84: *Theory of function spaces. II*. Basel : Birkhäuser Verlag, 1992. – viii+370 S. – ISBN 3–7643–2639–5

[131] TRIEBEL, Hans: *Interpolation theory, function spaces, differential operators*. Second. Heidelberg : Johann Ambrosius Barth, 1995. – 532 S. – ISBN 3–335–00420–5

[132] VAKHANIA, Nikolai N. ; TARIELADZE, Vazha I. ; CHOBANYAN, Sergei A.: *Mathematics and its Applications (Soviet Series)*. Bd. 14: *Probability Distributions on Banach Spaces*. Dordrecht : D. Reidel Publishing Co., 1987. – xxvi+482 S. – ISBN 90–277–2496–2. – Translated from the Russian and with a preface by Wojbor A. Woyczynski

[133] VERAAR, Mark C.: Randomized UMD Banach Spaces and Decoupling Inequalities for Stochastic Integrals. In: *Proceedings of the American Mathematical Society*. – ISSN: 0002-9939.

[134] VERAAR, Mark C. ; ZIMMERSCHIED, Jan: *Non-autonomous stochastic Cauchy problems in Banach spaces*. eingereicht.

[135] VIOT, Michel: Solution en loi d'une équation aux dérivées partielles stochastique non linéaire: méthode de compacité. In: *C. R. Acad. Sci. Paris Sér. A* 278 (1974), S. 1185–1188

[136] VIOT, Michel: Solution en loi d'une équation aux dérivées partielles stochastique non linéaire: méthode de monotonie. In: *C. R. Acad. Sci. Paris Sér. A* 278 (1974), S. 1405–1408

[137] VIOT, Michel: Équations aux dérivées partielles stochastiques: formulation faible. In: *Séminaire sur les Équations aux Dérivées Partielles (1974–1975), III, Exp. No. 1.* Paris : Collège de France, 1975, S. 16

[138] WALSH, John B.: An introduction to stochastic partial differential equations. In: *École d'été de probabilités de Saint-Flour, XIV—1984, Lecture Notes in Mathematics* Bd. 1180. Berlin : Springer, 1986, S. 265–439 – ISBN 3-540-16441-3

[139] WEIS, Lutz W.: Operator-valued Fourier multiplier theorems and maximal L_p-regularity. In: *Mathematische Annalen* 319 (2001), Nr. 4, S. 735–758. – ISSN 0025–5831

[140] WERNER, Dirk: *Funktionalanalysis.* 5., erweiterte Auflage. Berlin : Springer-Verlag, 2005. – xiii+527 S. – ISBN 3–540–21381–3

[141] WLOKA, Joseph: *Partielle Differentialgleichungen.* Stuttgart : B. G. Teubner, 1982. – 500 S. – ISBN 3–519–02225–7

[142] YAGI, Atsushi: On the abstract evolution equation of parabolic type. In: *Osaka Journal of Mathematics* 14 (1977), Nr. 3, S. 557–568. – ISSN 0030–6126

[143] YAGI, Atsushi: Abstract quasilinear evolution equations of parabolic type in Banach spaces. In: *Unione Matematica Italiana. Bollettino. B. Serie VII* 5 (1991), Nr. 2, S. 341–368

[144] YAMADA, Toshio: On the successive approximation of solutions of stochastic differential equations. In: *Journal of Mathematics of Kyoto University* 21 (1981), Nr. 3, S. 501–515. – ISSN 0023–608X

[145] YOR, Marc: Existence et unicité de diffusions à valeurs dans un espace de Hilbert. In: *Annales de l'Institut Henri Poincaré. Section B. Calcul des Probabilités et Statistique. Nouvelle Série* 10 (1974), S. 55–88 – ISSN: 0020-2347.

[146] YOSIDA, Kosaku: *Grundlehren der Mathematischen Wissenschaften [Fundamental Principles of Mathematical Sciences].* Bd. 123: *Functional analysis.* Sixth. Berlin : Springer-Verlag, 1980. – xii+501 S. – ISBN 3–540–10210–8

[147] ZIMMERSCHIED, Jan: *Stochastische Integration in UMD-Räumen und Anwendungen,* Universität Karlsruhe (TH), Diplomarbeit, 2002

Stichwortverzeichnis